ESSAI

DE

STATIQUE CHIMIQUE

PREMIERE PARTIE.

©.

ESSAI

DE

STATIQUE CHIMIQUE,

PAR C. L. BERTHOLLET,

MEMBRE DU SENAT CONSERVATEUR, DE L'INSTITUT, etc.

PREMIÈRE PARTIE.

———————

DE L'IMPRIMERIE DE DEMONVILLE ET SOEURS,

A PARIS,

RUE DE THIONVILLE, No. 116,

CHEZ FIRMIN DIDOT, Libraire pour les Mathématiques,
l'Architecture, la Marine, et les Éditions Stéréotypes.

AN XI. ——— 1803.

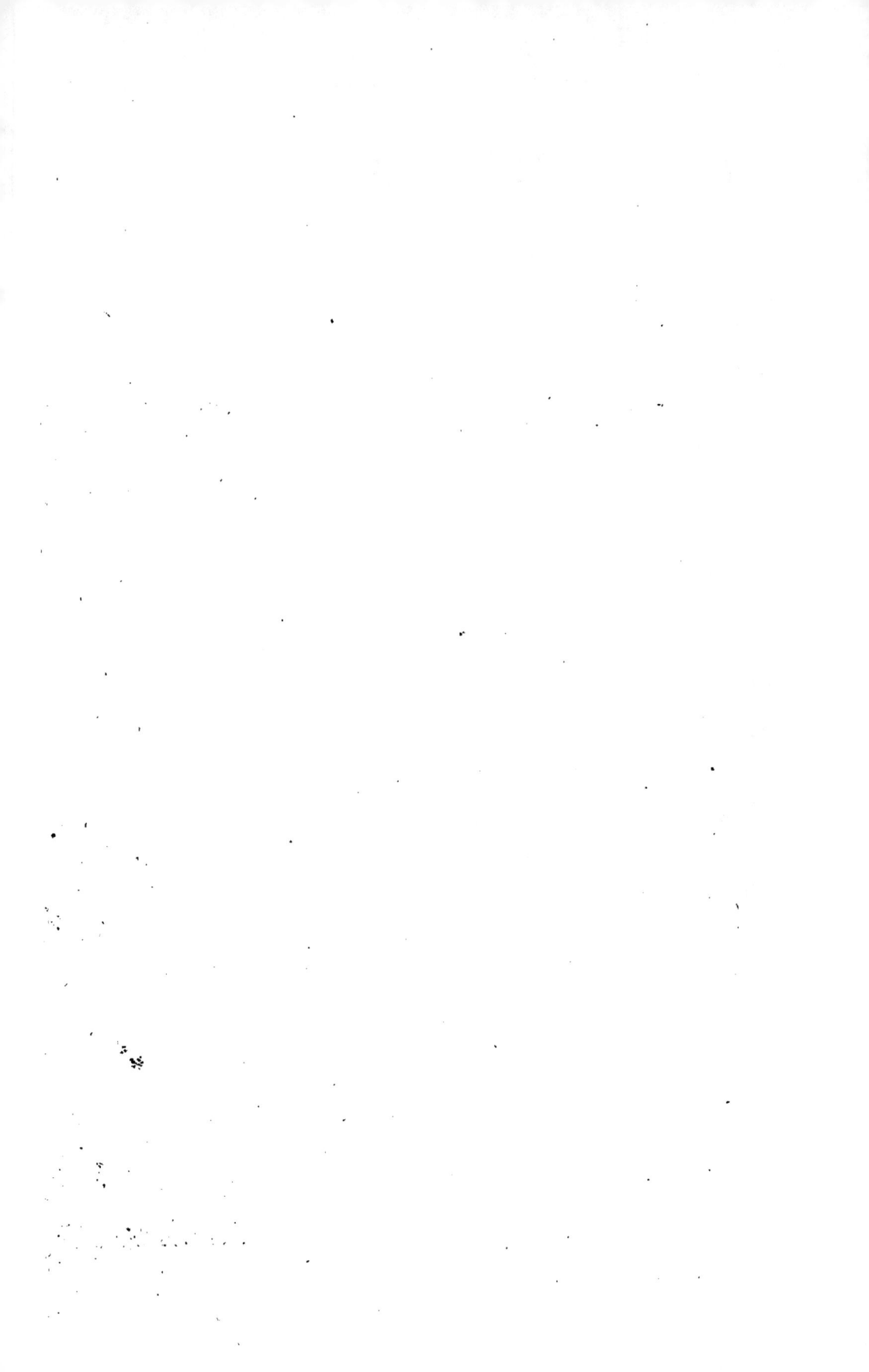

TABLE DES MATIERES

CONTENUES DANS CE VOLUME.

SECTION III.

DU CALORIQUE.

SECTION IV.

DE L'EFFET DE L'EXPANSION ET DE LA CONDENSATION DANS LES SUBSTANCES ÉLASTIQUES.

NOTES DE LA QUATRIÈME SECTION.

SECTION V.

DES LIMITES DE LA COMBINAISON.

SECTION VI.

DE L'ACTION DE L'ATMOSPHÈRE.

NOTES DE LA SIXIÈME SECTION.

ESSAI

DE

STATIQUE CHIMIQUE.

~~~~~~~~~~~~~~~~~~~~~~~~~~~~~~

INTRODUCTION.

Les puissances qui produisent les phénomènes chimiques sont toutes dérivées de l'attraction mutuelle des molécules des corps à laquelle on a donné le nom d'affinité, pour la distinguer de l'attraction astronomique.

Il est probable que l'une et l'autre ne sont qu'une même propriété; mais l'attraction astronomique ne s'excerçant qu'entre des masses placées à une distance où la figure des molécules, leurs intervalles et leurs affections particulières, n'ont aucune influence, ses effets toujours proportionnels à la masse et à la raison inverse du carré des distances, peuvent être rigoureusement soumis au calcul : les effets de l'attraction chimique ou de l'affinité, sont au contraire tellement altérés par les conditions particulières et souvent indéterminées, qu'on ne peut les déduire d'un principe général; mais qu'il faut les constater successivement. Il n'y a que quelques-uns de ces effets qui puissent être assez dégagés de tous les autres phénomènes, pour se prêter à la précision du calcul.

C'est donc l'observation seule qui doit servir à constater les propriétés chimiques des corps, ou les affinités par lesquelles ils exercent une action réciproque dans une circonstance déterminée ; cependant, puisqu'il est très-vraisemblable que l'affinité ne diffère pas dans son origine de l'attraction générale, elle doit également être soumise aux lois que la mécanique a déterminées pour les phénomènes dus à l'action de la masse, et il est naturel de penser que plus les principes auxquels parviendra la théorie chimique auront de généralité, plus ils auront d'analogie avec ceux de la mécanique ; mais ce n'est que par la voie de l'observation qu'ils doivent atteindre à ce degré, que déjà l'on peut indiquer.

L'effet immédiat de l'affinité qu'une substance exerce, est toujours une combinaison ; en sorte que tous les effets qui sont produits par l'action chimique, sont une conséquence de la formation de quelque combinaison.

Toute substance qui tend à entrer en combinaison, agit en raison de son affinité et de sa quantité. Ces vérités sont le dernier terme de toutes les observations chimiques.

Mais, 1°. Les différentes tendances à la comp

binaison doivent être considérées comme autant de forces qui concourrent à un résultat, ou qui se détruisent en partie par leur opposition ; de sorte qu'il faut distinguer ces forces pour parvenir à l'explication des phénomènes qu'elles produisent , ou pour les comparer entr'eux.

2°. L'action chimique d'une substance ne dépend pas seulement de l'affinité qui est propre aux parties qui la composent, et de la quantité; elle dépend encore de l'état dans lequel ces parties se trouvent , soit par une combinaison actuelle qui fait disparaître une partie plus ou moins grande de leur affinité , soit par leur dilatation ou leur condensation qui fait varier leur distance réciproque : ce sont ces conditions qui, en modifiant les propriétés des parties élémentaires d'une substance, forment ce que j'appelle sa constitution : pour parvenir à l'analyse de l'action chimique, il faut apprécier non-seulement chacune de ces conditions, mais encore toutes les circonstances avec lesquelles elles ont quelque rapport.

Les propriétés des corps qui peuvent ainsi modifier l'affinité, ont encore d'autres effets qui sont indépendants de ceux que produit la combinaison , et qui sont l'objet des différentes parties de la physique. Il y a même plusieurs phénomènes qui , quoiqu'ils soient produits en tout ou en partie par l'affinité, doivent cependant être considérés sous un autre rapport, soit parce que l'affinité n'y contribue que pour une part trop faible, soit parce que l'expérience n'a pu conduire encore à déterminer les affinités particulières auxquelles ils sont dus. On désigne comme propriétés physiques toutes celles qui ne paraissent pas dépendre immédiatement de l'affinité.

Il suit de là qu'il doit souvent exister un rapport entre les propriétés physiques et les propriétés chimiques; qu'il faut souvent avoir recours aux unes et aux autres pour l'explication d'un phénomène auquel elles peuvent concourir, et qu'il convient d'établir une relation intime entre les différentes sciences dont la physique se compose, pour qu'elles puissent s'éclairer mutuellement.

Les principes établis sur les résultats de faits observés sous chaque point de vue, et l'explication des phénomènes chimiques fondée sur leurs rapports avec toutes les propriétés dont ils sont des conséquences, constituent la théorie qu'on doit distinguer en théorie générale et en théories particulières.

Il y a des sciences qui peuvent parvenir à un certain degré de perfection sans le secours d'aucune théorie, et seulement par le moyen d'un ordre arbitraire qu'on établit entre les observations des faits naturels dont elles s'occupent principalement ; mais il n'en est pas de même en chimie, où les observations doivent naître presque toujours de l'expérience même, et où les faits résultent de la réunion factice des circonstances qui doivent les produire. Pour tenter des expériences, il faut avoir un but, être guidé par une hypothèse ; et pour tirer quelque avantage de ses observations, il faut les comparer sous quelques rapports, et déterminer au moins quelques-unes des circonstances nécessaires auxquelles chaque phénomène observé doit son origine, afin qu'on puisse le reproduire. Ainsi des suppositions plus ou moins illusoires, et même des chimères qui sont aujourd'hui ridicules, mais qui ont engagé aux tentatives les plus laborieuses, ont été nécessaires au berceau de la chimie : par leur moyen les faits se sont multipliés, un grand nombre de propriétés a été constaté, et plusieurs arts se sont perfectionnés. Toutefois la chimie ne fesait que se grossir d'observations incomplètes, et de théories particulières qui n'avaient aucune liaison entre elles, qui se succédaient comme les caprices de l'imagination, et qui n'avaient aucun rapport avec les lois générales ; orgueilleuse et isolée de toutes les autres connaissances, plus elle fesait d'acquisitions, plus elle s'éloignait du caractère des véritables sciences.

Ce n'est que depuis que l'on a reconnu l'affinité comme la cause de toutes les combinaisons, que la chimie a pu être regardée comme une science qui commençait à avoir des principes généraux : dès-lors on a cherché à soumettre à un ordre régulier la succession des combinaisons, que différents éléments peuvent former, et à déterminer les proportions qui entrent dans ces combinaisons.

Bergman donna beaucoup plus d'étendue à l'application de ce premier principe : il fit appercevoir la plupart des causes qui pouvaient en déguiser ou en faire varier les effets : il fonda sur lui les méthodes des différentes analyses chimiques, qu'il porta à un degré de précision inconnu jusqu'à lui.

Cependant un grand nombre de phénomènes dépendent de la combinaison de l'oxigène qui est la substance dont les affinités paraissent le plus actives; et son existence même n'était point connue : il fallait suppléer par des hypothèses à l'action qu'il exerce. Priestley n'eut pas plutôt fait connaître cette substance qui joue un rôle si important, que Lavoisier en détermina les combinaisons, et rappela à cette cause réelle les nombreux effets qu'elle produit. Le grand jour que ses découvertes immortelles répandirent non-seulement sur les phénomènes qui en dépendaient, mais encore sur l'action de plusieurs autres gaz découverts à la même époque, mérita à la révolution qu'il produisit l'honneur d'être regardée comme une théorie générale et nouvelle.

La considération précise d'une cause également puissante, par les modifications qu'elle introduit dans les résultats de l'affinité, celle de l'action de la chaleur était aussi nécessaire pour l'interprétation de la plupart des phénomènes : on devait à Black la découverte des propriétés fondamentales de la chaleur ; elles avaient occupé après lui plusieurs physiciens ; mais elles furent soumises à des lois bien déterminées, dans un savant mémoire qu'on doit à Laplace et à Lavoisier.

On voit donc que la chimie a acquis de nos jours la connaissance de ces propriétés génératrices qui accompagnent toute action chimique, et qui sont la source de tous les phénomènes qu'elle produit : cette science a donc pu être fondée sur des principes dont l'application a fait faire des progrès rapides à toutes les connaissances qu'elle embrasse.

Comme les théories particulières bornent leurs considérations à certains faits ou à quelques classes de phénomènes, elles peuvent souvent se restreindre à l'application rigoureuse des propriétés bien constatées, et n'être, pour ainsi dire, que l'expression réservée de l'expérience, jusqu'à ce que les progrès de la science leur donnent une plus grande extension : elles peuvent donc être réduites à toute la certitude qui peut appartenir aux connaissances fondées sur le témoignage de nos sens; ce qui est sur-tout vrai pour la détermination des éléments des substances composées, et des méthodes par lesquelles on parvient à cette détermination.

Il n'en est pas de même de la théorie qui embrasse la considération de toutes les théories particulières, et qui cherche à démêler ce qu'il peut y avoir de commun entre les propriétés chimiques de tous les corps, et ce qui peut dépendre d'une disposition particulière à chacun : occupée de répandre la lumière sur tous les objets, de perfectionner toutes les méthodes, de recueillir les résultats pour les comparer, elle tâche de reconnaître toute la puissance de chaque cause, et toutes les causes qui peuvent concourir à chaque phénomène ; elle porte la vue par-delà les limites de l'observation ; elle ne compare pas seulement les phénomènes dont les causes peuvent être clairement assignées ; mais elle indique la liaison qui peut se trouver entre les connaissances acquises et celles auxquelles on doit aspirer : si elle abandonne sans explication un certain nombre de faits dont elle n'apperçoit encore aucune conséquence, soit parce qu'ils doivent être éclaircis par des expériences plus exactes ou mieux dirigées, soit parce qu'ils dépendent d'un conflit trop grand de différentes propriétés, elle les ressaisit dès quelle apperçoit une lueur qui peut la guider.

Cette théorie repose nécessairement sur des vérités bien établies, et sur des conjectures plus ou moins fondées ; et, par l'application des principes auxquels elle s'élève, elle donne des explications plus ou moins complètes, plus ou moins certaines des phénomènes divers ; elle se perfectionne et s'aggrandit par les progrès de l'observation, et par son commerce avec les autres sciences.

Dès que l'on a reconnu les propriétés générales auxquelles doivent aboutir tous les effets de l'action chimique, on s'est hâté d'établir, comme lois constantes et déterminées, les conditions de l'affinité qui ont paru satisfaire à toutes les explications ; et réciproquement on déduit de ces lois toutes les explications, et c'est dans la superficie que la science acquiert par là, que l'on fait principalement consister ses progrès.

Persuadé que les principes adoptés en chimie, et les conséquences immédiates qu'on en tire pour qu'elles servent elles-mêmes de principes secondaires, ne devaient point encore être admis

comme des maximes fondamentales, je les ai
rappelés à un nouvel examen, et j'ai déjà publié
dans mes recherches sur les lois de l'affinité les
observations qui m'ont porté à croire qu'on ne
s'était pas encore fait une idée très-exacte des
effets qu'elle produit.

Le but de cet essai est d'étendre mes premières
réflexions à toutes les causes qui peuvent faire
varier les résultats de l'action chimique, ou du
produit de l'affinité et de la quantité. J'examinerai donc quelle est la dépendance mutuelle
des propriétés chimiques des corps, comparées
d'abord entr'elles, et considérées ensuite dans
les différentes substances ; quelles sont les forces
qui naissent de leur action dans les effets qui
en proviennent, et quelles sont celles de ces
forces qui concourrent à ces effets ou qui leur
sont opposées.

L'essai est divisé en deux parties : dans la
première, je considère tous les éléments de l'action
chimique, et dans la seconde, les substances
qui l'exercent et qui contribuent le plus aux
phénomènes chimiques, en les classant par leurs
dispositions ou par les rapports qui existent
entre leurs affinités.

Le premier effet de l'affinité sur lequel je
fixe l'attention, est celui qui produit la cohé-
rence des parties qui entrent dans la composition d'un corps ; c'est l'effet de l'affinité réci-

proque de ces parties, que je distingue par le nom de force de cohésion, et qui devient une force opposée à toutes celles qui tendent à faire entrer dans une autre combinaison les parties qu'elle tend au contraire à réunir.

Toutes les affinités qui tendent par leur action à diminuer l'effet de la cohésion, doivent être considérées comme une force qui lui est opposée, et dont le résultat est la dissolution. Lors donc qu'un liquide agit sur un solide, sa force de dissolution peut produire la liquéfaction du solide, si elle l'emporte sur celle de cohésion ; mais quelquefois cet effet a lieu immédiatement ; quelquefois il faut que la cohésion soit d'abord affaiblie par un commencement de combinaison ; il est des circonstances où le liquide ne peut agir qu'à la surface du solide et le mouiller ; enfin le solide ne peut pas même être mouillé, lorsque son affinité avec le liquide ne produit pas un effet plus grand que celui de l'affinité mutuelle des parties de ce dernier. Ces deux forces produisent donc, selon leur rapport, différents résultats qui doivent être distingués, mais qu'il ne faut pas attribuer, avec quelques physiciens, à deux affinités dont ils ont regardé l'une comme chimique, et l'autre comme dérivée des lois physiques.

Les effets de la force de cohésion n'ont pu échapper à l'attention des chimistes ; mais ils

ne l'ont considérée que comme une qualité des
corps actuellement solides , de sorte que la
solidité n'existant plus , ils l'ont regardée comme
détruite : au contraire , ses effets peuvent cesser
d'être sensibles sans qu'elle cesse d'agir , ainsi
que toutes les forces physiques qui sont comprimées : c'est ici l'une des principales causes
de la différence que l'on trouvera entre les explications que je présente et celles qui sont
adoptées, et dans lesquelles on a négligé de faire
entrer cette considération.

L'action réciproque qui tend à réunir les
parties d'une substance peut être surmontée par
une force dissolvante , et son énergie diminue
à mesure que la quantité du dissolvant augmente , ou que son action est accrue par la
chaleur ; au contraire , elle augmente si les circonstances précédentes s'affaiblissent , et elle
reproduit enfin des effets qui sont dus à sa
prépondérance : de là toutes les séparations et
précipitations qui ont lieu dans un liquide, et
qui sont dues à la formation d'un solide.

La cristallisation est un des effets remarquables
de la force de cohésion ; les parties qui cristallisent prennent un arrangement symétrique
qui est déterminé par l'action mutuelle des
petits solides que leur force de cohésion sépare
d'un liquide ; et les conditions d'un solide qui
se rompt plus facilement dans un sens que dans

un autre, qui est plus ou moins fragile, plus ou moins élastique, plus ou moins ductile, dépendent de cet arrangement.

La différente solubilité des sels qui provient du rapport de leur force de cohésion à l'action du liquide dissolvant, est non-seulement la cause de leur cristallisation, mais aussi de leur séparation successive par le moyen de l'évaporation ; elle n'est pas seulement opposée à l'effet du dissolvant, mais à leur action mutuelle ; car pendant que différents sels sont en dissolution, ils ne forment qu'un liquide où toutes les actions particulières se contrebalancent jusqu'à ce que la force de cohésion ait acquis assez d'énergie pour faire passer à l'état solide ceux qui sont moins solubles.

Puisque l'effet immédiat de toute action chimique est une combinaison, la dissolution n'est elle-même qu'une combinaison considérée sous son rapport avec la force de cohésion ; or, dans toute combinaison on remarque que l'action d'une substance est toujours proportionnelle à la quantité qui peut se trouver dans la sphère d'activité : une conséquence immédiate de cette loi, c'est que l'action d'une substance diminue en raison de la saturation qu'elle éprouve.

Parmi les affinités d'une substance, il y en a quelquefois une qui est dominante, et qui imprime son caractère à ses propriétés distinc-

tives : ce sont ces affinités énergiques qui servent à classer les substances dans un systême
de chimie, et qui donnent naissance à la plupart
des phénomènes chimiques.

Toutes les propriétés qui sont dérivées de cette
affinité dominante deviennent latentes ou reparaissent avec elles ; la combinaison en a de
nouvelles qui n'ont plus aucun rapport avec
celles qui ont disparu par la saturation, mais
elles sont une conséquence des changements qui
se sont opérés par la condensation où par la
dilatation des éléments de la combinaison; car
l'action réciproque des molécules d'une combinaison correspond à la condensation ou
à la dilatation qui approche ou éloigne les
molécules; ainsi les sels qui sont dans l'état de
combinaison ont une solubilité et une cristallisation particuliere.

Lorsque les substances qui jouissent d'une
affinité dominante subissent une combinaison
qui est étrangère à l'action de cette affinité,
elles y portent toutes les propriétés qui en dépendent, et qui ne sont que modifiées par la
constitution qu'elles ont acquise, et par le
degré de saturation qu'elles ont éprouvé; ainsi
un alliage conserve les propriétés métalliques;
et celles qui proviennent de l'action réciproque
des molécules, soit simples, soit composées, telles
que la force de cohésion, la fusibilité, éprouvent,

ainsi que la pesanteur spécifique, un changement qui n'est produit que par celui de la distance
mutuelle des molécules dans la constitution
qu'elles ont acquise par la combinaison.

Une affinité dominante et énergique dans une
substance suppose une disposition analogue dans
une autre substance dont les propriétés caractéristiques doivent par là être regardées comme
antagonistes des siennes, puisqu'elles les font
disparaître par la saturation.

Les acides et les alcalis montrent au plus haut
degré ces propriétés antagonistes qui sont la
source principale des phénomènes chimiques;
leur action réciproque mérite donc de fixer particulièrement l'attention.

Je considère d'abord comme un attribut général, cette propriété corrélative des acides et
des alcalis de se saturer mutuellement, indépendamment des affections particulières à chacun d'eux, et des propriétés qui dépendent
des éléments dont ils sont composés.

Comme cette saturation réciproque des acides
et des alcalis est un effet immédiat de leur
affinité réciproque, elle doit être regardée
comme la mesure de leur affinité, si l'on prend
en considération les quantités respectives qui
sont nécessaires pour produire cet effet. D'où
il suit que les affinités des acides pour les alcalis
ou des alcalis pour les acides sont proportion-

nelles à leur capacité de saturation. J'établis
en conséquence que lorsque plusieurs acides
agissent sur une base alcaline, l'action de l'un
des acides ne l'emporte pas sur celle des autres,
de manière à former une combinaison isolée,
mais chacun des acides a dans l'action une part
qui est déterminée par sa capacité de saturation
et par sa quantité ; je désigne ce rapport composé, par la dénomination de *masse chimique* ;
je dis donc que chacun des acides qui se trouvent en concurrence avec une base alcaline agit
en raison de sa masse ; et pour déterminer les
masses, je compare les capacités de saturation,
soit de tous les acides avec une base, soit de
toutes les bases avec un acide.

Pour expliquer les combinaisons qui se forment dans le concours de deux acides avec une
base, et celles qui se produisent par l'action de
deux acides et de deux bases, on a supposé une
affinité élective qui, par sa graduation, substitue une substance à une autre dans une combinaison, et qui dans l'action réciproque de
quatre substances, détermine deux combinaisons qui s'isolent.

Cette supposition ne peut point se concilier
avec la loi générale des combinaisons ; mais la
considération des deux effets distincts de l'affinité, en tant qu'elle produit les combinaisons
et qu'elle est le principe de la force de cohésion,

m'a paru suffire à l'explication de tous les faits qu'on attribue à l'affinité élective et à l'action des doubles affinités.

La loi générale à laquelle est assujettie l'action chimique que les substances exercent en raison de l'énergie de leur affinité et de leur quantité, n'est pas seulement modifiée dans les effets qui en dépendent par la force de cohésion ; elle l'est encore par l'action expansive du calorique ou de la cause de la chaleur, qui est le principe de l'expansibilité.

Comme toutes les substances éprouvent, dans leur action l'influence du calorique, et qu'il contribue par conséquent à tous les phénomènes chimiques, il est important de déterminer avec précision ses propriétés générales et les effets qu'il peut produire dans différentes circonstances. J'entrerai à cet égard dans des détails élémentaires qui paraissent étrangers au but que je me suis proposé.

C'est du rapport de l'action réciproque par laquelle les molécules d'une substance simple ou composée tendent à se réunir, avec l'action expansive que le calorique exerce sur elles, que dépend la disposition de cette substance à la solidité, à l'état liquide ou à l'état élastique : l'effet du calorique peut concourir, selon les circonstances, à la combinaison de cette substance avec les autres, ou lui être

contraire. Lorsque le calorique produit l'état
élastique, on doit considérer le gaz qui en provient comme dû à la combinaison qu'il forme,
et l'élasticité comme une force opposée, soit à
la solidité, soit aux combinaisons liquides ; mais
il faut appliquer à l'élasticité ce que j'ai remarqué sur la solidité : son action précède l'instant
où elle devient effective.

L'effort du calorique qui tend à accroître la
distance des molécules serait toujours opposé
aux combinaisons des substances entre elles, s'il
ne produisait souvent un effet plus grand que
ce premier, en diminuant la solidité qui est un
autre obstacle à la combinaison, ou en augmentant l'élasticité qui seconde l'action des gaz :
il favorise donc les combinaisons de quelques
substances, et il est contraire à d'autres selon
leurs dispositions. Il ne faut pas confondre ces
effets avec ceux de l'affinité réciproque des
substances.

Les fluides élastiques ont un grand désavantage
relativement aux autres substances dans l'action
qu'ils exercent sur elles, car ils ne peuvent
porter dans la sphère d'activité qu'une très-
petite masse.

Dans l'action réciproque des gaz, les résultats
sont très-différents selon l'intensité de l'affinité ;
lorsqu'elle est faible, elle se borne à une dissolution dans laquelle les dimensions respectives

et les propriétés ne sont point altérées; si elle est énergique, ces dimensions éprouvent une grande diminution, et il se forme des combinaisons qui ont des propriétés nouvelles; mais il faut reconnaître les propriétés qui distinguent les gaz constants des vapeurs qui ne prennent l'état de gaz que dans certaines circonstances.

Tous ces effets varient par les changements de dimensions que produisent les changements de température, et qui sont beaucoup plus considérables que dans les liquides et les solides. Il importe donc de déterminer avec soin les lois que suit la dilatation des fluides élastiques, et de comparer sous ce rapport ceux qui sont permanents et ceux qui ne prennent cet état que par l'action des premiers ou par des élévations de température.

Les substances naturellement élastiques peuvent être ramenées par la combinaison à l'état liquide ou solide; alors elles acquièrent des propriétés nouvelles par leur condensation. On doit distinguer l'action chimique qu'elles peuvent exercer dans cet état, et l'énergie qu'elles ont acquise et qu'elles peuvent communiquer à leur combinaison en regardant l'affinité de celle-ci comme une force résultante des affinités élémentaires qui lui succèdent lorsque la combinaison cesse, ou qui donnent naissance à d'autres affinités résultantes, lorsque l'état de combinaison vient à changer.

Tous les phénomènes de la nature se passent dans l'atmosphère qui concourt souvent à les produire par sa compression, sa température ou la combinaison des parties qui la composent; il faut donc avoir une connaissance exacte des qualités de l'atmosphère sous ces trois rapports.

Le résultat des différentes causes qui interviennent dans l'action chimique est quelquefois une combinaison dont les proportions sont constantes ; quelquefois au contraire les proportions des combinaisons qui se forment ne sont pas fixes et varient selon les circonstances dans lesquelles elles sont produites : dans le premier cas il faut une accumulation de forces pour changer les proportions, qui soit égale à celles qui tendent à maintenir leur état de combinaison : cet obstacle vaincu, l'action chimique continue à produire son effet en raison de l'énergie des affinités et de la quantité des substances qui l'exercent. J'ai tâché de déterminer les conditions qui limitent ainsi les proportions dans quelques combinaisons, et qui paraissent mettre une interruption dans la progression de l'action chimique.

Il y a encore dans l'action chimique une condition qui doit être prise en considération, et qui sert à expliquer plusieurs de ses effets; c'est l'intervalle de tems qui est nécessaire pour qu'elle s'exécute, et qui est très-variable selon les substances et selon les circonstances. J'examine sous ce rapport la propagation de l'action chimique.

Après avoir ainsi parcouru tous les éléments connus de l'action chimique, je passe à la seconde partie qui est destinée à considérer les dispositions des substances qui sont les plus remarquables par leurs propriétés chimiques, et classées par leur caractère distinctif ou par leur affinité dominante. Je tâche de trouver dans leurs propriétés l'origine de celles des combinaisons qu'elles forment, selon l'état dans lequel elles s'y trouvent et la raison des phénomènes auxquels elles concourrent.

J'examine sous cet aspect les propriétés des substances inflammables, celles de leurs combinaisons mutuelles, celles des acides composés et des différentes combinaisons qui en sont dérivées selon les proportions de leurs éléments, celles des alcalis, des terres, et enfin des substances métalliques.

Les substances végétales et les substances animales sont très-complexes, moins par le nombre des éléments qui entrent dans leur composition, que par les substances qui en proviennent, et qui agissent chacune par une force résultante; elles sont si mobiles et si variables qu'il est bien difficile de parvenir à une connaissance exacte des causes des phénomènes qui leur doivent leur origine ; c'est dans leur considération qu'on doit porter la plus grande circonspection : je me bornerai à indiquer ce qui me paraît le mieux constaté, ou ce qu'on peut conjecturer de plus raisonnable sur les phénomènes de ce genre que la chimie a pu atteindre.

On trouvera une grande inégalité dans les discussions dans lesquelles j'entrerai : je passerai rapidement sur quelques objets qui sont importants, mais qui ne présentent rien d'incertain aux chimistes, et je m'arrêterai avec beaucoup de détails à d'autres qui sont moins intéressants, mais qui me paraîtront exiger de nouveaux éclaircissements.

PREMIÈRE PARTIE.

DE L'ACTION CHIMIQUE EN GÉNÉRAL.

SECTION PREMIÈRE.

DE L'ACTION CHIMIQUE DES SOLIDES ET DES LIQUIDES.

~~~~~~

CHAPITRE PREMIER.

De la force de cohésion.

1. L'ACTION chimique produit des effets différents, selon qu'une substance est gazeuze,
liquide, ou dans l'état solide; de sorte que
toute action chimique n'est pas un effet
simple de l'affinité, mais qu'elle est modifiée
par la constitution des corps qui l'exercent;
il importe donc pour reconnaître les causes
des phénomènes chimiques, d'établir quelle
peut être l'influence de la constitution des substances, et quelle différence peut apporter
chacune de ses conditions, soit qu'elle la précède, soit qu'elle en devienne un résultat. Je

commence par considérer les rapports de l'état
solide à l'état liquide.

2. La cohésion est l'effet de l'affinité que les
molécules exercent les unes sur les autres, et
qui les tient à une distance déterminée par
l'équilibre de cette force avec celles qui lui sont
opposées ; car la propriété, que les corps les plus
compacts possèdent, d'éprouver une diminution
de volume par les abaissements de température,
prouve qu'il n'y a pas de contact immédiat entre
leurs parties.

Les corps dans lesquels les parties intégrantes
sont composées, sont soumis à la cohésion comme
ceux dont les parties sont similaires ; le sulfate
de baryte forme non-seulement des masses solides ; mais toutes ses parties qui sont en état de
combinaison prennent un arrangement symétrique, ainsi que les parties du cristal de roche.

La plupart des substances liquides prennent
elles-mêmes une forme solide, lorsque l'effet de
la liquidité est diminué par un abaissement de
température ; ainsi l'eau se congèle et forme des
cristaux : on ne peut douter que le même effet
n'eût lieu pour tous les liquides, si l'on pouvait
produire un froid assez grand ; mais l'on observe
à cet égard une grande différence entre eux.

Les gaz même annoncent cette disposition
entre leurs parties ; le gaz muriatique oxigené
prend un état concret, et cristallise à une tem-

pérature qui approche de celle de la congélation de l'eau ; et toutes les substances gazeuses,
lorsqu'elles ont perdu leur élasticité, en formant
une combinaison, sont disposées à prendre l'état
solide, si la température le permet ; par exemple,
le gaz ammoniaque et le gaz acide carbonique deviennent solides dès qu'ils entrent en combinaison, et le gaz hydrogène le plus subtil des
fluides élastiques qui puisse être contenu dans
des vases, forme avec le gaz oxigène, l'eau qui
peut devenir concrète.

On ne peut donc douter que toutes les substances n'aient dans leurs parties une disposition constante à se réunir et à former un corps
solide : si cet effet ne peut se produire, c'est
que la force de cohésion est surmontée par
l'action du calorique.

3. Quoique les effets de la chaleur et les propriétés du calorique doivent être analysés en
particulier, il sera nécessaire cependant de
considérer dans ce qui va suivre la dilatation
qu'elle produit dans tous les corps : cette force
expansive est non-seulement contraire à la force
de cohésion, mais encore à la tendance que les
substances ont à se combiner les unes avec les
autres, quoique par son effet opposé à celui
d'autres forces, il arrive souvent qu'elle favorise
ces combinaisons.

4. La force de cohésion, soit celle qui réunit

des parties similaires, soit celle qui agit sur
une combinaison, s'accroît dans une substance
d'autant plus que ses molécules éprouvent un
rapprochement plus grand ; l'alumine qui ,
après avoir été soumise à un haut degré de chaleur, a éprouvé une grande retraite, a non-
seulement pris beaucoup de cohésion mécanique,
mais elle a acquis la puissance de résister à
l'action des acides et des alcalis : le saphir qui
n'est presque que de l'alumine pure, et dont
la cohésion pourrait être comparée à celle de
l'alumine qui a éprouvé le plus grand degré de
chaleur, n'est point attaqué par les agents les
plus puissants, jusqu'à ce que cette cohésion ait
été détruite en grande partie ; le spath ada-
mantin ou corindon, qui n'est presque que de
l'alumine, présente encore une plus grande
résistance ; d'où il résulte que la force de cohésion
est non-seulement opposée à l'action du calorique, mais à celle de toute substance qui tend
à changer l'état d'un corps solide.

Nous trouvons donc dans tous les corps une
disposition à devenir solides, qui varie considérablement selon leur nature , qui toujours
en opposition avec la force expansive de la
chaleur, en est quelquefois détruite, parcequ'elle
dépend de la distance des parties ; mais qui
renaît, dès que l'expansion produite par la chaleur est diminuée, à un certain degré.

Quelques chimistes ont distingué sous le nom d'affinité *d'aggrégation* les effets de la force de cohésion de ceux de l'affinité de composition ; mais ils ne l'ont admise qu'entre les molécules de même espèce, et ils l'ont opposée à *l'affinité de composition*, quoique la force de cohésion soit souvent une cause qui détermine les combinaisons, et qui par conséquent devient alors ce qu'ils ont appelé *affinité de composition*.

5. J'ai remarqué que plusieurs substances gazeuses acquéraient par leur combinaison mutuelle la propriété de devenir solides : il résulte de là que leurs parties éprouvent par l'acte de la combinaison un changement semblable à celui que les liquides subissent par un abaissement de température qui produit leur rapprochement, ou que la figure des nouvelles molécules est plus favorable à leur action réciproque.

Il arrive aussi souvent que deux liquides forment par leur combinaison une substance solide, d'où il suit que dans ces circonstances la force de cohésion qui ne pouvoit produire aucun effet sensible, devient une force prépondérante, ce qui indique de même une analogie entre les effets produits dans une substance par un changement de température et ceux qui sont dus à la combinaison de deux substances.

6. Plus l'action du calorique sur un corps s'affaiblit, plus celle de l'affinité réciproque

acquiert d'énergie, et plus les parties se rapprochent; de là vient la diminution de volume que le refroidissement cause dans les corps; mais lorsqu'une substance passe de l'état liquide à l'état solide, la force de cohésion produit quelquefois elle-même un autre effet qui est contraire au premier.

7. Lorsque les corps passent de l'état liquide à l'état solide, leurs parties tendent à prendre la disposition dans laquelle leur affinité réciproque s'exerce avec le plus d'avantage : de là cet arrangement symétrique qu'elles prennent, et qui constitue la cristallisation.

Cette disposition symétrique produit quelquefois une augmentation de volume qui introduit une interruption apparente dans l'effet nécessaire du rapprochement des parties qui est dû à la diminution de l'action du calorique : ainsi lorsque l'eau se congèle, sa pesanteur spécifique diminue, et il y a des métaux dont la partie encore solide, surnage celle qui est liquéfiée; de sorte qu'ils ont également une pesanteur spécifique moins grande, lorsqu'ils sont solides, que lorsqu'ils sont dans l'état liquide.

8. Les substances liquides dont le volume éprouve un accroissement en passant à la solidité, présentent un phénomène qui mérite d'être remarqué. Cette dilatation de volume ne s'observe pas seulement au moment de la

congélation, mais elle commence à se manifester dans le liquide, lorsqu'il approche du terme de la congélation.

Mairan remarqua le premier la dilatation de l'eau qui approche du degré de la congélation ; mais c'est Deluc qui en détermina la quantité (1). Il observa qu'elle commençait à se manifester à-peu-près au 4e. degré au-dessus du terme de la congélation, et que la diminution qui avait lieu depuis le 8e. degré jusqu'au 4e, ne fesait que compenser cet effet.

Il observa de plus que l'influence de la cause qui produit cette dilatation se fait appercevoir à plusieurs degrés qui précèdent celui où elle se manifeste par un accroissement réel.

Blagden confirma non-seulement ces observations (2), mais ce savant physicien constata que la dilatation de volume continuait, et même dans une plus grande proportion, à mesure que la température de l'eau était abaissée au-dessous du zéro, sans entrer en congélation.

L'effet n'est pas limité au terme ordinaire de la congélation de l'eau : Blagden a observé que lorsque ce terme était abaissé par la dissolution d'un sel, l'augmentation de volume qui

(1) Recherches sur les modifications de l'Atmosphère, Berlin-8°, tom. 2.

(2) Trans. philos. 1788.

doit précéder la congélation se manifestait à-peu-près à une époque égale, avant qu'elle devînt effective.

9. Si l'on considère que lorsque les liquides approchent du terme de l'ébullition, l'influence de l'état élastique auquel ils vont passer, se fait appercevoir par une progression plus grande de dilatation, quelque tems avant qu'ils se changent en fluides élastiques, et que la loi de dilatation à laquelle sont soumis les fluides élastiques, éprouve également, comme nous le verrons, une modification, lorsqu'ils approchent du terme de la liquidité, on est déjà conduit à admettre comme un principe général, que les causes qui déterminent les changements de constitution des corps exercent une action dont les effets sont même sensibles avant que le changement de constitution ait lieu.

Une première conséquence de ce principe, c'est que l'affinité réciproque qui peut produire l'état solide, doit être considérée comme une force qui agit, non-seulement lorsque la solidité se manifeste, mais avant ce terme, de sorte que toutes les fois qu'il se produit quelque substance solide, soit par une séparation, soit par une combinaison, il faut chercher dans l'action réciproque des parties qui acquièrent la solidité, la cause même qui la produit, quoiqu'elle ne se manifestât pas auparavant.

10. Tous les corps qui passent de l'état liquide à l'état solide n'éprouvent pas une dilatation occasionnée par l'arrangement que prennent alors leurs parties ; il y en a au contraire, et c'est probablement le plus grand nombre, qui subissent une contraction ; ainsi l'acide nitrique et l'acide sulfurique dont la congélation devrait avoir une si grande analogie avec celle de l'eau, éprouvent cependant une contraction qui paraît même être considérable dans l'acide nitrique (1).

Plusieurs métaux prennent une pesanteur spécifique plus grande en se solidifiant : le mercure est de ce nombre ; et le célèbre Cavendish a expliqué, par la contraction qu'il éprouve, l'abaissement du thermomètre qui provient de la congélation du mercure au moment où elle s'opère, et dont on avait conclu des températures beaucoup plus basses que celles qui ont lieu réellement (2).

11. Ce ne sont pas seulement les substances qui éprouvent une dilatation en passant à l'état solide, qui peuvent conserver leur liquidité à un degré de température plus bas que celui de leur congélation : Cavendish a trouvé que cet effet avait lieu dans le mercure qui se congèle : il a même observé qu'il était beaucoup plus con-

(1) An account of exper made by John. Mr. Nab. by Henri Cavendish. Trans. philos. 1786.

(2) Trans. philos. vol. LXXIII.

sidérable dans la congélation de l'acide nitrique que dans celle de l'eau.

Cette espèce d'inertie, que possèdent également toutes les dissolutions salines, lorsqu'elles sont au terme de la cristallisation, et qui provient, soit de la difficulté des changements de position dans les molécules, soit de celle du passage du calorique d'une combinaison dans une autre, lorsqu'ils ne sont provoqués que par une force très-faible, se fait remarquer dans un grand nombre de phénomènes, lorsque l'action chimique a peu d'énergie, et c'est un objet sur lequel je reviendrai dans la suite.

12. Le mouvement, que l'on imprime aux parties de l'eau qui se trouvent au-dessous du degré qui est propre à sa congélation, en faisant passer ses molécules dans un grand nombre de positions, amène celles qui sont les plus favorables à l'action réciproque : par là il favorise la congélation ; mais Blagden a fait voir que cette cause indiquée par Mairan, n'avait point autant d'efficacité qu'on lui en attribuait, il a trouvé que rien ne déterminait plus promptement cet effet que le contact d'un fragment de glace ; et le contact d'un cristal salin produit un effet analogue dans une dissolution du même sel : mais du sable répandu dans l'eau qui était au-dessous du terme de la congélation, n'a point favorisé la formation de la glace ; au contraire,

les parties terreuses qui restent suspendues dans
l'eau et qui détruisent sa transparence, déterminent la congélation au terme où elle peut
s'opérer. Ces faits confirment non-seulement
que c'est à la force de cohésion qui provient de
l'affinité réciproque, qu'est dû l'état solide
qu'acquièrent les substances liquides; mais ils
prouvent encore que le contact des substances
déjà solides favorise cet effet lorsqu'elles ont une
affinité avec celles qui doivent passer à l'état
solide, et qu'au contraire elles n'exercent aucune
influence sensible sur le phénomène, si elles
sont dépourvues de cette affinité.

On peut déjà conclure de ces observations que
la cohésion qui est l'effet de l'affinité réciproque
des molécules doit être considérée comme une
force opposée à la liquidité, que cette force
agit non-seulement lorsque la cohésion existe,
mais que c'est elle qui la rend effective et qu'elle
s'exerce entre les parties intégrantes qui résultent
d'une combinaison, comme entre les molécules
d'une substance simple.

CHAPITRE II.

De la Dissolution.

13. Si les substances liquides peuvent acquérir l'état solide par l'accroissement de la force de cohésion, une cause contraire peut procurer la liquidité à un corps solide : lorsque cet effet est produit par l'action d'un liquide, il constitue la dissolution ; alors l'union devient telle, que tout le solide qui s'est liquéfié se trouve distribué dans le liquide et uniformément confondu avec lui ; de sorte que l'un et l'autre ne présentent plus qu'une substance homogène.

Deux liquides de pesanteur spécifique différente peuvent aussi, par leur action réciproque, se confondre et ne former plus qu'un liquide uniforme.

L'action réciproque de deux corps peut être assez faible pour ne pas balancer la résistance de la force de cohésion ou de la distance de leur pesanteur spécifique, et les effets qu'elle produit doivent alors être différents, quoiqu'ils dérivent de la même cause.

Nous devons trouver cet effet plus ou moins

complet dans tous les résultats de l'action réciproque des liquides et des solides; c'est donc
un phénomène général dans lequel il faut reconnaître les lois de l'action chimique.

L'action chimique des différentes substances
s'exerce non-seulement en raison de leur affinité,
mais encore en raison de leur quantité : une
conséquence immédiate, c'est que l'action chimique diminue à mesure que la saturation s'opère.

C'est par la correspondance exacte des phénomènes avec les conséquences immédiates de
ce principe et des circonstances qui doivent en
modifier l'application, que de simple supposition
il prendra le caractère de loi générale de l'action
chimique, et lorsque les explications de ces
phénomènes pourront en être déduites naturellement, on devra rejeter toute autre supposition comme fausse ou inutile : je vais donc
faire un premier essai de cette loi de l'affinité,
en l'appliquant à l'action réciproque des solides
et des liquides, et en déterminant les modifications qu'elle doit recevoir des conditions dans
lesquelles les solides et les liquides peuvent
exercer leur action réciproque.

14. Un liquide ne peut exercer son action sur
un solide qu'au contact de celui-ci, ou plutôt
dans la sphère d'activité que l'affinité peut avoir;
en sorte que son action sur le solide n'est pas
plus forte, soit qu'il se trouve fort abondant,

soit qu'il n'y en ait que ce qui est nécessaire pour établir tous les points de contact possibles.

Cependant, comme dans un liquide il s'établit un équilibre de saturation dans toate sa quantité, les parties qui peuvent agir sur le solide parviennent beaucoup plus lentement au degré de saturation où son action cesse ; de sorte que la quantité de solide qui se dissout est proportionnelle à celle du liquide, en conséquence de la loi générale de l'affinité.

Il suit encore de cette loi, qu'une substance qui est en dissolution dans une quantité plus grande de liquide que celle qui est nécessaire y est retenue par une action plus puissante, et qu'au contraire la quantité de liquide qui est superflue, est assujettie plus faiblement par l'affinité de la substance dissoute que celle qu'exige la dissolution ; ce qui est conforme à l'observation.

On voit donc que la loi générale que j'ai énoncée n'est ici modifiée que par la circonstance qui limite la quantité du liquide qui peut exercer simultanément son action.

15. L'action chimique est réciproque : son effet est le résultat d'une tendance mutuelle à la combinaison ; on ne peut pas, à la rigueur, dire plutôt qu'un liquide agit sur un solide, qu'on ne peut dire que le solide agit sur le liquide : la commodité de l'expression fait trans-

porter sans inconvénient toute l'action dans
l'une des deux substances, quand on veut examiner l'effet de cette action plutôt que l'action
elle-même.

Cette réflexion doit s'appliquer à toutes les
propriétés et à tous les phénomènes chimiques;
mais il faut considérer séparément les deux substances, pour connaître l'état des forces qu'elles
exercent l'une et l'autre, et les changements qui
surviennent dans leurs propriétés; prenons
d'abord pour exemple l'action de l'eau et de la
chaux.

16. Lorsque la chaux est placée dans l'eau, ces
deux substances exercent une action mutuelle;
mais la force de cohésion est d'abord trop considérable pour que l'eau puisse opérer une dissolution; c'est la chaux qui commence à s'imbiber du liquide; à mesure qu'elle s'en sature,
sa force de cohésion diminue, et lorsqu'elle se
trouve suffisamment affaiblie, l'eau qui se trouve
en contact avec elle peut la dissoudre : il s'é-
tablit donc alors deux combinaisons qui exercent
des forces opposées, jusqu'à ce qu'elles soient
parvenues à un état de saturation ou d'équilibre dans lequel elles sont stationnaires, pendant que les conditions restent les mêmes; mais
si la température ou la quantité de l'eau vient
à varier, il faut qu'il s'établisse un autre équilibre.

Il en est de même de toutes les substances qui possèdent une force de cohésion assez considérable pour que l'action de l'eau ne puisse la surmonter avant qu'elle soit assez affaiblie par l'état de saturation qu'elle commence à éprouver elle-même; mais si elles n'ont qu'une cohésion très-faible, ou si elles se trouvent déjà saturées d'eau, de manière à ne conserver qu'une très-faible cohésion, elles pourront se dissoudre immédiatement dans l'eau, et les sels qui ont retenu de l'eau dans leur cristallisation se trouvent dans ce cas.

Si l'eau n'était pas dans une quantité suffisante relativement à celle de la chaux, il n'y aurait que l'un des deux effets mentionnés qui eût lieu, la chaux absorberait l'eau en entier, et lui communiquerait son état solide; cependant la cohésion réciproque des molécules de la chaux serait tellement affaiblie par la saturation qu'elle éprouverait, qu'elle pourrait se réduire d'elle-même en poudre.

17. Souvent l'eau qui se combine avec un corps solide ne peut point affaiblir assez sa force de cohésion pour pouvoir le dissoudre lui-même; alors le corps ne fait que s'humecter sans se dissoudre dans l'eau : lorsque son affinité pour l'eau, affaiblie par la saturation qu'elle éprouve, est en équilibre avec la force de cohésion, il cesse d'en imbiber. Souvent encore l'eau

a une action si faible, comparée à celle de cohésion, qu'elle ne fait qu'adhérer à la surface du corps solide et le mouiller.

18. Lorsque le solide est réduit en petites masses ou dans l'état pulvérulent, l'action par laquelle le liquide mouille ces petites masses peut quelquefois les y tenir suspendues et surmonter la différence de pesanteur spécifique sans produire de dissolution; c'est ce qu'on observe dans quelques précipitations chimiques dans lesquelles le liquide ne reprend pas la transparence, malgré la différence de pesanteur spécifique qui se trouve entre lui et la substance qu'il cesse de tenir en dissolution; de sorte que cette suspension annonce une affinité réciproque qui maintient les deux substances en contact, mais qui ne suffit pas pour produire la dissolution.

Si l'affinité du liquide pour le corps solide est encore plus faible que l'affinité réciproque de ses parties, elle n'humecte, elle ne mouille pas le corps; c'est ce qui arrive au mercure qui n'adhère qu'à un petit nombre de corps.

19. L'action des liquides sur les corps qu'ils ne peuvent dissoudre, est donc quelquefois supérieure à l'action mutuelle de leurs propres parties, et quelquefois elle lui est inférieure : de cette circonstance dépend la propriété qu'ont les fluides de s'élever au-dessus du niveau de

leur surface autour d'un solide qu'on y plonge, ou de se déprimer, et par là s'expliquent les propriétés des tubes capillaires et les attractions et répulsions qu'on observe entre les corps qui flottent à la surface d'un liquide, et qu'on avait prises pour réelles, pendant qu'elles ne sont qu'une suite des courbes qui se forment au contact mutuel, comme Monge l'a fait voir pour les différents cas que présente l'observation, et dont il a donné une explication aussi complète qu'élégante (1).

20. Deux liquides se dissolvent aussi lorsque leur affinité respective l'emporte sur la force de cohésion et sur la différence de pesanteur spécifique qui tendent à les tenir séparées, et l'on trouve dans cette dissolution les caractères de la dissolution d'un solide, avec cette différence que la résistance à la force dissolvante étant ici beaucoup moindre que celle qu'oppose un solide, la dissolution peut s'opérer plus souvent en toutes proportions, sans qu'on apperçoive une différence dans les parties supérieures et inférieures du liquide ; mais quelquefois l'affinité respective est si faible, que dès qu'un liquide se trouve saturé de l'autre à un certain point, la résistance égale son action ; alors il s'établit deux combinaisons qui varient par leur

(1) Mémoires de l'Académie des Sciences, 1787.

quantité, selon les proportions des deux liquides : par exemple, lorsqu'on ajoute un peu
d'éther à une quantité considérable d'eau, ou
un peu d'eau à l'éther, il se fait une dissolution
complète ; mais si l'on mêle quantités égales
d'eau et d'éther, il s'établit deux liquides qui
restent séparés, le supérieur qui tient une grande
proportion d'éther, et l'inférieur qui tient une
grande proportion d'eau : lorsqu'on change la
quantité de l'eau ou de l'éther, il s'établit d'autres
proportions dans les deux liquides qui se séparent.

Quelquefois encore l'affinité réciproque de
deux liquides ne peut surmonter la résistance
qui naît de l'affinité mutuelle de leurs parties
et de la différence de leur pesanteur spécifique :
il se produit alors un effet analogue à celui par
lequel un liquide mouille un solide ; le liquide
le plus léger s'étend à la surface du plus pesant,
comme il arrive à l'huile qu'on répand sur l'eau ;
c'est cette supériorité de l'affinité réciproque des
parties de l'eau sur celles de l'huile, qui fait
qu'une mèche imbibée d'eau n'admet dans la
suction que les parties aqueuses, ou seulement les
parties huileuses, si elle se trouve imbibée d'huile.

On ne peut douter que les molécules d'un
liquide n'exercent une affinité réciproque, qui
doit être confondue avec la force de cohésion,
puisqu'elle finit par produire la solidité par la
congélation. De là vient qu'elles se partagent

uniformément une substance qu'elles peuvent dissoudre, et qu'elles résistent à l'action de l'atmosphère pour se réduire en gouttes et conserver une convexité ; mais cette action peut avoir une certaine énergie, sans que la mobilité des parties soit détruite, comme un métal peut être malléable, c'est-à-dire, permettre à ses parties de glisser les unes sur les autres, et cependant avoir une grande force de cohésion entre les mêmes parties. L'effet d'une différence dans la pesanteur spécifique peut aussi être confondu avec celui de la force de cohésion ; mais il est ordinairement si petit, comparativement aux forces qui sont en action, qu'il n'y a que quelques circonstances où il doive être pris en considération.

21. Nous avons parcouru les différents effets qui peuvent résulter de l'opposition de la force de cohésion et de la force dissolvante, selon leur intensité respective : on voit que la distinction que quelques physiciens ont voulu établir entre l'affinité chimique et l'adhérence physique n'est point fondée ; mais les effets qu'on a voulu attribuer à la dernière dépendent de la même cause que ceux qui sont dûs à l'affinité, et ils n'en diffèrent que par l'énergie de l'action réciproque, comparée à la résistance qui lui est opposée.

22. Il y a une autre force qui concourt avec

l'action des liquides sur les solides, et qui en favorise la dissolution, lorsqu'elle ne devient pas contraire comme principe de l'élasticité; c'est l'action expansive de la chaleur, qui, opposée à la force de cohésion, en détruit l'effet. Cette cause suffit même pour donner la liquidité à la plupart des corps solides; mais comme la dilatation que produit la chaleur dans les différents corps varie considérablement, son effet sur les dissolutions varie également.

Lorsque cette cause agit seule, on trouve dans les corps rendus liquides des propriétés analogues à celles que présentent les substances tenues dans l'état liquide par l'action d'une autre substance : cependant il faut séparer des effets comparatifs ce qui dépend de l'action du dissolvant que j'examinerai plus particulièrement ailleurs.

On observe ainsi dans l'action de deux corps rendus liquides par l'action seule de la chaleur selon leur quantité respective, et leur disposition à la liquidité, des effets qui correspondent à ceux qui ont eu lieu dans l'action d'un liquide sur un solide; par exemple, lorsque l'étain et le cuivre sont exposés à l'action de la chaleur, l'étain seul est réduit dans l'état liquide, et ne dissout qu'une petite portion de cuivre, lorsque la température n'est pas élevée au-dessus de celle qui peut liquéfier le premier métal;

si là chaleur est un peu plus grande, il agit davantage sur le cuivre, et d'autant plus que sa proportion est plus considérable; mais si la quantité est très-petite, son action se borne à la surface du cuivre qu'il ne peut liquéfier; il ne forme qu'un étamage. Deux métaux forment quelquefois un alliage en toute proportion, quelquefois leur action réciproque se trouve trop faible, et ils ne peuvent s'allier qu'en des proportions déterminées par la différence de pesanteur spécifique et de fusibilité : ils présentent à cet égard les propriétés des solides qui se dissolvent dans un liquide, ou des liquides qui ont une faible affinité mutuelle et une pesanteur spécifique différente.

23. La dissolution est donc l'effet d'une force qui peut surmonter la résistance de la force de cohésion, et la différence de pesanteur spécifique. Lorsque la résistance est trop considérable, il faut qu'elle commence par l'affaiblir par un commencement de saturation de la substance qui l'oppose.

Lorsque la résistance a assez d'énergie, il s'établit deux termes de saturation entre les forces contraires. Ces termes de saturation varient par les quantités respectives et par les autres circonstances qui peuvent favoriser ou affaiblir l'action chimique.

Dans l'action d'un liquide sur un solide, les

quantités qui déterminent l'énergie de l'action sont celles qui peuvent se trouver dans la sphère d'activité ; mais la quantité de la substance qui se dissout est proportionnelle à celle du liquide qui sert de dissolvant.

CHAPITRE III.

De l'action réciproque des substances qui sont tenues en dissolution.

24. Lorsqu'un liquide est saturé d'une substance solide qu'il a dissoute, c'est-à-dire, lorsque son action affaiblie par la saturation ne peut plus surmonter la force de cohésion qui réunit les parties du solide, l'action réciproque de toutes les parties actuellement liquides en compose une substance homogène qui agit d'une manière uniforme sur les rayons lumineux ; mais à moins que la dissolution ne soit très-étendue par une surabondance du dissolvant, et que par conséquent la distance introduite entre les parties dissoutes ne soit portée à un certain terme, pendant que l'action du liquide est accrue en raison de sa quantité, la force de cohésion doit toujours être regardée comme une résistance qui

continue d'agir : en effet, l'on n'a qu'à diminuer ou la quantité du dissolvant ou la chaleur dont l'action concourt avec celle du liquide, pour que la force de cohésion détermine
la séparation d'une partie de la substance dissoute, si l'on ne compense la diminution de
la quantité ou celle de la chaleur l'une par
l'autre : l'on a vu que cette action se manifestait
même par des effets sensibles, avant que de
devenir prépondérante (18).

25. Lorsque, soit par la diminution de la
quantité du liquide, soit par l'affaiblissement
de la température, la force de cohésion cause
la séparation d'une portion de la substance
dissoute, presque toujours les parties qui se
séparent prennent un arrangement régulier qui
est dû à un certain rapport entre leur figure
et leur affinité réciproque. De là, ces cristaux
que la nature présente avec tant de variété,
et qui sont produits dans un si grand nombre
de combinaisons chimiques.

Les lames qui continuent de s'appliquer, soit
parce que le cristal agit sur la substance dissoute, soit parce que la cause de sa séparation
continue d'exister dans le liquide, sont composées elles-mêmes de molécules semblables aux
premières, et continuent d'accroître le cristal
en conservant sa première forme; cependant cet
accroissement peut être déterminé à se faire sur

une face plutôt que sur une autre, selon la position du cristal et les circonstances où se trouve la dissolution.

Le cristal qui résulte de cet arrangement symétrique des molécules intégrantes, se trouve tellement constitué, qu'en saisissant successivement les joints par lesquels les lames se trouvent réunies, on parvient à un noyau qui est le même dans les cristaux d'une même substance ; de sorte que toutes les formes secondaires de ces cristaux dépendent du décroissement des lames superposées au noyau.

Ce mécanisme de la cristallisation a été développé avec tant de supériorité par Hauy, qu'il est devenu une application des plus heureuses de la géométrie aux opérations de la nature ; mais ces résultats de l'affinité et de la forme des parties intégrantes conduisent à des considérations qui se détachent de la chimie.

26. Les substances qui sont tenues en dissolution exercent une action mutuelle qui modifie les effets de la dissolution et de la cristallisation ; pour déterminer ce qui dépend de cette action, je choisirai les substances salines qui sont également remarquables par leur solubilité, par leur cristallisation et par leurs propriétés chimiques. Je ne les regarderai ici que comme des substances qui se dissolvent et qui reprennent leur premier état par la cristallisation, indé-

pendamment des causes qui peuvent changer leur combinaison.

Il faut d'abord remarquer que lorsque la dissolution d'un sel se trouve au terme de cristalliser, un cristal du même sel y détermine la cristallisation ; c'est ainsi que dans la cristallisation ordinaire toutes les molécules salines viennent se déposer sur les cristaux qui sont d'abord formés ; de sorte que tout le dépôt salin se grouppe, si la cristallisation n'est pas trop précipitée.

27. Le contact des cristaux ne détermine pas seulement la séparation de la partie du sel qui est disposée à se déposer, parce qu'elle est en excès de ce que l'eau peut en tenir en dissolution dans une température donnée ; mais elle cause celle d'une partie que l'eau pourrait retenir, en sorte que cette dissolution se trouve ramenée au-delà de l'équilibre de la force dissolvante avec celle de cohésion.

Ce n'est pas seulement un cristal d'un même sel qui pourra produire cet effet, plusieurs corps agiront de même, mais d'une manière moins efficace et inégale entre eux ; ainsi lorsqu'on plonge différentes substances solides dans la dissolution d'un sel, celui-ci adhère à quelques-unes et non aux autres.

Ces observations prouvent que les substances solides exercent une action efficace sur celles qui sont encore liquides, lorsqu'elles ont avec elles une affinité réciproque qui ait un peu d'énergie, et ce qui a été exposé sur la congélation, produite par le contact de la glace, le confirme encore, ainsi que les propriétés des tubes capillaires.

28. Dans les dissolutions qui ne sont produites que par une faible action chimique, la pesanteur spécifique de la substance qui est dissoute produit un effet sensible, soit dans la proportion de la substance dissoute qui est plus grande dans la partie inférieure du liquide, que dans la supérieure, soit dans le dépôt des parties salines qui viennent s'unir à celles qui sont déjà solides, et dans ce dernier effet elle concourt avec l'action du solide. Je citerai à cette occasion une observation intéressante de Leblanc.

« J'ai mis, dit-il (1), dans un vase d'environ
» deux pouces de diamètre sur deux pieds de
» haut, une dissolution assez rapprochée pour
» cristalliser : j'ai suspendu des cristaux de
» même espèce dans la liqueur, à différentes
» hauteurs, jusque vers la surface : j'ai répété
» cette expérience sur différents sels ; en voici
» les résultats : lorsque la liqueur se trouve
» suffisamment rapprochée, tous les cristaux
» croissent, avec cette différence que l'accrois-

(1) Journal de Phys. tom. XXXIII, p. 376.

» sement est d'autant plus considérable que le
» cristal se rapproche davantage du fond du
» vase, et à mesure que la liqueur se trouve
» par le repos assez dépouillée de molécules
» salines, les cristaux décroissent par les gra-
» dations semblables à celles des accroissements.
» De manière qu'il arrive un tems où les cris-
» taux qui se trouvent les plus voisins de la
» surface se dissolvent en entier , tandis que
» ceux qui occupent le fond prennent encore
» de l'accroissement ; il arrive même que ces
» derniers continuent de croître dans la partie
» qui touche le fond du vase , tandis que la
» partie opposée du même cristal se dissout à
» son tour par l'effet de l'action réciproque des
» parties dissoutes ».

29. Une dissolution saline peut être amenée
dans l'évaporation à un terme bien plus grand
de saturation que celui auquel elle pourrait
parvenir par la dissolution, avec une même
quantité d'eau et à une même température ; on
peut appliquer à cette dissolution surchargée ,
ce que j'ai exposé sur l'eau qui peut subir un
degré de froid plus grand que celui qui est nécessaire à sa congélation. (8.) Le mouvement qu'on lui imprime produit aussi une cristallisation soudaine en déterminant dans ce liquide une position des parties salines dans
laquelle leur affinité réciproque s'exerce avec le

plus d'avantage ; mais cet effet ne serait qu'instantané , si les premiers cristaux n'agissaient
ensuite sur les molécules qui restent en dissolution (26).

Cette action mutuelle des solides qui tendent
à donner leur constitution aux substances qui
sont tenues en dissolution, et avec lesquelles
ils exercent une affinité réciproque , ainsi que
celle des liquides qui tendent au contraire à
donner la liquidité en détruisant la cohésion et
les effets successifs de ces deux forces qui peuvent devenir tour-à-tour supérieures par un changement de circonstances, méritent une grande
attention dans l'explication des phénomènes
naturels.

30. L'action mutuelle produit encore d'autres
effets qu'il faut remarquer ; l'expérience fait voir
que lorsque l'eau a dissous un sel avec satura-
ration , elle pouvait encore en dissoudre d'une
autre espèce , que même elle pouvait reprendre
par là la faculté de dissoudre une nouvelle
quantité du premier sel (1); si la force dissolvante de l'eau n'était secondée par une autre
cause , comme elle diminue en raison de l'action
qu'elle exerce , elle ne pourrait se porter sur une
substance nouvelle sans abandonner celle qui
occupait sa force dissolvante , il faut donc qu'un

_____

(1) Vauquelin, Ann. de Chim. tom. XIII.

sel agisse sur l'autre, que leur action mutuelle diminue la résistance de leur force de cohésion, et concourre par là avec l'action de l'eau.

31. Lorsqu'on affaiblit l'action du dissolvant, soit en diminuant sa quantité, soit en baissant sa température, la substance qui était tenue en dissolution se sépare en raison de l'insolubilité qu'elle a dans ces nouvelles circonstances ; mais lorsqu'il se trouve plusieurs sels qui agissent les uns sur les autres, leur solubilité se trouve augmentée d'une manière inégale en raison non-seulement de leur affinité mutuelle, mais encore en raison de la proportion dans laquelle ils se trouvent : de là vient que lorsqu'un liquide contient plusieurs sels, on les sépare difficilement dans une première cristallisation, à moins qu'ils ne diffèrent beaucoup entre eux par leur force de cohésion ; mais en répétant les cristallisations après la première séparation, la quantité d'un sel qui est confondu avec un autre, se trouve de plus en plus diminuée ; elle n'apporte plus une résistance assez grande à l'action du dissolvant pour s'opposer à la séparation du sel qui a une force plus grande de cristallisation, et l'on finit quelquefois par obtenir une séparation complète ; mais quelquefois les deux sels se confondent, sur-tout lorsqu'ils ne diffèrent pas beaucoup par leur solubilité, et ils prennent en cristallisant une forme particulière, ou conservent celle

qui est propre à l'un des deux. C'est ainsi que le sulfate de fer et le sulfate de cuivre se réunissent et composent un sel complexe, quoique le premier ait une solubilité plus grande que le second (1), et que dans la soude muriatée gypsifère (2), le sulfate de chaux prend la forme du muriate de soude, quoiqu'il soit plus abondant que ce sel dans la combinaison ; souvent enfin le liquide retient après la séparation des cristaux un résidu incristallisable auquel on a donné le nom d'eau-mère, et qui est dû en tout ou en partie à l'action mutuelle des substances salines.

Si la force de cristallisation de deux sels n'est pas considérable, l'action mutuelle qu'ils exercent peut l'emporter sur elle ; de sorte que par là ils perdent la propriété de cristalliser, et que la puissance relative de l'eau se trouve augmentée, où l'on n'obtient qu'une partie des deux sels, selon les proportions mises en dissolution ; le reste demeure confondu dans l'état liquide, sans qu'on puisse le faire cristalliser par la simple évaporation et le repos.

32. Il y a même des sels qui ont si peu de force de cohésion, que l'action de l'eau, en quelle petite proportion qu'elle se trouve, suffit pour empêcher leur cristallisation ; alors la résistance de la cohésion peut être considérée

____

(1) Leblanc, Journ. de Phys. tom. XXXI.

(2) Hauy, Traité de Minér. tom. II, pag. 365.

comme nulle ; aussi l'affinité de ces substances
pour l'eau paraît forte, parce qu'elle a tout son
effet : les sels qui sont dans ce cas attirent facilement l'humidité, et tombent, comme on dit,
en déliquescence ; mais ce qui prouve que quoique déliquescents, ils ont une cohésion active,
c'est qu'ils prennent facilement la forme cristalline au moyen de l'alcool qui diminue l'action
que l'eau exerce sur eux.

Par la même raison, ces sels agissent avec
énergie sur les autres ; de sorte que s'ils ne trouvent pas une résistance considérable dans leur
force de cristallisation, ils en retiennent une
proportion plus ou moins grande dans le résidu
incristallisable.

33. Lorsqu'on veut reconnaître cet effet des
sels déliquescents, il faut examiner les substances qui restent dans le liquide incristallisable :
si l'on ajoutait à la dissolution saturée d'un sel
cristallisable, un sel déliquescent, mais dans
l'état de dessication, on pourrait être induit en
erreur, parce que l'action serait composée : le
sel déliquescent tendrait à prendre de l'eau, en
même temps qu'il agirait sur l'autre sel : l'effet
serait donc aussi composé ; d'une part la saturation de l'eau tendrait à produire une précipitation, de l'autre l'action du sel déliquescent
augmenterait la solubilité de celui qui peut cristalliser.

34. Nous avons vu (16), que lorsqu'un solide se dissolvait dans l'eau, il s'établissait deux combinaisons, l'une de la substance solide qui retenait une partie de l'eau, l'autre du liquide qui prenait en dissolution une partie du solide ; ces deux composés répondent à la force dissolvante et à la résistance de la cohésion ; de sorte que si la quantité du liquide se trouvait trop petite, il serait entièrement absorbé, comme le solide disparaît entièrement s'il est en trop petite quantité : dans chaque variation de ces rapports, il s'établit des proportions correspondantes des deux combinaisons, à part les deux extrêmes, c'est-à-dire ; 1°. le terme ou tout le solide peut être pris en dissolution par le liquide ; 2°. celui où tout le liquide peut être réduit à l'état solide.

Lorsque par l'évaporation la quantité du liquide vient à diminuer, ou que sa force dissolvante est affaiblie par un abaissement de température, une partie du sel se sépare et cristallise, le liquide qui reste dans l'état de saturation n'oppose qu'une faible action à celle par laquelle le solide qui se sépare tend à retenir une portion d'eau qui favorise l'arrangement symétrique de ses parties, mais qui le modifie.

Cette eau interposée entre les parties salines perd sa liquidité par l'action qu'elle en éprouve, sans qu'on puisse dans cet état la comparer rigoureusement à la glace dans laquelle l'affinité ré-

ciproque a produit un arrangement qui a augmenté son volume : elle sert, par son action
intermédiaire, à réunir en gros cristaux les molécules qui, en obéissant à leur affinité réciproque, ne pourraient former que des masses
isolées beaucoup plus petites ; de sorte qu'en
chassant cette eau par quelque moyen, la forme
d'un cristal est détruite et la substance saline se
réduit en masses beaucoup plus petites, dont
l'affinité mutuelle ne produit plus d'effet, jusqu'à ce que leur force de cohésion soit encore
surmontée par l'eau ou par la chaleur.

35. Cette eau intermédiaire n'est pas nécessaire à toute cristallisation, car il y a beaucoup
de cristaux, sur-tout parmi les substances qui
ont très-peu de solubilité, qui paraissent n'en
point admettre ou n'en avoir qu'une quantité
très-petite. Il y en a qui paraissent pouvoir cristalliser en retenant une certaine quantité d'eau
de cristallisation, ou sans le secours de cette
eau ; mais cette circonstance suffit pour changer
la forme de leurs cristaux ; car il est vraisem-
blable que c'est à cette cause qu'est due la différence de la forme des cristaux de la chaux
sulfatée anhydre et du sulfate de chaux (1), et
comme le conjecture Hauy, celle de l'arragonite
avec les autres carbonates de chaux.

(1) Traité de Minér. tom. IV, p. 348.

Il paraît que les sels qui ont une force de cohésion considérable retiennent beaucoup moins d'eau que ceux qui sont doués d'une faible cohésion ; en effet l'affinité réciproque des molécules salines doit être un obstacle à leur action sur l'eau ; delà vient que des sels peuvent en conserver beaucoup et cependant n'exercer qu'une faible action sur elle, comme on l'observe dans plusieurs sels qui tombent naturellement en efflorescence, c'est-à-dire qui cèdent facilement à l'air leur eau de cristallisation. Une action plus forte sur ce liquide, réunie à une faible cohésion, leur donne la propriété d'être déliquescents.

Cette eau qui n'est retenue que par une action faible ne contribue qu'à quelques propriétés des substances salines dont les éléments exercent une action réciproque beaucoup plus puissante ; elle est plutôt un intermède qui fait varier les phénomènes dûs à la force de cohésion qu'une partie de la substance ; mais cet intermède contribue beaucoup aux phénomènes de la cristallisation qu'il faut distinguer de ceux qui dépendent de l'action que les substances peuvent exercer sur les autres par leur affinité distinctive. De là vient que les circonstances de la cristallisation peuvent apporter beaucoup de changements dans la forme des cristaux, quoiqu'elles n'influent pas sur les propriétés de la substance, et l'on

trouverait probablement peu de rapports entre
la forme que prendrait une substance liquéfiée
par la chaleur, et soumise à un réfroidissement
gradué qui permettrait à ses molécules de
prendre un arrangement symétrique, et celle
qu'elle prendrait en cristallisant par le moyen
de l'eau.

Les causes qui favorisent la liquidité des substances diminuent l'effet de la force de cohésion,
même lorsqu'elles sont parvenues à l'état solide.
De là vient que les sels qui retiennent beaucoup
d'eau dans la composition de leurs cristaux,
reprennent facilement la liquidité par la chaleur ; on distingue cette liquéfaction qu'on
appelle aqueuse, de celle qui est due à l'action
seule de la chaleur : cette première liquéfaction n'a pas lieu dans les sels qui jouissent d'une
force de cohésion considérable, et qui ont
retenu peu d'eau dans leur cristallisation.

L'action réciproque de deux substances produit
donc des effets comparables à ceux de l'action
que les molécules de chacune exercent entre elles.
Les uns modifient les autres dans leur rapport
avec la force qui produit la dissolution.

CHAPITRE IV.

De la Combinaison.

36. J'ai considéré dans les chapitres précédents les effets de l'affinité réciproque qui produit la cohésion de molécules, et ensuite ceux qui proviennent de l'action opposée de la force de cohésion, et d'un liquide qui tend à la détruire; mais toute action chimique entre deux substances différentes produit un effet analogue à celui qui est dû à l'affinité mutuelle des molécules similaires; elle forme ou tend à former entre elles une union qui est le produit de leur affinité réciproque, et qui diffère selon la force de cette action et selon la résistance qui lui est opposée. C'est à cette réunion de deux substances, ainsi qu'à l'acte qui l'a produite, que l'on donne le nom de combinaison.

Il résulte de là que la dissolution est une véritable combinaison; et que son action la plus faible est due à la même cause : la seule différence qu'il y ait entre elles est relative à l'aspect sous lequel on les envisage : dans la dissolution, on porte principalement son attention sur la liquidité qu'un corps solide acquiert par la combinaison et sur-tout sur l'uniformité des parties du liquide composé ; la même idée s'applique à la dissolution gazeuse. Dans la combinaison, on considère principalement les autres propriétés du combiné qui s'est formé et qui résultent de l'union de ses éléments, en les comparant avec celles qu'avaient les substances qui se sont combinées : le plus souvent la dissolution n'est due qu'à une faible combinaison qui n'a pas fait disparaître les propriétés caractéristiques du corps dissous.

Une conséquence des considérations précédentes, c'est que nous devons retrouver dans la combinaison les lois que nous avons observées dans l'action chimique qui produit la dissolution.

Puisque toute action réciproque produit une combinaison, toutes les propriétés chimiques qui distinguent une substance sont dérivées de ses affinités ou de sa tendance à la combinaison avec les autres substances, et tous les phénomènes auxquels elle concourt dépendent des combinaisons dans lesquelles elle entre ou dont elle est éliminée ; de sorte que la combinaison qui est le résultat de toute action chimique est la cause générale des effets chimiques qui sont produits, ou des phénomènes qu'on parvient à expliquer en les comparant entre eux pour reconnaître leur dépendance mutuelle ,et en les considérant sous leurs rapports avec toutes les combinaisons qui les produisent.

37. Parmi les affinités d'une substance, il s'en trouve quelquefois une qui domine et qui lui imprime un caractère particulier, et la plupart des propriétés qu'elles possède n'en sont qu'une dépendance. Ce sont ces affinités dominantes qui servent sur-tout à classer les propriétés chimiques des différentes substances et les phénomènes chimiques qui en sont dérivés ; ainsi l'affinité pour l'oxigène distingue les substances inflammables ; l'affinité réciproque des acides et des alcalis constitue l'acidité et l'alcalinité ; par là même ces affinités et leurs effets sont l'objet principal des considérations chimiques.

L'affinité caractéristique suppose dans les deux sujets de la combinaison (et ce que je dis de deux doit s'appliquer à tous ceux qui entrent dans une combinaison complexe) des propriétés qui les rendent antagonistes ; de sorte que l'une ne peut dominer qu'aux dépends de l'autre, et qu'une égalité de force produit un état dans lequel on n'apperçoit plus le caractère ni de l'un ni de l'autre ; c'est cet état qu'on appelle neutre , et qui ne s'apperçoit pas seulement dans l'action réciproque des acides et des alcalis, mais dans celles de toutes les forces antagonistes.

38. Si l'on considère ce qui se présente à l'ob-

servation dans la combinaison mutuelle de deux
substances antagonistes, par exemple, d'un acide
et d'un alcali, on trouve que l'acidité diminue à
mesure que la quantité d'alcali augmente, et
l'on parvient à un degré de saturation ou l'acidité et l'alcalinité ont également disparu et sont
devenues latentes ; cependant si l'on continue
d'ajouter de l'alcali, son caractère reparaît et
devient de plus en plus dominant.

On voit donc, 1°. que l'acidité et l'alcalinité
se saturent mutuellement et peuvent devenir
alternativement dominantes, selon la proportion
dans laquelle la combinaison s'opère : il n'y a
aucun obstacle, aucune suspension dans la
marche de la combinaison et de la saturation
qui l'accompagne, à moins que la force de cohésion ou l'élasticité ne produisent une séparation
dans laquelle les proportions se trouvent déterminées par l'une de ces deux conditions.

2°. Que les propriétés acides et alcalines
diminuent, selon le degré de saturation
qu'éprouvent l'acide et l'alcali ; de sorte qu'on
retrouve dans l'action chimique qui s'exerce avec
le plus d'énergie, les mêmes caractères que nous
avons observés dans le degré le plus faible qui
produit la dissolution (14).

39. Les chimistes frappés de ce qu'ils trouvaient des proportions déterminées dans plusieurs
combinaisons, ont souvent regardé comme une

propriété générale des combinaisons de se constituer dans des proportions constantes ; de sorte
que selon eux , lorsqu'un sel neutre reçoit un
excès d'acide ou d'alcali , la substance homogène
qui en résulte est une dissolution du sel neutre
dans une portion libre d'acide ou d'alcali.

C'est une hypothèse qui n'a pour fondement
qu'une distinction entre la dissolution et la
combinaison , et dans laquelle on confond les
propriétés qui causent une séparation avec l'affinité qui produit la combinaison ; mais il faudra
reconnaître les circonstances qui peuvent déterminer les séparations des combinaisons dans un
certain état, et qui limitent par là les effets de
la loi générale de l'affinité.

Ce n'est pas toujours au terme de la neutralisation que la séparation peut s'opérer : le tartrite acidule de potasse se sépare et cristallise
plus facilement que le tartrite neutre : dira-t-on
que c'est le dernier qui est tenu en dissolution
par l'excès d'acide ? je crois pouvoir me borner
pour ce moment à cet exemple.

40. Il faut en conséquence de ce qui vient
d'être exposé, distinguer deux espèces de saturation : l'une est la limite de l'action chimique
qu'une substance peut exercer sur une autre ,
dans des circonstances données : par exemple,
on dit que l'eau est saturée d'un sel, lorsqu'elle
ne peut plus en dissoudre, quoique ni les pro-

priétés de l'eau, ni les propriétés du sel n'aient éprouvé de saturation ; l'autre est le terme où les propriétés antagonistes d'une substance sont déguisées par celles d'une autre, et se trouvent dans l'équilibre qui produit cet état d'indifférence qu'on appelle neutralisation ; cette seconde saturation se rencontre rarement au même terme que la première.

Lorsqu'une combinaison s'est formée, ses deux éléments y sont retenus en raison de leur affinité mutuelle, et en raison de leur quantité respective ; de sorte que conformément à la loi générale de l'action chimique, si l'un des deux domine, la partie qui se trouve en excès est d'autant moins retenue par la substance antagoniste, que l'excès est plus considérable ; mais comme dans l'état neutre, l'action de chaque élément sur la substance antagoniste est bien loin d'être épuisée ; on voit comment un sel neutre peut éprouver l'action dissolvante de l'eau, sans que l'état de combinaison change ; cependant lorsqu'il y a une grande différence dans l'action que l'eau exerce sur chacun des deux éléments, et lorsque l'action qui les réunit n'est pas très-énergique, celle de l'eau peut produire des changements considérables dans la combinaison, comme je l'observerai plus particulièrement en traitant de l'action des dissolvants.

41. La force de cohésion oppose une résis-

tance à l'action énergique qui produit les combinaisons, comme elle le fait dans la dissolution ; ainsi, de ce qu'une combinaison ne peut
s'opérer, il ne faut pas en conclure que deux
substances n'ont point d'affinité mutuelle : l'alumine la plus divisée ne peut être dissoute directement par l'acide acétique ; mais si l'on mêle
une dissolution de sulfate d'alumine avec la
dissolution d'un sel qui contienne l'acide acétique,
cette combinaison peut se faire et se maintenir :
il ne pouvait y avoir que la force de cohésion
qui réunissait les molécules de l'alumine, qui
s'opposât à la combinaison dans la première
circonstance. Tous les acides peuvent tenir la silice
en dissolution, si celle-ci a été préalablement
dissoute par un alcali ; mais si l'on rapproche
les molécules de la silice par la dessication, la
force de cohésion qui les réunit s'oppose à leur
dissolution dans les acides, si ce n'est dans l'acide
fluorique.

43. Il suit de ce qui précède que l'action chimique la plus forte, ainsi que la plus faible,
s'exerce en raison de l'affinité réciproque des
substances et des quantités qui se trouvent dans
la sphère d'activité, que l'action diminue en
raison de la saturation, qu'il n'y a point de
terme où elle détermine des proportions ; mais
que c'est dans les forces qui lui sont opposées
qu'il faudra chercher les limites des proportions

I.   5

des combinaisons qu'elle forme, et celles de sa puissance; enfin il faut distinguer deux effets de l'action chimique, celui par lequel il se produit une saturation réciproque, et celui qui apporte des changements de constitution.

Lorsque deux substances exercent une action chimique, les propriétés qui dépendent de l'affinité qui les réunit, et qui ne sont réellement que leur tendance mutuelle à la combinaison dans les différentes circonstances où elles peuvent se trouver, subissent une saturation qui est proportionnelle à l'action mutuelle; elles deviennent latentes, et ne reparaissent dans chacune des substances qu'à mesure que son action devient dominante sur celle de l'autre, ou qu'elle acquiert de la liberté.

Les propriétés au contraire qui dépendent de la constitution n'éprouvent que des changements relatifs à ceux mêmes de là constitution, qui quelquefois devient moyenne de celle des deux substances qui se combinent; pendant que dans d'autres circonstances l'une des deux substances communique son état à l'autre; mais avec des modifications qui dépendent de cette nouvelle union. Il n'y a point de saturation dans cet effet; on n'y apperçoit que l'action réciproque des molécules, qui selon la force de leur affinité mutuelle, et selon le rapport qu'elles ont avec le calorique, éprouvent une condensation plus ou moins grande, et acquièrent plus ou moins de disposition à la solidité, à la liquidité ou à l'élasticité; cette action réciproque produit des effets qui conservent beaucoup d'analogie avec les effets mécaniques.

Ainsi la même cause produit deux séries de propriétés qui doivent être considérées comme des forces particulières qui concourrent aux phénomènes chimiques, ou qui produisent des effets qui se compensent ou se détruisent.

L'une de ces deux forces peut tellement l'emporter sur l'autre, que l'une ne commence à agir que lorsque l'autre se trouve affaiblie; ainsi l'on ne retrouve dans l'argile condensée aucune des propriétés qui la caractérisent, jusqu'à ce qu'on ait détruit la force de cohésion qui réunit ses molécules.

Outre les affinités dominantes qui sont la tige des propriétés caractérisques des substances remarquables par l'énergie de leur action, elles en ont encore de secondaires qui leur donnent d'autres propriétés et qui suivent aussi les mêmes lois de saturation; mais leurs effets disparaissent lorsque l'affinité supérieure en force peut s'exercer.

Nous allons examiner plus particulièrement dans les rapports des acides avec les alcalis, l'action mutuelle des substances qui se combinent, et dont les propriétés se saturent réciproquement.

SECTION II.

DE L'ACIDITÉ ET DE L'ALCALINITÉ.

~~~~~~~~~~~~~~~~~~~~~~~~~~~~~~~~~

CHAPITRE PREMIER.

De l'action réciproque des acides et des alcalis.

44. ENTRE les substances qui sont douées d'une forte affinité réciproque, les acides et les alcalis méritent d'être distingués par l'énergie de leur action, par le nombre des combinaisons qu'ils forment, par l'influence qu'ils ont dans les phénomènes naturels et dans les opérations des arts; de sorte qu'ils ont principalement fourni les matériaux qui ont servi à établir les principes de la science, et par cette raison je m'arrêterai particulièrement à l'examen de leur action chimique.

On peut considérer les acides et les alcalis sous différents rapports; par exemple, sous celui de leur composition, des modifications qu'ils peuvent éprouver par un changement de constitution, et des différences qui les distinguent à cet égard entr'eux, ou sous celui de l'action réciproque qu'ils exercent comme acides et comme

alcalis. Je ne m'occupe ici que de l'exercice réciproque d'une propriété générale aux acides et
aux alcalis, de l'acidité et de l'alcalinité.

45. Il y a des substances qui se conduisent
comme acides avec des bases alcalines, et comme
alcalis avec les acides; telles sont la plupart des
oxides métalliques : on peut les assimiler aux
acides, lorsqu'elles en remplissent les fonctions, et aux alcalis, lorsqu'elles se combinent
avec les acides; cependant cette ressemblance
est imparfaite, et ne peut servir à la classification de leurs propriétés. Il y a d'autres substances dans lesquelles les propriétés acides ou
alcalines sont tellement faibles qu'elles ne leur
imprime pas un caractère dominant : ces substances doivent être examinées dans leurs propriétés particulières; mais tout ce qui appartient
à l'action chimique des acides et des alcalis se
retrouve dans toute action chimique, qui par
son énergie produit une saturation des propriétés
distinctives.

46. Les acides ont pour caractère distinctif
de former par leur union avec les alcalis des
combinaisons dans lesquelles on ne trouve plus
les propriétés de l'acidité et de l'alcalinité, lorsque les proportions de l'acide et de l'alcali sont
telles quelles donnent le degré de saturation
qu'on appelle neutralisation.

L'acidité et l'alcalinité sont donc deux termes

corrélatifs d'un genre de combinaison ; mais les acides et les alcalis ont, comme les autres corps, des propriétés qui dépendent de l'action réciproque de leurs molécules, et qui peuvent modifier l'effet de leur tendance mutuelle à la combinaison : ces propriétés ne subissent point la saturation ; mais elles s'accroissent ou elles diminuent, selon l'état où se trouvent les molécules combinées qui se substituent en cela aux molécules simples de l'acide et de l'alcali non combinés.

Il faudra par conséquent distinguer avec soin les effets de la saturation et ceux qui résultent de l'action réciproque des parties intégrantes de la combinaison, comme il faut distinguer dans un acide et dans un alcali leur tendance réciproque à la combinaison et les effets de leur volatilité, de leur fixité, de leur cohésion, de leur pesanteur spécifique.

Outre son affinité pour les alcalis, un acide en a de secondaires qui établissent entre les autres et lui quelques différences ; mais c'est celle qu'il a pour les alcalis qui exerce la plus grande action, et qui produit ses principales propriétés ; dès qu'elle peut se satisfaire, elle détruit toutes les combinaisons qu'il a pu former en conséquence de ses autres affinités ; de sorte que l'on doit la regarder comme une affinité dominante qui lui imprime son caractère.

47. Il suit de là que dans la comparaison des

acides, le premier objet qui doit fixer l'attention, c'est la puissance avec laquelle ils peuvent exercer l'acidité qui forme leur caractère distinctif; or, cette puissance se mesure par la quantité de chacun des acides qui est nécessaire pour produire le même effet; c'est-à-dire pour saturer une quantité donnée d'un même alcali. C'est donc la capacité de saturation de chaque acide qui, en mesurant son acidité, donne la force comparative de l'affinité à laquelle elle est due; mais les propriétés de chaque combinaison doivent se déduire de celles de ses éléments, qui sont simplement modifiées par l'acte même de la combinaison.

En effet, tous les acides produisent un même résultat, exercent une force égale en neutralisant les alcalis; mais on observe qu'ils ne possèdent pas tous la même puissance, si on établit la comparaison sur leur quantité; il faut plus ou moins de chaque espèce pour produire le même effet; c'est en cela que diffère l'énergie de leur affinité.

On peut donc dire que l'affinité des différents acides pour une même base alcaline, est en raison inverse de la quantité pondérale de chacun d'eux qui est nécessaire pour la neutralisation, avec une quantité égale de la même base alcaline; mais en proportionnant les quantités à l'affinité, on produit le même effet; de sorte que la force que l'on met en action dépend de l'affinité et de la quantité , et que l'une peut suppléer à l'autre.

48. J'ai désigné par le nom de *masse chimique* cette faculté de produire une saturation , cette puissance qui se compose de la quantité pondérale d'un acide et de son affinité ; selon cette définition les masses qui sont mises en action sont proportionnelles à la saturation qu'elles peuvent produire dans la substance avec laquelle elles se combinent.

Un acide est donc d'autant plus puissant, qu'à poids égal il peut saturer une plus grande quantité d'alcali ; le même rapport de puissance se conservera entre les acides lorsque leur action devra surmonter la force de cohésion , et il faut leur appliquer ce qui a été exposé sur l'action réciproque d'un liquide et d'un solide avec les modifications suivantes.

49. Il faut premièrement distinguer la puissance d'un acide qui se mesure par sa capacité de saturation , de son énergie qui dépend de sa concentration : un liquide homogène tel que l'eau a toujours la même force dissolvante , à un égal degré de température ; mais un acide peut être étendu par une quantité plus ou moins grande d'eau ; et par là la quantité qui peut se trouver dans la sphère d'activité peut être tellement affaiblie , qu'elle ne suffise point pour

vaincre la force de cohésion que le même acide plus concentré pourrait surmonter, c'est ordinairement dans ce sens qu'on appelle un acide fort ou faible.

En second lieu, la combinaison d'un acide avec une base acquiert une force de cohésion plus ou moins grande. Cette force de cohésion qui survient dans une combinaison est ordinairement la plus grande, au terme de la neutralisation; mais quelquefois elle se trouve à un autre degré de saturation.

5o. Il suit des observations précédentes, 1°. que l'on doit classer parmi les acides toutes les substances qui peuvent saturer les alcalis et faire disparaître leurs propriétés, comme l'on doit placer parmi les alcalis toutes celles qui, par leur combinaison, peuvent saturer l'acidité.

2°. Que la capacité de saturation étant la mesure de cette propriété, elle doit servir à former l'échelle de la puissance comparative des acides, ainsi que celle des alcalis.

L'affinité présente dans la combinaison des acides avec les alcalis les deux effets bien distincts de la saturation et de l'action mutuelle à laquelle est due la force de cohésion : par la première les qualités antagonistes disparaissent; par la seconde les propriétés qui dépendent de la distance des molécules reçoivent au contraire un accroissement; car la force de cohésion est plus grande dans les combinaisons salines qu'elle n'était dans leurs éléments.

51. On ne reconnaît donc plus dans les combinaisons neutres les propriétés caractéristiques de leurs éléments ; mais celles qui appartiennent à ces combinaisons pendant qu'elles existent dans leur intégrité, sont presqu'entièrement dérivées de l'affinité réciproque des parties intégrantes de la combinaison ; telles sont la fusibilité, la volatilité, la fixité, la dureté, les attributs de la cristallisation, la pesanteur spécifique ; mais comme les propriétés des combinaisons qui dépendent de l'affinité réciproque des parties intégrantes de la combinaison ont un rapport constant avec les propriétés des parties élémentaires, je tâcherai dans la suite d'établir quel est ce rapport et quelles sont les conditions qui le font varier.

Je me servirai dans les chapitres suivants de la force de cohésion qui appartient aux combinaisons ou même à leurs éléments, pour expliquer les effets qui en dépendent et qui ont été confondus avec ceux de l'affinité qui produit la saturation ; mais je me bornerai à y considérer cette force, comme cause des séparations qui s'opèrent indépendamment des circonstances, qui en placent le plus grand effet dans un certain degré de saturation.

Il faut constater les principes exposés dans

ce chapitre, en examinant s'ils correspondent exactement aux phénomènes que présente l'action réciproque des acides et des alcalis dans les différentes circonstances où elle s'exerce.

~~~~~~

CHAPITRE II.

De l'action d'un acide sur une combinaison neutre.

52. Nous venons de voir que tous les acides avaient la propriété de saturer les alcalis, et de former une combinaison neutre ; mais qu'il fallait différentes quantités pour produire cet effet ; de sorte que chaque acide, à poids égal, a une capacité de saturation qui lui est propre pour chaque espèce d'alcali.

Lorsqu'un sel neutre est dissous et qu'on ajoute un acide à sa dissolution, ou lorsqu'on opère sa dissolution par le moyen d'un acide, celui-ci entre en concurrence avec l'acide combiné, l'un et l'autre agissent sur la base alcaline, chacun en raison de sa masse, comme si la combinaison n'eût pas existé. Ils parviennent au même degré de saturation ; de sorte que la saturation commune est égale à celle qu'on aurait obtenue, si l'on eût employé une quantité d'un seul acide qui eût égalé par sa capacité de saturation les deux qui sont mis en action.

On ne peut donc pas dire, si toutes les circonstances restent égales, qu'un acide en chasse un autre de la base avec laquelle il était combiné; mais il partage l'action qui était exercée sur la base pour produire la saturation en raison des masses employées : le premier qui était en combinaison perd de son union avec la base, autant que le second en acquiert, et par cette perte il recouvre de son énergie pour agir sur d'autres substances en raison de l'acidité qu'il conserve.

53. Ce sont là les conséquences qui se déduisent immédiatement des propriétés de l'affinité, mais on a établi une théorie différente; on a regardé l'affinité d'un acide pour une base comme *élective*, c'est-à-dire qu'on lui a attribué la propriété d'éliminer entièrement un acide d'une combinaison pour le substituer à sa place, et l'on a construit les tables d'affinité sur cette puissance comparative.

Cependant si l'on considère qu'un acide exerce une action puissante sur une combinaison neutre, qu'à part un petit nombre d'exceptions, il dissout toutes les combinaisons neutres malgré la résistance de leur cohésion, et que son action est d'autant plus puissante qu'il est plus concentré;

on doit reconnaître qu'il exerce son action chimique sur la combinaison, que par conséquent cette action doit être proportionnelle à son affinité ou à sa capacité de saturation et à sa quantité. L'eau elle-même exerce son action chimique; ce n'est que par cette force qu'elle produit la dissolution d'une combinaison neutre, et si elle ne change pas son état de saturation, ce n'est que parce que toute son action n'équivaut pas à la tendance mutuelle qui reste aux deux éléments de la combinaison; mais si celle-ci n'est due qu'à une faible affinité, l'eau suffit pour déterminer un autre état de saturation.

J'ai fait voir par des expériences directes (1) que les combinaisons qui étaient considérées comme produites par les affinités électives auxquelles on attribuait le plus de supériorité, cédaient à d'autres que l'on regardait comme inférieures, pourvu qu'on affaiblît les circonstances qui tendaient à maintenir les premières.

54. On a donc confondu les effets qui étaient dûs à la force de cohésion ou à l'élasticité qui produisent les séparations des combinaisons, avec l'affinité mutuelle par laquelle leurs propriétés acides et alcalines se saturent et parviennent à l'état neutre.

(1) Recherches sur les lois de l'affin. Mém. de l'Inst. tom. III.

Considérons dans l'action d'un acide sur une combinaison neutre, les effets de la force de cohésion qui résulte de l'action réciproque des éléments de cette combinaison, soit qu'elle existe avant l'intervention d'un acide, soit qu'elle en devienne une conséquence.

55. La disposition à la solidité qui appartient à des proportions déterminées d'acide et d'alcali, et l'insolubilité qui en provient, sont quelquefois si grandes, que cette combinaison se forme et se sépare en entier, quoiqu'il y ait un grand excès d'acide; ainsi lorsqu'on mêle une dissolution de baryte avec l'acide sulfurique, toute la baryte se sépare et se précipite en sulfate, l'action que le liquide exerce sur la combinaison qui vient de se former ne peut surmonter la résistance que présente son insolubilité, et cet effet est indépendant de la différence des acides, puisque l'acide sulfurique lui-même n'aurait plus d'action sur ce précipité, à moins qu'il ne fût dans un état de concentration auquel les autres acides ne peuvent être réduits.

Mais si l'insolubilité n'est pas aussi considérable, elle pourra être surmontée par un excès d'acide plus ou moins grand, selon le degré de l'insolubilité; ainsi l'acide oxalique ne précipite en oxalate de chaux qu'une partie de la chaux qui forme une combinaison neutre avec un autre acide : dès que l'acide de la combinaison a acquis une certaine énergie par la diminution de la base, il contrebalance l'effort de l'insolubilité, et l'oxalate de chaux cesse de se séparer ; l'insolubilité du phosphate ou du sulfite de chaux est encore surmontée beaucoup plus facilement ; une faible acidité suffit pour en faire disparaître l'effet.

56. Lors donc que deux acides agissent sur un alcali, il s'établit un équilibre de saturation qui est le produit de la quantité de chacun des deux acides, et de la capacité relative de saturation ; mais lorsqu'il se forme une combinaison qui se précipite, il s'établit deux composés qui exercent des forces opposées (16); l'un est formé de la combinaison insoluble, et l'autre l'est de la combinaison qui reste liquide, et qui se trouve avec un excès d'acide : celui-ci épuise son action dissolvante sur la substance insoluble ; les résultats dépendent de l'insolubilité comparée à l'énergie de l'acide ; mais comme l'action des acides est proportionnelle à leur quantité, en augmentant la quantité de l'acide qui est opposé à l'insolubilité, on peut diminuer celle du précipité ou le faire disparaître, à moins que la force de cohésion ne soit trop grande pour céder à celle qui tend à la détruire.

57. Lorsqu'il se forme une séparation, soit par une précipitation immédiate, soit par une

cristallisation, le liquide qui reste, à part les cas rares où l'acide opposé est entièrement séparé en formant une combinaison insoluble, est composé d'une partie des deux acides et d'une partie de la base : on ne doit pas le regarder comme une dissolution de la combinaison insoluble par l'autre acide ; l'un et l'autre acide y exercent leurs forces sur la base, l'un et l'autre agissent en raison de leur énergie et de leur quantité, et se mettent en équilibre de saturation (35).

58. Les résidus incristallisables dans lesquels on n'a considéré (31) que l'action réciproque des substances neutres, peuvent être fort augmentés par l'excès de l'une des substances saturantes ; le moyen de les ramener aux conditions mentionnées est de faire disparaître l'excès d'acide ou d'alcali qui s'oppose à la cristallisation.

Quelquefois la substance qui est séparée par la force de cohésion, n'est pas une combinaison simple de l'un des acides et de la base alcaline ; mais elle est formée de certaines proportions des deux acides et de la base alcaline qui se trouvent être douées d'une insolubilité qui détermine leur séparation, comme il arrive à une simple combinaison et par la même raison.

59. On vient de voir ce qui se passe lorsque deux acides établissent la concurrence de leur

action sur une base au milieu d'un liquide ; mais les résultats diffèrent par quelques circonstances, lorsqu'un acide porte son action sur une combinaison insoluble et déjà formée ; parce que force de la cohésion peut beaucoup varier dans la même espèce de combinaison, comme nous avons vu qu'elle pouvait varier relativement à la dissolution, et il faut appliquer ici ce qui a été exposé sur cet objet.

L'acide n'agit donc pas alors en raison de sa quantité totale, mais en raison de la quantité qui peut se trouver dans la sphère d'activité, où son énergie doit lutter contre la résistance de la cohésion. (14, 49). Son action s'affaiblit à mesure qu'il approche de l'état de saturation ; celle de la combinaison solide au contraire reste la même, parce qu'il n'y a que la surface qui puisse l'exercer successivement ; de sorte qu'il s'établit bientôt dans le liquide un degré de saturation auquel il ne peut plus surmonter la résistance : de là l'utilité de tous les procédés qu'on emploie, soit pour multiplier les points de contact, soit pour diminuer la force de cohésion des parties solides, et la différence qu'on observe entre une combinaison récente et très-divisée, et la même combinaison qui a été desséchée ou poussée à un grand feu.

60. L'action d'un acide ou d'un alcali sur une combinaison qui, dans le cas de liquidité, s'exerce

en raison de la masse , est donc modifiée lorsque la combinaison est solide , ou lorsque celle qui se forme le devient ; par là l'effet de la cohésion qui lui appartient, et le résultat varient selon l'état de cette force , et selon la quantité et l'énergie de l'acide et de l'alcali qui peuvent se trouver dans la sphère d'activité.

Ce qui précède doit s'appliquer à l'action d'une base alcaline sur une combinaison neutre ; mais la force de cohésion qui est beaucoup plus considérable dans quelques-unes de ces bases que dans les acides , a par là même une influence plus considérable dans cette action.

Si l'on amène à l'état de dessication un mélange de parties égales de soude et de sulfate de potasse , et que l'on enlève après cela l'excès d'alcali par l'action de l'alcool , le résidu se trouve composé de sulfate de potasse et de sulfate de soude.

Le sulfate de potasse étant beaucoup moins soluble que le sulfate de soude , c'est lui qui se sépareroit le premier ; si l'on fesait évaporer le mélange sans avoir séparé l'excès d'alcali , il se saisirait par cette circonstance de la plus grande partie de l'acide , seulement il y aurait un résidu incristallisable avec excès de soude , dans lequel une partie du sulfate de potasse seroit retenue.

61. Comme l'alcool dissout également la soude et la potasse , son action ne change point sensiblement le résultat de l'action réciproque de

l'acide et des deux alcalis : cette expérience est donc propre à faire voir le partage de l'action d'un acide sur deux alcalis, indépendamment des effets de la force de cohésion des deux combinaisons ; mais si l'on traite le muriate de soude avec la chaux, l'on a à peine des indices de la décomposition du premier, parce que la chaux ayant très-peu de solubilité, elle ne peut agir qu'en très-petite proportion, et à mesure que l'évaporation avance, son insolubilité tend à la séparer, pendant que la soude lui oppose toute sa masse : dans ce cas l'alcool ne peut servir à constater l'action, parce qu'il ne peut séparer l'excès de base alcaline.

L'action d'un acide ou d'un alcali sur une combinaison qui, dans le cas de liquidité, s'exerce en raison de la masse, est donc également modifiée lorsque la combinaison est solide, ou lorsque celle qui se forme le devient ; par là l'effet de la cohésion qui lui appartient, et le résultat, varient selon l'état de cette force et selon la quantité et l'énergie de l'acide et de l'alcali qui peuvent se trouver dans la sphère d'activité ; de là les précipités dont les conditions vont nous occuper.

CHAPITRE III.

Des précipités produits par les acides ou par les alcalis.

62. Lorsqu'un acide forme un précipité par sa combinaison avec une base alcaline en la séparant d'un autre acide, l'insolubilité qui cause la précipitation tient aux qualités naturelles de chacun des éléments de la combinaison dont la disposition à la solidité se trouve accrue par la condensation qu'ils éprouvent.

L'insolubilité qui tire son origine de là, détermine les proportions des éléments de la combinaison qui se précipite, seulement elle cède plus ou moins à l'acide qui reste dans le liquide ; de sorte que l'effet de l'acide surabondant se borne à diminuer la quantité de la combinaison insoluble ; mais lorsqu'une base alcaline produit une précipitation, son effet peut être différent selon les propriétés de la base qui se précipite, parce que les alcalis diffèrent beaucoup entre eux, sous le rapport de la solubilité.

63. Si cette base est soluble par elle-même, si c'est la combinaison qu'elle forme qui devient

insoluble, elle se trouve dans le cas précédent :
la combinaison qui se sépare doit également avoir
des proportions déterminées ; un excès d'alcali
la rend plus soluble et diminue la quantité du
précipité, ou le fait disparaître.

Mais si la base insoluble par elle-même a besoin
d'une certaine proportion d'acide pour être
rendue liquide, alors une autre base alcaline en
s'emparant d'une partie de l'acide, lui enlèvera
la solubilité : elle se précipitera en formant une
combinaison insoluble, qui pourra varier dans
les proportions de ses éléments.

Un alcali qui agit sur la dissolution d'un sel
à base terreuse, partage donc son action sur
l'acide avec cette base, mais celle-ci a besoin de
tout l'effet de l'acide avec lequel elle était
combinée pour conserver la solubilité, telle
qu'elle était ; à mesure donc que l'action de l'acide
qu'elle éprouve, diminue, l'insolubilité s'établit
et s'accroît, jusqu'à ce que la séparation se fasse ;
l'acide se divise entre l'alcali et la base terreuse, en raison des forces qui sont en action
au moment de la séparation ; de sorte qu'il se
forme deux combinaisons, l'une qui est soluble
et l'autre qui est insoluble.

Ainsi lorsqu'on a précipité par un alcali, l'alumine et la magnésie de l'acide sulfurique avec
lequel elles formaient une combinaison soluble,
l'on n'a qu'à dissoudre de nouveau ces précipités

dans un acide tel que l'acide muriatique ou
l'acide nitrique, en y ajoutant ensuite une dissolution de baryte, on obtient une quantité assez
considérable de sulfate de baryte qui atteste que
l'acide sulfurique y était combiné. On peut se
convaincre également avec les dissolutions métalliques, principalement avec celles de mercure
que les précipités retiennent une partie de l'acide.

64. Il ne faudrait pas cependant conclure de
là que les précipités ne puissent jamais être
réduits à l'état de simplicité : il suffit même
quelquefois d'accroître la force de cohésion dans
une substance où cette propriété est énergique, pour la séparer d'un acide avec lequel elle
n'a d'ailleurs qu'une faible affinité ; il suffit
par exemple d'exposer à une forte dessication la
silice dissoute par un autre acide que le fluorique,
pour qu'elle l'abandonne et devienne insoluble :
nous verrons aussi que la force de cohésion, de
quelques métaux eut décider leur précipitation
dans l'état métalli ne, sans qu'ils retiennent de
l'acide qui les tenait a dissolution; mais il paraît
que cette séparation complète n'a jamais lieu
entre les acides et les alcalis : seulement la quantité de l'acide peut être diminuée plus ou moins,
selon la force de l'alcali qui tend à l'enlever au
précipité, dont l'insolubilité ne dépend pas de
proportions déterminées.

Si la quantité du liquide qui sert de dissolvant

est assez grande pour contrebalancer l'insolubilité qui naît de la diminution dans l'action de l'acide, il ne se forme pas de séparation, et alors chaque base agit sur l'acide en raison de sa masse ; ainsi Bergman a observé (1) que la potasse ou la soude ne troublent pas la transparence d'un sel à base de chaux, lorsque dans la solution ce sel se trouve étendu de cinquante fois autant d'eau ; si l'acide ne continuait pas d'agir sur la chaux, le précipité paraîtrait avec une proportion d'eau beaucoup plus grande ; car il faut à-peu-près sept cents parties d'eau pour en dissoudre une de chaux.

Si l'ammoniaque ne produit pas un précipité comme l'alcali fixe avec les sels à base de chaux, c'est qu'elle a la propriété de se combiner en formant un sel triple, que l'on ne sépare par la vaporisation, que lorsque l'action du liquide se trouve plus faible que son insolubilité.

65. On peut donc distinguer deux espèces de précipités : ceux dans lesquels l'acide et la base acquièrent par la combinaison une insolubilité qu'ils n'avaient ni l'un ni l'autre, étant isolés, ou qu'ils n'avaient qu'à un degré beaucoup plus faible ; tels sont plusieurs sels qui forment des précipités, si l'eau n'est pas suffisante pour les tenir en dissolution, ou qui cristallisent lors-

(1) De Attract. élect. § VII.

qu'on vient à diminuer celle dans laquelle ils étaient dissous, et les précipités dont la base n'a acquis de la solubilité que par l'action de l'acide, et, qui forment une combinaison insoluble dès que cette action vient à diminuer. Les précipités de la première espèce ont des proportions constantes dans les éléments de leur combinaison, ou du moins ces proportions ne peuvent éprouver que des variations peu considérables, ainsi que je le ferai remarquer ailleurs. Ceux de la seconde peuvent être composés de proportions très-variables, jusqu'à ce qu'on soit parvenu à une quantité d'acide que l'action croissante de la base ne permette plus de diminuer ; car ils peuvent retenir des proportions différentes d'acide en se précipitant, selon l'état des forces qui sont mises en action. Ce qui le prouve, c'est si, après avoir formé un sel insoluble à base terreuse, lors même qu'il annonce une forte affinité, et qu'il a une grande force de cohésion qui a déterminé sa précipitation, tel que le sulfate de baryte, on peut lui enlever une portion de l'acide en fesant agir sur lui un alcali concentré. On obtient un plus grand effet en traitant de même le phosphate de chaux.

Il est donc très-probable qu'alors les précipités diffèrent selon les circonstances de l'opération, selon l'énergie de l'alcali qui les a produits, et par conséquent selon l'état de concentration où il se trouve ; mais comme les circonstances varient au commencement et à la fin de la précipitation ; lorsqu'on ne fait pas tout-à-coup le mélange des liquides, l'action de l'alcali se trouvant beaucoup plus énergique en commençant que lorsque la saturation avance, il est très-probable que le précipité varie dans ses proportions en même raison ; ce qu'il est sur-tout facile de remarquer dans les précipitations métalliques.

Ces variations doivent non-seulement suivre celles des circonstances de l'opération ; mais elles doivent encore être différentes selon l'affinité réciproque des éléments de la combinaison qui forme un précipité, et selon la force de cohésion qui leur est propre, comme on vient de le voir relativement au sulfate de baryte et au phosphate de chaux.

66. C'est une fausse idée de la nature des précipités qui a conduit à la doctrine des affinités électives et à la construction de ces tables dont les modernes se sont tant occupés et qui en imposent par un appareil d'exactitude. Comme cette doctrine est suivie dans la plupart des explications chimiques, je crois devoir insister sur les apparences qui lui servent de fondement.

De ce qu'il se forme un précipité lorsqu'on oppose une base alcaline à une autre qui était engagée dans une combinaison avec un acide, on a conclu que la première éliminait la seconde, et prenait sa place dans la combinaison : de là vient que les alcalis ont été placés dans l'ordre des affinités, suivant les précipitations mutuelles qu'ils pouvaient produire.

On a suivi une marche opposée pour les acides. Quand un acide versé sur la dissolution d'une combinaison produit un précipité, on en conclut qu'il enlève la base à l'autre acide avec lequel elle était combinée. De là on donne l'antériorité d'affinité élective aux alcalis qui ont le moins de disposition à la solidité, et on la donne au contraire aux acides qui ont la plus grande disposition à former des combinaisons solides.

67. Toutefois les précipités qui se forment sont dûs aux mêmes dispositions, soit qu'on les produise en ajoutant un acide ou un alcali à une combinaison neutre ; toute la différence dépend de ces dispositions mêmes, et de l'état des forces qui leur sont opposées.

Que l'on ajoute de la chaux, de la potasse ou de l'ammoniaque à une dissolution de phosphate de chaux par son propre acide, on aura le même résultat ; le phosphate de chaux, insoluble par lui-même, recouvrera cette qualité, parce que l'acide dont la force pouvait la déguiser éprouvera une saturation qui fera cesser son action : la seule différence qu'il y aura, c'est que la chaux se réduira toute en sel insoluble, et que l'alcali fixe ou l'ammoniaque produiront une combinaison soluble avec la portion d'acide phosphorique excédant la quantité qui forme avec la chaux une combinaison insoluble.

Si au lieu d'un phosphate acidule de chaux on prend une dissolution de phosphate de chaux par un acide quelconque, on aura par le moyen des alcalis ou de la chaux un précipité semblable de phosphate de chaux, et la combinaison qui se formera en saturant l'acide qui servait de dissolvant, dépendra des propriétés de l'espèce d'acide et de l'espèce d'alcali.

Enfin, si l'on verse un acide qui ait la propriété de former une combinaison insoluble avec la chaux sur la dissolution d'une combinaison de chaux, il se forme un précipité analogue à ceux dont je viens de parler ; mais une partie de la base reste en combinaison avec le premier acide, et il s'établit un équilibre entre la force de cohésion et la force dissolvante, jusqu'à ce que par l'addition d'une base alcaline on fasse disparaître toute l'action de l'acide, comme dans les cas précédents.

Tous ces phénomènes sont indépendants des affinités électives, telles qu'on les a conçues, et si l'on veut classer les affinités par leur force relative, ce n'est point par les précipitations qu'on peut remplir cet objet, puisque celles-ci dépendent ou de l'accroissement de la force de cohésion par l'acte de la combinaison ou de la diminution de l'action qui la ferait disparaître ou la rendrait latente, et qu'elles sont modifiées par les quantités respectives des substances, par leur condensation, par la température.

J'ajouterai encore un exemple à ceux que j'ai rapportés sur les contradictions auxquelles peut conduire la détermination des affinités électives par les précipitations.

Lorsque l'on prend une dissolution étendue de muriate de strontiane, la soude et la potasse bien pures n'y produisent aucun précipité; mais lorsqu'elle est concentrée, on a un précipité : si donc on l'examine dans le dernier état, on en conclut que la soude et la potasse ont plus d'affinité avec l'acide muriatique que la strontiane; mais celle-ci décompose les sulfates et les carbonates de potasse et de soude : il faudra donc admettre un autre ordre d'affinité élective pour l'acide sulfurique et l'acide oxalique, que pour l'acide muriatique.

Comme la baryte est par elle-même beaucoup plus soluble que la strontiane, et qu'elle conserve cette propriété avec l'acide muriatique, la potasse et la soude ne produisent point avec le muriate de baryte de précipité dans les circonstances où le muriate de strontiane en donne : il faudrait donc lui attribuer par cette raison un ordre différent d'affinité élective, cependant ces effets

divers ont un rapport constant avec la solubilité des substances dans les circonstances où elles
se trouvent, et dès que la force de cohésion
devient prépondérante, elle produit les séparations que l'on prend pour témoignage de cette
élection que l'on suppose.

~~~~~~

CHAPITRE IV.

De l'action réciproque des combinaisons neutres.

68. J'ai considéré dans le chapitre premier de
cette section l'acidité et l'alcalinité comme deux
qualités antagonistes qui se saturent mutuellement; de sorte que lorsque leur combinaison
est parvenue à l'état neutre, ni l'acidité, ni
l'alcalinité n'exercent plus aucune action sensible;
il n'en est pas de même de l'action réciproque
des molécules qui continue d'opérer son effet :
les propriétés qui en dépendent ne sont pas,
à la vérité, celles des deux individus; elles sont
devenues communes aux parties intégrantes de
la combinaison, et quoiqu'elles soient dérivées
de celles des éléments de la combinaison, elles

n'en sont pas le terme moyen, parce qu'il se fait des changements de constitution.

Nous avons déjà vu (51) que l'un de ces changements, celui dont je vais examiner les conséquences dans l'action réciproque des combinaisons neutres, consiste dans un accroissement de la force de cohésion, qui doit résulter du rapprochement des parties (5).

69. Si les principes que j'ai établis sont exacts, l'acidité et l'alcalinité ne doivent plus avoir aucune influence sur l'action réciproque des sels qui sont dans l'état neutre, mais tous les phénomènes qu'elle produit doivent dépendre des propriétés qui émanent de l'action réciproque de leurs parties intégrantes : l'acidité et l'alcalinité devenues latentes ne doivent plus agir que dans les circonstances où elles acquerront une nouvelle liberté.

Nous avons vu que la force de cohésion n'exerçait pas seulement sa puissance dans les corps qui sont actuellement solides; mais que c'était elle qui, préexistante à cet état, le réalisait (9) : il suit de là que dans le mélange des substances liquides, les combinaisons qui doivent jouir d'une force de cohésion capable de les séparer, doivent se former et se séparer en effet, par la même raison que l'eau mêlée avec l'alcool s'en sépare pour se congeler; mais de même que dans cet exemple il faut un plus grand degré de froid pour congeler l'eau, l'action réciproque des autres substances doit diminuer les effets de la cohésion.

Dans l'hypothèse examinée dans le chapitre II, la force de cohésion d'une combinaison neutre avait à combattre non-seulement l'action de l'eau, mais encore celle de l'acide qui entrait en concurrence avec le premier les dispositions de la combinaison que l'acide ajouté pouvait former, fesaient varier le résultat de même que les quantités des substances : ici la force de cohésion est seule, et elle se mesure par la solubilité.

70. Parcourons donc les différentes conditions dans lesquelles peuvent se trouver deux combinaisons neutres, et examinons si les faits sont d'accord avec la théorie.

Lorsque l'on fait le mélange d'un sel soluble à base de chaux avec une combinaison soluble de l'acide sulfurique, celui-ci qui a la propriété de former avec la chaux un sel insoluble, se combine avec elle et se précipite en fesant un échange de sa base avec l'autre acide ; mais le sulfate de chaux a beaucoup plus de solubilité que le sulfate de baryte : si donc l'on mêle une dissolution de sulfate de chaux avec celle d'une combinaison plus soluble de baryte, il se fait un autre échange de base, et le sulfate de baryte se précipite.

Dans la supposition que les combinaisons étaient dans l'état neutre, le liquide n'oppose à la précipitation que l'action dissolvante de l'eau, ou la faible action que la combinaison soluble peut exercer sur celle qui se sépare, la force de cohésion n'a point à lutter contre celle d'un acide; de sorte qu'elle produit son effet beaucoup plus complètement, et qu'elle le produit dans des circonstances où elle aurait été surmontée par un faible excès d'acidité.

En effet, si l'on ajoute de l'acide oxalique à la dissolution d'un sel à base de chaux, on obtient un précipité d'oxalate de chaux beaucoup moins abondant que si l'on s'était servi de la solution d'un oxalate neutre, parce que l'action de l'acide ne permet qu'à une partie de l'oxalate de chaux de se former, au lieu qu'avec un oxalate cet obstacle n'existe pas.

71. Il suit de là que si la force de cohésion qui appartient à une combinaison est peu considérable, et si elle ne produit qu'une insolubilité qui cède facilement, il peut arriver qu'on n'obtienne point de précipité par le moyen d'un acide qu'on verse sur la dissolution d'un sel, quoiqu'il possède la propriété de former avec la base de ce sel une combinaison qui serait insoluble, si l'action de l'eau ne se trouvait secondée par celle d'un acide, mais l'on a une précipitation complète de cette base, lorsque l'on ajoute

au sel qu'elle forme une combinaison neutre de l'acide précipitant : c'est ce qui arrive avec l'acide sulfureux, qui ne produit pas de précipité avec une dissolution d'un sel à base de chaux ou de baryte, et qui précipite ces bases en sulfites lorsqu'il est employé dans un état de combinaison neutre; l'on obtient un effet semblable si dans la circonstance précédente on sature l'excès d'acide.

De même le phosphate de chaux étant facilement soluble par les acides, l'on ne produit pas de précipité si l'on verse l'acide phosphorique sur la dissolution d'un sel à base de chaux; mais si l'on mêle la dissolution d'un sel de chaux avec celle d'un phosphate d'alcali, le phosphate de chaux se sépare et se précipite.

Il serait inutile d'accumuler ici un plus grand nombre d'exemples : « que l'on parcoure toutes » les décompositions connues qui sont dues aux » affinités complexes, et l'on verra que c'est » toujours aux substances qui ont la propriété de » former un précipité ou un sel qu'on peut sé- » parer par la cristallisation, qu'on a attribué » un excès d'affinité sur celles qui leur sont » opposées; de sorte qu'on peut prévoir, par le » degré de solubilité des sels qui peuvent se » former dans un liquide, quelles sont les subs- » tances dont Bergman et d'autres savants chi- » mistes auront prétendu représenter les forces

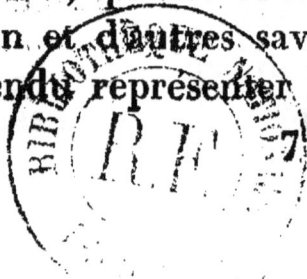

1. 7

» dans des tableaux symboliques, en attribuant
» toujours une supériorité d'affinité aux deux
» substances qui doivent former une combinaison
» insoluble relativement à la quantité du dis-
» solvant (1) ».

72. Cet effet de l'insolubilité, peut être modifiée par quelques circonstances, qu'il faut
reconnaître, sur-tout lorsqu'elle diffère peu
entre les combinaisons qui sont en action :
ces circonstances sont l'action réciproque des
parties intégrantes des deux combinaisons, leurs
proportions respectives, et les changements qu'apporte la température dans la solubilité comparative.

Les substances salines exercent une action
réciproque qui augmente leur solubilité : cet
effet est nul ou très-petit, lorsque la différence
de solubilité est grande ; mais il peut devenir tellement considérable entre deux sels qui ont l'un
et l'autre beaucoup de solubilité, qu'il s'oppose
à toute cristallisation. (31, 32).

Le résultat varie par les proportions des substances qui sont en action : ainsi lorsque celle qui
a plus de solubilité peut se former en plus grande
quantité, elle se sépare en partie la première ; les
combinaisons cristallisent successivement, selon
la faculté que l'eau possède de tenir en dissolution

(1) Recherch. sur les lois de l'affinité.

la quantité de chacune aux différentes époques de cristallisation ; une partie du sel moins soluble acquiert par l'action de l'autre une solubilité plus grande ; de sorte qu'il peut en être retenu une portion dans le résidu incristallisable, pendant qu'une quantité considérable d'un sel plus soluble cristallise jusqu'à ce qu'il soit parvenu aux proportions où l'action réciproque l'empêche également de se former ; alors une partie du premier peut encore cristalliser.

J'ai établi par plusieurs exemples ces effets successifs de l'action réciproque des combinaisons et de leurs proportions dans l'eau qui les tient en dissolution : je me bornerai à en rapporter ici quelques-uns.

73. Si l'on mêle du sulfate de potasse et du nitrate de chaux, quelles que soient les proportions, le sulfate de chaux qui peut se former se sépare par l'excès de son insolubilité comparée à celle du nitrate de potasse : le sulfate de potasse et le nitrate de soude qui diffèrent moins par leur solubilité que les deux sels précédent sdonneront par la cristallisation une plus grande proportion de sulfate de potasse que de nitrate de potasse ; mais lorsque la proportion du premier sera diminuée par la cristallisation, on obtiendra aussi du nitrate de potasse, parce que l'eau qui reste à cette époque serait incapable de tenir en dissolution la quantité de ce

sel qui pourrait se former, et que le sulfate de potasse de son côté est rendu plus soluble par l'action réciproque de l'autre sel : ce résultat aurait pu être déterminé dès la première cristallisation en augmentant la proportion du nitrate de soude.

Un mélange de nitrate de potasse et de muriate de chaux donne encore un résultat dans lequel l'influence des proportions est plus marquée, parce que les deux sels les moins solubles qui peuvent se former, le nitrate de potasse et le muriate de potasse, diffèrent peu par cette propriété; aussi l'on peut obtenir l'un ou l'autre de ces sels par la première cristallisation, en fesant un peu varier les proportions du nitrate de potasse et du muriate de chaux.

74. Il arrive quelquefois qu'au lieu de combinaisons simples, c'est-à-dire qui soient formées de deux substances, il se produit des sels triples ou même plus complexes; ainsi lorsqu'on mêle du sulfate de potasse et du muriate de magnésie à poids égaux, ou deux parties de muriate de magnésie, et une de sulfate de potasse, on retire par les cristallisations successives, d'abord du sulfate de potasse, puis un sel triple, composé de magnésie, d'acide sulfurique et de potasse, après cela du muriate de potasse, et enfin du sulfate de magnésie. Lorsqu'on mêle poids égaux de muriate de soude et de sulfate d'am-

moniaque, le premier sel qu'on retire est un sulfate de soude et d'ammoniaque ; dans ces cas qui se rencontrent rarement dans les sels non métalliques, l'on observe de même que les sels se séparent en raison de leur insolubilité modifiée par les proportions et l'action réciproque.

75. La solubilité des sels varie par la différence de température, mais elle ne suit pas pour tous la même progression. Dans quelques-uns elle prend un accroissement considérable par l'élévation de la chaleur ; dans quelques autres elle reste presque la même. Cette condition qui détermine la séparation des sels, peut donc produire des effets différents, selon l'état thermométrique ; de là vient que quelques sels dont la solubilité est à-peu-près égale à un degré de chaleur, peuvent cependant se séparer facilement, en introduisant un grand changement dans la température, et en faisant alterner l'effet des proportions et celui de la différence de solubilité.

Le nitrate de potasse et le muriate de soude nous donnent un exemple frappant de cet effet. Près du degré de la congélation, le nitrate de potasse a beaucoup moins de solubilité que le muriate de soude, mais elle augmente beaucoup par la chaleur, et celle du muriate de soude très-peu ; de sorte que la solubilité du dernier, qui n'était à-peu-près que la moitié de celle du

nitrate de potasse, passe par un degré où elle
est égale, et enfin elle devient au degré de
l'ébullition près de huit fois plus petite. En
fesant donc subir l'ébullition au mélange, on
fait cristalliser à une haute température le muriate de soude : ensuite par le réfroidissement
on fait cristalliser le nitrate de potasse : on diminue tour-à-tour la proportion de l'un et de
l'autre sel, et l'on parvient par des cristallisations réitérées à les séparer entièrement l'un et
l'autre.

76. On suppose ordinairement que les sels
étaient formés dans une dissolution tels qu'on
les retire ensuite par la cristallisation ; mais la
séparation qui s'en fait selon l'ordre de leur solubilité, et selon les proportions qui agissent,
fait voir que leurs parties exercent d'une manière égale leur action réciproque, comme je
l'ai supposé (54). Cependant lorsqu'on ne porte
pas son attention sur ce qui se passe dans le
liquide, et qu'on s'occupe seulement du résultat, l'expression vulgaire qui suppose l'existence des sels est commode, et n'a pas d'inconvénient ; je continuerai donc à m'en servir.

77. L'action réciproque des combinaisons salines à laquelle sont dûs les résidus incristallisables, s'exerce au moment de la cristallisation,
comme si les sels préexistaient, ou comme si
après avoir formé ceux qui doivent cristalliser,

on les eût mis directement en dissolution ; de sorte que les échanges de base n'apportent aucune différence dans le résultat. Mais quoique les effets de l'action réciproque des sels soient ordinairement assez peu considérables pour qu'on puisse les négliger, il y en a cependant qui méritent d'être remarqués.

Lorsqu'on décompose le sulfate de potasse par le muriate de chaux, on n'obtient d'abord qu'une quantité de sulfate de chaux plus petite que celle qui devrait résulter de la combinaison immédiate d'acide sulfurique et de chaux, dans la même quantité d'eau ; c'est par la même cause que, selon l'observation de Guyton (1), la dissolution de sulfate de potasse, de muriate de potasse, etc., versée dans l'eau de chaux rendue laiteuse par l'eau chargée de gaz acide carbonique, fait disparaître sur-le-champ le précipité ; qu'il n'y a également aucun précipité lorsqu'on verse de l'eau chargée d'acide carbonique dans un mélange d'eau de chaux et de dissolution de ces sels neutres.

Cet effet très-petit dans les sels qui ont une force de cristallisation considérable, souvent même nul, parce que la force de cristallisation d'un sel peut l'emporter sur l'action d'un autre (72), devient beaucoup plus grand lorsqu'ils ont

(1) Mém. de Schéele part. II, note de la page 18.

l'un et l'autre peu de force de cohésion, tels que le sulfate de soude et le nitrate de soude qui dans certaines proportions se privent presqu'entièrement de la faculté de cristalliser : les sels incristallisables produisent par conséquent un grand effet sur ceux qui n'ont par eux-mêmes qu'une faible disposition à cristalliser ; mais il faut distinguer le partage de l'eau qui peut se faire entre différents sels et produire des précipitations (33), de l'effet de leur action réciproque.

78. C'est donc la même cause qui produit les séparations des combinaisons dans l'affinité complexe, et dans celle où deux acides sont en concurrence pour se combiner avec une base. La seule différence qu'il y ait, c'est que dans une circonstance il y a neutralisation, et dans l'autre, un excès d'acide qui joint son action à celle du dissolvant : en effet, lorsqu'on supprime cet excès d'acide, soit par un alcali, soit par l'évaporation, la différence disparaît.

Cet excès d'acide empêche par son action que la séparation, qui serait produite par la disposition d'une combinaison, n'ait lieu, ou ne se fasse aussi complètement que dans l'affinité complexe.

Il peut aussi nuire aux proportions des parties constituantes de quelques combinaisons (65); de sorte que des précipités ou les combinaisons solides qu'on obtient par l'action des sels neutres sont dans un état beaucoup plus constant que ceux qui ont dû surmonter un excès d'acide ou d'alcali.

Ce qui a été exposé sur la concurrence de deux acides pour se combiner avec une base, et sur l'action de deux combinaisons salines, doit s'étendre à l'action de toutes les substances acides et alcalines, et de toutes les combinaisons qui en sont formées, quelque soit le nombre des substances qui agissent. Il faut toujours distinguer une puissance acide et une puissance alcaline; si ces deux puissances sont en équilibre, c'est-à-dire s'il y a neutralisation, il faut leur appliquer ce qui a été dit de l'action réciproque des parties intégrantes des combinaisons neutres.

S'il y a au contraire excès de l'une des deux puissances, leur action reçoit l'explication qui a été donnée de l'action de deux acides sur une base (52).

79. Une idée fausse de l'affinité a introduit plusieurs suppositions sur les résultats de l'action réciproque des substances salines; ainsi de ce qu'on retirait un certain sel dans une première cristallisation, on en a conclu qu'il s'était fait un échange complet de base entre les acides, pendant que des combinaisons opposées peuvent se succéder ou se former dès le commencement, selon les proportions des substances qui sont en

action à l'époque de la cristallisation (73), et que l'on est exposé par conséquent à tirer des conséquences contradictoires des résultats d'une opération, selon les circonstances qui accompagnent la cristallisation.

On a confondu les effets de la saturation, qui sont un résultat indépendant de la solidité et de la liquidité, avec ceux de l'action réciproque de leurs parties intégrantes et de la force de cohésion qui leur est propre, e l'on a cherché à représenter par des nombres la force des acides qui choisissaient leurs bases, pendant que les séparations ne s'opèrent qu'en raison de la solubilité de chaque combinaison.

Cette solubilité n'est pas une propriété absolue; mais elle dépend du rapport de l'action de l'eau à la force de cohésion; de sorte que si ce n'est pas l'eau qui sert de dissolvant, ou si elle contient quelque autre substance qui en modifie l'action, les effets sont différents. (*Note I.*)

Les phénomènes précédents n'offrent aucune différence avec ceux que nous avons analysés (*section I, chap. III*), où nous n'avons considéré que l'action mutuelle des substances qui sont en dissolution; de sorte que les séparations et les précipitations qui se font avec échange de bases, ne sont qu'un effet de la force de cohésion qui est propre aux combinaisons, et qui n'est modifiée que par leur

action réciproque : l'acidité et l'alcalinité devenues latentes n'y contribuent qu'indirectement;
mais la théorie que je viens d'exposer suppose
que par l'action mutuelle des substances salines,
l'état de saturation n'éprouve pas de changement; c'est ce que je tâcherai d'établir dans le
chapitre suivant.

CHAPITRE V.

De la capacité comparative de saturation des
acides et des alcalis.

80. Les acides et les alcalis diffèrent entre eux
par la quantité réelle qui s'en trouve, soit dans
les liquides qui portent leur nom, soit dans les
combinaisons qu'ils forment ; mais la capacité
de saturation qui est la mesure de la puissance
des acides et des alcalis, ne peut être déterminée
qu'autant que l'on connaît leur quantité réelle.
En général, puisque l'action chimique varie
par la quantité, il importe de déterminer les
quantités réelles de chaque substance qui peut
être mise en action. S'il s'agit de combinaisons,
leur composition ne peut être établie que par

la proportion de leurs éléments, et pour parvenir à la fixer ; il faut presque toujours savoir quelle est celle des agents qu'on emploie ; les phénomènes auxquels ces combinaisons contribuent, exigent la même connaissance pour recevoir leur explication.

La détermination des proportions d'une substance qui peut être mise en action ou qui se trouve dans une combinaison, est donc le fondement de toutes les recherches chimiques ; le but de toutes les méthodes, de tous les procédés est d'y parvenir, et ce but doit toujours être présent à l'attention des chimistes.

Comme les acides et les alcalis sont les principaux agents dont on se sert pour l'analyse, et surtout pour l'analyse minérale, la connaissance de leur quantité réelle dans les liquides qui portent leur nom, ou dans les combinaisons qu'ils forment, est celle dont on doit le plus s'occuper. Mais comme les alcalis, à l'exception d'un seul, ont une fixité qui permet plus facilement de reconnaître leur quantité, ce sont les acides dont il est le plus difficile d'obtenir un résultat d'une exactitude suffisante.

Ces motifs m'engagent à entrer dans quelques détails sur les méthodes qui ont été employées pour déterminer les quantités d'acide réel dans les liquides ou dans les combinaisons solides.

Kirwan est celui des chimistes auquel on doit sur cet objet les travaux les plus importants, et par la constance qu'il y a mise, et par l'autorité que son nom leur prête ; mais en choisissant pour les considérations suivantes ses résultats, comme ceux qui méritent le plus de confiance, je chercherai à en démêler les incertitudes et je croirai seconder par là les vues de ce savant chimiste.

Kirwan a d'abord cherché à déterminer la quantité d'acide *réel* qui entrait en combinaison soit avec l'eau des acides ordinaires, soit avec les bases alcalines ; il s'est servi pour cet objet du gaz acide muriatique. Mais ce gaz contient une portion d'eau qui est indéterminée, et il peut perdre cette eau en tout ou en partie, lorsqu'on pousse au feu les combinaisons qu'il a formées. Ce qui le prouve, c'est que, lorsqu'on décompose le muriate de soude par l'acide sulfurique et lorsque la masse a subi une longue chaleur, on ranime le dégagement du gaz acide muriatique en y introduisant de l'eau, qui par sa combinaison et sa vaporisation favorise ce dégagement, comme elle le fait avec les carbonates. Cette quantité d'eau est une cause assez considérable d'incertitude dans une substance qui passe de l'état gazeux à l'état liquide, ou qui entre dans des combinaisons solides.

Pour déterminer la quantité d'acide réel dans les combinaisons des autres acides, il a d'abord supposé que les bases alcalines prennent une égale quantité de chaque espèce d'acide réel : cette supposition l'a conduit à des déterminations éloignées de la réalité ; mais l'observation en a instruit Kirwan, et il a établi son dernier travail sur des bases plus sûres.

Dans l'ouvrage où Kirwan présente les fruits mûris de ses longues observations (1), il décrit d'abord celles qu'il a faites sur la dilatation qu'éprouvent l'acide sulfurique, l'acide nitrique, et l'acide muriatique, lorsqu'on les fait passer du 8e degré du thermomètre de Réaumur à 16,9 ; étendue de l'échelle thermométrique, qui est suffisante pour les observations chimiques : et, d'après ses observations, il ramène les quantités d'acide qui se trouvent dans les acides de différentes pesanteurs spécifiques à la température de 60 degrés de Fahrenreith. Voyons comment il s'y est pris, 1°. pour mesurer les dilatations produites par l'élévation de température ; 2°. pour déterminer la quantité d'acide réel qui se rapporte aux différentes pesanteurs spécifiques.

Il a fait ses épreuves de dilatation sur l'acide sulfurique, à trois degrés différents de pesanteur spécifique : le premier avait pour pesanteur spé-

_____

(1) Bibl. Britan. tom. XIV.

cifique 1,856, il a gagné en se réfroidissant, ou perdu en s'échauffant 0,00068 par degré, entre 60 et 70 degrés de Fahreneith, et 0,00043 par degré, entre 60 et 49; le second dont la pesanteur spécifique à 60 degrés était 1,700, a perdu ou gagné 0,00036 par degré de température entre 60 et 70, et 0,00051 par degré, entre 60 et 50; le troisième avait pour pesanteur spécifique 1,333, il a perdu ou gagné 0,00043 par degré, entre 60 et 70, et 0,00034 entre 49 et 60.

Ce qui me ferait craindre qu'il n'y eût quelques inexactitudes dans ces observations, c'est que les résultats ne suivent pas une marche régulière sans qu'on puisse appercevoir aucune raison de cette différence. Le second acide acquiert moins de pesanteur spécifique que le premier et le troisième, entre 70 et 60 degrés; mais il en acquiert davantage aux degrés inférieurs.

L'auteur a aussi éprouvé la dilatabilité de l'acide nitrique, selon sa concentration par différents degrés de chaleur, et il a observé que plus il était concentré, plus il était dilatable, et qu'il l'était plus aux degrés supérieurs qu'aux degrés inférieurs; ce qui sert à expliquer des observations de Proust, qui a remarqué qu'en distillant un acide nitrique concentré de manière qu'il en reste une portion dans la cornue, ce résidu a moins de pesanteur spécifique que la partie qui passe à la distillation, et que plus l'acide est concentré, plus sa distillation est facile (1).

Kirwan a remarqué que l'acide muriatique avait une expansibilité plus grande que l'acide nitrique, d'une même pesanteur spécifique ; mais cet acide présente une propriété particulière.

82. L'acide sulfurique et l'acide nitrique éprouvent dans leur combinaison avec l'eau une concentration qui fait que la pesanteur spécifique acquise par leur mélange, n'est pas celle qui résulte de leur pesanteur spécifique primitive ; au lieu que les pesanteurs spécifiques de l'acide muriatique, mêlé avec différentes proportions d'eau, répondent exactement à celle qui résulte des poids d'eau et d'acide, et qu'il désigne par la dénomination de pesanteur spécifique mathématique.

Cette propriété qui distingue l'acide muriatique de toutes les combinaisons dans lesquelles on observe que les volumes des éléments subissent une condensation, lorsqu'il n'y a pas une cause particulière de l'effet contraire, dépend probablement de ce que le gaz muriatique en passant à l'état liquide éprouve une telle condensation par la grande proportion d'eau qui est nécessaire, que des proportions plus grandes n'exercent plus sur lui une force qui produise une altération sensible dans l'état où il se trouve.

(1) Journ. de Phys., messid. an 10.

Kirwan a construit une table en combinant l'effet de la condensation de l'acide sulfurique et de l'acide nitrique, avec les différences de pesanteur spécifique, pour en déduire la quantité d'acide réel ; et pour déterminer celle-ci, il a regardé comme acide réel celui qui est contenu dans le sulfate de potasse, dans le nitrate de soude et dans le muriate de potasse fortement desséché ; comme l'acide muriatique n'éprouve pas de condensation par l'action de l'eau, il n'exige pas de tables différentes de celles de sa pesanteur spécifique.

On est obligé de supposer que l'acide ne contient plus d'eau dans les sels desséchés, ou de la négliger ; il faut supposer de plus que la quantité de la base est bien déterminée ; on voit donc que chaque évaluation, avec quelque soin qu'elle soit faite, est nécessairement accompagnée de quelque incertitude qui s'étend ensuite sur tous les résultats.

La table ainsi construite peut être employée pour comparer les quantités d'acide qui se trouvent dans la même espèce d'acide selon les différentes pesanteurs spécifiques ou les quantités d'acide de différente espèce ; son utilité n'est pas douteuse dans plusieurs circonstances ; mais elle me semble l'être pour la détermination des éléments des combinaisons salines auxquelles l'auteur l'a particulièrement destinée. Il me paraît que son usage dans ce cas n'a point d'avantage sur la méthode directe qu'emploient les chimistes : en effet, il faut toujours commencer par déterminer la proportion de la base; après cela, ou on la sature par une quantité d'acide dont l'acide réel est donné par la table de Kirwan, ou l'on procède à la cristallisation, et ensuite à une forte dessication pour reconnaître la quantité d'eau que la chaleur peut séparer de la combinaison, et alors on regarde comme acide réel le poids que la base acquiert et retient malgré la chaleur, et comme eau, le poids qu'a perdu la combinaison en éprouvant une forte dessication ; mais comme cette détermination de l'eau est toujours utile, les chimistes peuvent rarement se passer de cette dernière épreuve ; il ne s'agit plus que de savoir s'il convient de s'en tenir à la table de Kirwan, ou de regarder comme acide réel le poids qu'a acquis une base bien déterminée, et qu'elle retient à une forte dessication : il me paraît qu'on a pour le moins autant d'exactitude en se bornant à cette augmentation de poids; car la table de Kirwan ne fixe les quantités d'acide réel que sur l'épreuve faite avec une base ; elle porte donc avec elle l'incertitude qu'a nécessairement cette détermination, et de plus elle a celles qui accompagnent une détermination établie sur plusieurs données.

Je ne vois pas la raison qui a pu décider le

choix de Kirwan pour les sels dont il s'est servi : il me semble que les combinaisons qui sont les plus propres à remplir cet objet , sont celles qui ont une base qui ne s'évapore pas lorsqu'on la pousse à la dessication , et qui n'attaque pas facilement les vases dans lesquels on fait cette opération préalable pour en connaître la quantité; telles sont la baryte, la strontiane et la chaux : ces bases ont de plus l'avantage de former avec plusieurs acides des combinaisons insolubles par le moyen desquelles on peut reconnaître la quantité de ces acides dans d'autres combinaisons; mais l'acide nitrique, qui ne forme avec les bases alcalines que des sels solubles qui éprouvent une décomposition facile par la chaleur , présente des difficultés difficiles à surmonter , et Kirwan convient que ses évaluations des nitrates n'ont pas autant d'exactitude que les autres.

82. Les considérations précédentes font voir que les tables par lesquelles Kirwan fixe les éléments des substances salines ne doivent pas être regardées comme une détermination rigoureuse : Guyton a proposé , pour faire la vérification des proportions qu'elles supposent , un moyen qui me paraît réunir à la simplicité une exactitude à laquelle on ne peut opposer aucune difficulté : « Ce moyen consiste dans la compa-» raison des résultats de l'expérience et du calcul,

» pour la concordance de l'effet très-sensible de
» l'excès ou du défaut de l'une des substances
» après la décomposition réciproque (1) ».

Guyton observe en conséquence que dans le cas
d'un échange de base entre deux sels, le résultat du
mélange doit être ou neutre, ou avec excès d'acide
ou avec excès de base, et qu'en rendant complète
la décomposition de l'un des sels, on doit obtenir
par le calcul le même résultat que par l'expérience : il examine donc ce qui doit arriver,
d'après les proportions de Bergman, lorsqu'on
mêle le muriate de baryte avec le sulfate de
soude, et il fait voir qu'il devrait y avoir un excès
considérable d'acide ; cependant le mélange reste
dans l'état neutre : d'où il faut nécessairement
conclure que les proportions de Bergman s'éloi-
gnent de la réalité.

Guyton fait une observation semblable sur le
mélange du nitrate de chaux et du sulfate de
potasse, d'après les proportions d'une table déjà
amendée que Kirwan publia en 1791, et sur le
sulfate de soude et le muriate de magnésie.

Richter paraît être le premier chimiste qui
ait fait attention à cette propriété remarquable
des combinaisons salines de n'éprouver point de
changement dans l'état de saturation, lorsqu'elles
sont confondues dans une même dissolution.

(1) Ann. de chim. tom. XXVI, p. 292, Mém. de l'Inst.
tom. II.

L'on trouvera dans une note que je tire de la traduction de Fischer, un précis de ses opinions. (*Note II.*)

Je me suis assuré par mes propres expériences que l'état de saturation n'éprouvait pas de changement, lorsque l'on mêlait différents sels neutres qui produisaient des précipités ou dont on retirait par la cristallisation des sels qui avaient fait un échange de base, pourvu qu'on n'employât pas de sels métalliques dans lesquels cette correspondance de saturation ne paraît pas exister. (*Recherches sur les lois de l'affinité.*) J'ai réitéré les épreuves avec différentes combinaisons des acides sulfurique, sulfureux, phosphorique, oxalique, acétique et tartareux, et je n'ai apperçu un léger changement qu'avec les phosphates de potasse et de soude qui ont laissé une très-faible acidité dans le liquide, en les mêlant avec des sels solubles à base de chaux, ce qui indique seulement dans les phosphates une disposition à prendre un excès de base qu'on observe en effet dans quelques-unes des combinaisons de l'acide phosphorique.

183. J'ai appliqué la méthode de Richter et de Guyton, 1°. au mélange du sulfate de potasse et du muriate de baryte, suivant les proportions des dernières tables de Kirwan : le sulfate de potasse contient, selon ces tables 82,48 d'acide sur 100 de base; le muriate de baryte 31,80

d'acide sur 100 de base, et le muriate de potasse 56,30 d'acide et 100 de base : pour que l'échange de base puisse avoir lieu sans que l'état neutre soit changé, il faut qu'il y ait une quantité d'acide muriatique qui puisse saturer 100 parties de potasse, c'est-à-dire 56,30 d'acide ; or 56,30 d'acide muriatique satureraient 177,04 de baryte ; mais 177,04 de baryte exigeraient suivant la table 88,52 d'acide sulfurique, et il ne s'en trouve que 82,48 dans le sulfate de potasse, ou il faudrait que, dans le muriate de baryte il n'y eût que 164,96 de baryte, au lieu de 177,04 avec 56,30 d'acide muriatique.

2°. Au mélange du sulfate de soude et du muriate de baryte : pour qu'il pût se décomposer en changeant de base, il faudrait que dans le sulfate de soude il y eût 115,42 d'acide au lieu de 127,65, ou que dans le muriate de baryte il y eût 253,36 de baryte au lieu de 230,84 avec 73,41 d'acid

3°. Si l'on applique le même calcul au mélange de nitrate de chaux et le sulfate de potasse, on trouve que pour 100 de chaux il faudrait 179,50 d'acide au lieu de 143 ; de sorte qu'il manque dans les proportions données 36,50 d'acide sulfurique pour produire la saturation de toute la chaux, ou bien cette base doit se trouver en plus petite proportion dans le nitrate de chaux.

4°. Le sulfate d'ammoniaque et le muriate de baryte présentent dans leur décomposition mutuelle des disproportions encore plus considérables : pour que le sulfate d'ammoniaque et le sulfate de baryte pussent faire un échange de base en conservant l'état de neutralisation, il faudrait que dans le sulfate d'ammoniaque, il y eût 268,86 d'acide, au lieu de 383,80, ou que dans le muriate de baryte il y eût 767,60 de baryte, au lieu de 537,73 avec 171 d'acide.

Si l'on peut rejeter une partie de cette différence sur l'évaluation du muriate de baryte, la plus grande partie doit certainement être attribuée à celle du sulfate d'ammoniaque dans laquelle il se trouve une proportion beaucoup trop forte d'acide, comme d'autres considérations le font voir, et dans sa première table Kirwan l'avait fixée dans le rapport de 100 à 95, rapport qui est trop faible dans un sens opposé.

Ces écarts sont trop considérables pour pouvoir s'expliquer par la proportion plus ou moins forte d'acide qu'on peut supposer dans le sulfate de baryte qui se forme ; d'ailleurs cette supposition qu'on n'est point fondé à faire lorsque l'échange a lieu entre deux sels qui sont dans l'état neutre, ne pourrait s'appliquer au mélange de nitrate de chaux et de sulfate de potasse.

Lorsque l'on fait subir cette épreuve au sulfate

d'ammoniaque, il faut préalablement faire disparaître la légère acidité qu'a ce sulfate, après la cristallisation ; mais la quantité d'ammoniaque nécessaire pour cet objet est si petite, qu'elle ne change pas sensiblement les proportions des éléments de ce sel.

84. Les observations précédentes me paraissent conduire nécessairement à cette conséquence que je n'ai fait qu'indiquer dans mes recherches sur les lois de l'affinité, mais que Richter a établie positivement, savoir que les différents acides suivent des proportions correspondantes avec les différentes bases alcalines pour parvenir à un état neutre de combinaison : cette considération peut être d'une grande utilité pour vérifier les expériences qui sont faites sur les proportions des éléments des sels ; et même pour déterminer celles sur lesquelles l'expérience n'a pas encore prononcé, et pour établir la méthode la plus sûre et la plus facile de remplir cet objet si important pour la chimie ; mais 1°. elle ne peut être appliquée qu'aux substances salines dont on peut opérer la décomposition sans former de sels triples ; ou du moins il ne faut établir la comparaison que sur des combinaisons dans lesquelles elles ne donnent pas des sels triples ; 2°. On ne peut faire entrer dans cette comparaison que les substances qui peuvent former des combinaisons neutres, propriété que j'ai

établie comme le caractère distinctif des acides et des alcalis : par cette raison les sels à base d'alumine doivent en être exclus , parce que non-seulement l'alumine ne produit pas de saturation complète avec les acides , mais qu'elle a besoin du concours d'un alcali pour former le sulfate d'alumine , et qu'alors même ce sel conserve un excès d'acidité ; 3°. on ne peut employer les combinaisons que dans l'état neutre, parce que l'excès d'acide ou d'alcali ne pourrait être mesuré que par l'intermède d'une substance qui compliquerait trop le résultat.

On n'a , à part ces exceptions, qu'à déterminer avec soin les proportions d'un acide avec les différentes bases alcalines : il suffit ensuite de reconnaître les proportions d'une seule combinaison de chacun des autres acides avec une base alcaline , en choisissant celle qui offre le plus de convenance pour l'expérience , et un calcul facile donne les proportions de toutes les autres.

85. Cette correspondance exacte des proportions d'un acide avec différentes bases , et d'une base avec différents acides , vient se lier avec la théorie que j'ai exposée sur l'action mutuelle par laquelle les acides et les alcalis se saturent mutuellement ; elle prouve que cette action mutuelle n'est pas seulement une force qui existe dans un certain degré entre deux individus ; mais

qu'elle est la même dans toutes les substances qui sont douées de l'acidité et de l'alcalinité, ou que ses effets ne varient que par l'intensité avec laquelle les substances la possèdent. Comme Kirwan est, de tous les chimistes qui m'ont précédé sur cet objet, celui dont l'opinion a le plus d'analogie avec celle que je présente, j'ai cru devoir m'arrêter à discuter des différences qui paraissent d'abord légères, et qui nous ont conduits cependant à des résultats opposés.

86. Pour classer les affinités relatives des bases alcalines, Kirwan établit 1°. que la quantité d'acide réel qui est nécessaire pour saturer un poids donné de chacune des bases est en raison inverse de l'affinité des bases avec l'acide ; 2°. que la quantité de chacune des bases nécessaire pour saturer une quantité donnée de chaque acide, est en raison directe de l'affinité du même acide avec la base ; de sorte que d'un côté une plus grande affinité exige une moindre quantité de l'un des principes saturants, et que de l'autre elle en exige une plus grande quantité, et c'est par le moyen de cette contradiction qu'il maintient l'existence de l'affinité élective, et qu'il en évalue la force indépendamment des quantités qui sont en action, et dont il avait cependant reconnu l'influence ; c'est ensuite sur les déterminations des affinités électives qu'il établit les résultats des affinités doubles, et la balance des

affinités quiescentes et des affinités divellentes. Ainsi en divisant ingénieusement les forces qui déterminent deux combinaisons en forces quiescentes et en forces divellentes, il ne fait plus entrer dans la comparaison de ces forces, la considération des quantités qui agissent, et il regarde comme force constante l'affinité d'un acide, mesurée par la quantité de base alcaline qu'il peut saturer; de sorte que la décomposition se fait complètement, selon qu'une force calculée, comme je viens de le dire, l'emporte sur l'autre; mais j'ai fait voir (75) que lorsque l'échange des bases n'était pas sollicité par une force de cohésion considérable, les sels qui se formaient dans un mélange variaient par les proportions des substances opposées qui se trouvaient en action.

Ce savant chimiste prétend appuyer sa théorie des affinités quiescentes et divellentes déterminées par sa méthode, par quelques exemples dans lesquels il trouve que les nombres affectés à chaque affinité satisfont aux combinaisons qui se forment; mais si l'on veut donner quelque valeur à des nombres choisis pour représenter quelques effets, j'en prendrai dans sa table même qui ne peuvent pas soutenir cette épreuve; ainsi l'affinité de l'acide sulfurique déterminée par la quantité de potasse qui peut le saturer, est représentée par 121, et celle de l'acide muriatique par 314; ce qui fait pour les affinités quiescentes 435 , lorsqu'on mêle le sulfate de potasse avec le muriate de baryte ; et les affinités divellentes du sulfate de baryte et du muriate de potasse ne donnent que 377 : de sorte qu'il ne devrait point se faire de décomposition , et cependant elle est complète ; de même lorsqu'on mêle le muriate de strontiane avec le sulfate de potasse , on a pour affinités quiescentes 337 , et seulement 315 pour affinités divellentes.

88. L'action chimique est réciproque ; l'affinité lui est proportionnelle ; la saturation est un terme commun à tous les acides et à toutes les bases alcalines : si l'on veut comparer l'action saturante des acides avec une base , il faut comparer les quantités de chaque acide qui sont nécessaires pour produire le même effet , c'est-à-dire la saturation de la base : on devra donc regarder l'affinité de deux acides pour une base comme étant en raison inverse de la quantité de chacun des deux acides qui pourra saturer la base, ainsi que je l'ai établi chapitre Ier ; si ce sont les bases alcalines que l'on compare , il faudra les considérer de même ; et la base qui , en moindre quantité , produira la saturation sera celle qui exercera une action plus énergique , qui aura une plus grande affinité ; enfin l'on vient de voir que les rapports de ces deux forces se conservent dans toutes les combinaisons formées par les acides et par les alcalis.

87. Si les observations que j'ai présentées prouvent que la capacité de saturation est la mesure de la puissance ou de l'affinité qu'ils exercent comme acides, on doit prendre une idée de cette affinité comparative, bien différente de celle qu'on a établie dans les tables d'affinité.

L'acide fluorique, d'après les expériences de Richter, doit être le premier acide en puissance, puisque 1000 parties en saturent 1882 de chaux.

Le phosphorique doit être placé après; selon Vauquelin 1000 parties en saturent 1440. Vient ensuite l'acide muriatique, puis le sulfurique et le nitrique dont la différence n'est pas bien établie.

En appliquant la même méthode aux alcalis, c'est l'ammoniaque qui marche la première d'après les expériences de Kirwan, qui me paraissent beaucoup plus exactes que celles de Richter: la magnésie et la chaux la suivent; ensuite la soude, la potasse, la strontiane et la baryte.

Je ne fais pas entrer l'acide carbonique dans cette comparaison, parce que les carbonates que Kirwan a soumis à ses épreuves ont presque tous un excès variable d'alcali, pour les autres acides, les portions des éléments de leurs combinaisons sont déterminées dans un si petit nombre et avec une telle imperfection, qu'on ne peut s'en servir pour fixer leur place dans l'ordre des affinités; quoiqu'ils suivent la même progression dans les quantités des différentes bases nécessaires à leur saturation.

88. Pour accorder ce résultat avec l'ordre des affinités qu'on a admis, il faut reconnaître dans les affections des substances qui se combinent, et dans les conditions où elles peuvent se trouver, l'explication naturelle des faits qui ont conduit à des déterminations si différentes; c'est ici dans la seule force de cohésion dont on a confondu les effets avec ceux de l'affinité élective, que je place la cause de cette différence, sans examiner encore les circonstances qui établissent les proportions d'une combinaison. Le sulfate de baryte jouit d'une force de cohésion considérable relativement aux combinaisons qui peuvent être rendues solubles par l'eau, et il se trouve à l'égard de tous les acides dans le même cas que l'alumine qui a éprouvé une forte concentration comme dans la porcelaine ou dans le saphir. Ne dirait-on pas, si l'on ne connaissait l'alumine que dans cet état de condensation, que l'acide sulfurique n'a point d'affinité avec elle? L'alcali qui est combiné avec la silice dans le verre, ne devient-il pas insoluble par les acides qui l'en sépareraient si facilement si la force de cohésion que cette combinaison a acquise n'était devenue supérieure à leur action?

Lorsque l'on prononce que l'acide sulfurique a plus d'affinité avec la baryte que les autres acides, on ne fait pas attention que cet acide lui-même, à moins qu'il ne soit très-concentré, et que son action ne soit aidée par celle de la chaleur, n'a pas plus d'action sur le sulfate de baryte que les autres acides, et que son affinité par conséquent n'a pas plus d'énergie contre la force de cohésion du sulfate qu'il ne faut pas confondre avec la puissance de saturation, ou avec la puissance antagoniste de l'alcalinité.

Regarder la baryte comme douée d'une affinité beaucoup plus forte que l'ammoniaque pour l'acide carbonique, c'est prononcer qu'il faudrait une force beaucoup plus grande pour surmonter la résistance de l'élasticité d'une petite quantité de fluide élastique que d'une grande quantité.

89. Quelle que soit l'opinion que l'on conserve sur l'affinité élective, on ne pourra se refuser à reconnaître un rapport frappant entre la capacité de saturation des acides, et les proportions constantes des différents alcalis qui les peuvent saturer, et l'on devra convenir que ces propriétés doivent être en relation avec l'affinité des acides pour les alcalis; d'où l'on doit conclure qu'il ne peut y avoir qu'une différence peu considérable entre l'affinité de l'acide sulfurique et celle de l'acide muriatique pour la baryte, si l'on refuse d'admettre la supériorité du dernier; cependant on suppose dans le premier la plus grande affinité pour cette base, et le muriate de baryte

est décomposé facilement par l'acétite de plomb et par le nitrate d'argent, quoique ces oxides ayent si peu d'action sur les acides avec lesquels ils forment ces combinaisons solubles, qu'ils ne peuvent en saturer complètement l'acidité. Pour expliquer les précipitations, on fait balancer l'excès de force de l'acide muriatique sur celle de l'acide acétique, par la différence qui se trouve entre l'affinité des oxides pour l'un et pour l'autre des acides : on s'arrête à cette différence s'il se trouve des nombres qui puissent correspondre à cette supposition, quelqu'éloignés qu'ils soient de représenter les propriétés réelles, telles que la capacité de saturation ; enfin l'on néglige toute considération de l'insolubilité des précipités, quoiqu'ensuite on la fasse entrer dans l'explication de leurs propriétés.

Ce que je viens d'exposer dans cette section sur les affinités, ne doit plus s'appliquer à l'action de plusieurs acides sur une base, ou de plusieurs bases sur un acide, lorsqu'il y a des changements de température qui font varier la force de cohésion, et sur-tout lorsqu'il y a une différence de dilatabilité qui s'accroît encore par la chaleur qui se dégage dans l'action chimique ou qui est ajoutée.

Après avoir examiné les effets de l'action opposée de la liquidité et de la solidité, de l'acidité et de l'alcalinité, je passerai aux changements que le calorique produit dans l'affinité réciproque des molécules des corps et dans celle qui forme les combinaisons.

NOTES DE LA SECONDE SECTION.

NOTE PREMIÈRE.

ON peut juger par le degré de solubilité des combinaisons qui peuvent se former, des sels qui peuvent se trouver ensemble dans un liquide, par exemple, dans une eau minérale, en considérant pour la commodité du langage ces combinaisons comme jouissant dans le liquide d'une existence isolée : ainsi une eau ne peut contenir en même temps du carbonate de soude et un sel à base calcaire. Elle ne peut tenir en dissolution un sel à base de chaux avec un sulfate dans une proportion plus grande que celle qui peut produire la quantité de sulfate de chaux qui peut être tenue en dissolution, en accordant cependant une petite latitude pour l'augmentation de solubilité que peut produire l'action mutuelle des sels.

La différence de solubilité par différents degrés de température, est la cause d'un phénomène qui a d'abord été observé par Schéele, et ensuite par Green (1) : une eau qui contient de la soude, de la magnésie, de l'acide sulfurique

(1) Journal des Mines, n9. XXVI.

et de l'acide muriatique, donne pendant l'évaporation, du muriate de soude, et par le réfroidissement du sulfate de magnésie ; mais si cette eau est exposée à la congélation, c'est au contraire du sulfate de soude qui cristallise.

La solubilité du sulfate de soude diminue si rapidement par l'abaissement de température, que selon l'observation de Blagden (1) ce sel ne peut abaisser le degré de la congélation de l'eau que d'un degré du thermomètre de Fahreneith, et alors il se sépare et cristallise promptement, pendant que celle du muriate de soude diminue très-peu, et que ce sel peut abaisser la température de 28 degrés du même thermomètre au-dessous de la congélation, sans se précipiter lorsque sa proportion est d'une partie contre quatre d'eau. Une température un peu plus basse que celle de la congélation doit donc produire la cristallisation de sulfate de soude, et la chaleur de l'ébullition qui augmente beaucoup la solubilité comparative du sulfate de soude, celle du muriate de soude. Cette différence, produite par la température, est donc une suite naturelle de la cause de la séparation des sels par la cristallisation, et elle fait voir d'une manière convaincante qu'on ne doit point dans la réalité regarder les sels comme tout formés dans un liquide dont on peut les retirer, puisqu'en changeant les rapports de solubilité, on fait alterner les combinaisons qui se forment ; mais que c'est leur différence de solubilité dans les circonstances où ils se trouvent, qui produit leur séparation et leur cristallisation successive.

Gréen, qui regarde avec les autres chimistes les sels dans un liquide tels que les produit l'évaporation, dit que dès que le sulfate de soude est séparé par le froid, il ne donne plus du muriate de soude, lorsqu'on le mêle avec du muriate de magnésie et qu'on le soumet à l'évaporation, et qu'il a fait sur cet objet plusieurs tentatives in-

(1) Trans. philos. 1788.

fructueuses : je ne sais ce qui a pu le tromper, mais ayant mêlé poids égaux de muriate de magnésie et de sulfate de soude desséché, et ayant fait évaporer leur dissolution, il s'est formé une croûte épaisse de muriate de soude; l'action mutuelle des sels ne fait qu'augmenter jusqu'à un certain point la solubilité du muriate de soude.

Quoique le sulfate de soude ait beaucoup de solubilité dans l'eau, il retient cependant faiblement cette eau dans ses cristaux, comme le prouve la facilité avec laquelle il tombe en efflorescence à l'air; j'explique par là un fait qui paraît au premier coup-d'œil se soustraire à la règle que j'ai établie sur la formation des sels, en raison de leur solubilité; lorsqu'on fait évaporer les eaux des salines de la Meurthe, il se forme un dépôt abondant de sulfate de soude, dépourvu d'eau de cristallisation, cependant une partie du sulfate de soude reste dans l'eau-mère, et ne cristallise que par le réfroidissement : il arrive ici la même chose que lorsqu'on mêle un muriate ou nitrate de chaux desséché à une dissolution saturée de nitrate de potasse; une partie du nitrate de potasse est précipitée, parce que le sel à base de chaux s'empare d'abord d'une partie de l'eau, quoique par son action il ait la propriété d'augmenter la solubilité du nitrate de potasse.

On a encore un résultat semblable, lorsqu'on fait évaporer un mélange de sulfate d'ammoniaque et de muriate de soude; il se forme un précipité considérable de sulfate de soude privé d'eau, quoique ce sel ait une solubilité à-peu-près égale à celle du muriate d'ammoniaque.

Davy a fait des observations intéressantes sur les quantités d'eau que le nitrate d'ammoniaque retient dans sa cristallisation, selon la température à laquelle l'évaporation s'opère (1); et sur les changements que cette circons-

---

(1) Bibliot. Britan. n°, 148.

tance produit dans sa cristallisation. Les deux extrêmes paraissent être le nitrate prismatique obtenu à la température de l'atmosphère et qui contient le plus d'eau de cristallisation, et le nitrate compact ou en aiguilles très-fines qui résulte de l'évaporation à la température de 119 degrés de Réaumur; le nitrate fibreux dont l'évaporation a été faite à 17 degrés de Réaumur, tient le milieu entre les premières espèces.

Il peut se faire que l'insolubilité d'un sel soit tellement dominée par l'action de l'une des substances qui sont en présence, que son effet soit détruit et qu'il se produise un autre ordre de combinaison auquel on n'aurait pas été conduit par la connaissance des solubilités des substances isolées; ainsi lorsqu'on mêle la dissolution de l'oxide de plomb par la soude avec une eau de sulfate de soude, il ne se fait qu'un petit précipité (1). La plus grande partie de l'oxide de plomb reste en dissolution, quoique le sulfate de plomb soit insoluble, et qu'il résiste même fortement à l'action des acides; mais il est très-soluble dans la soude avec laquelle il se trouve alors en contact, et il forme avec elle un sel triple, comme la magnésie avec l'ammoniaque et l'acide muriatique.

Les effets que j'attribue à la force de cohésion ne sont réellement dûs qu'à l'insolubilité, c'est-à-dire au rapport de la force de cohésion, à l'action chimique de l'eau; de là vient que les combinaisons que cette cause détermine, sont souvent très-différentes, lorsque la liquidité est produite par l'action seule de la chaleur.

Si l'on pousse au feu, dans un creuset de platine, un mélange de muriate de chaux et de sulfate de baryte; il entre en fusion si liquide qu'il a l'apparence de l'eau; après le réfroidissement on trouve que la masse est composée de

(1) De l'influence des prop. Mém. de l'Inst. tom. III.

sulfate de chaux et de muriate de baryte qu'on peut séparer en grande partie par une prompte lotion; car si l'on
se servait d'une ébullition prolongée, le sulfate de chaux
serait décomposé : cette expérience curieuse que j'ai répétée
est, à ce que l'on m'a dit, due aux travaux qui s'exé-
cutent dans le laboratoire de Séguin.

Lorsqu'on soumet également à l'action de la chaleur un
mélange de sulfate de soude et de carbonate de chaux,
celui-ci entre en fusion très-liquide, et c'est par l'action
qu'exercent alors ses éléments que le sulfate, changé en
sulfure au moyen d'un mélange de charbon, se convertit
en carbonate dans le procédé qu'on doit au citoyen Leblanc
pour obtenir une soude propre à remplacer celle du commerce.

Ces observations prouvent que la force de cohésion qui
peut produire les effets les plus énergiques, lorsque l'eau
sert de dissolvant, peuvent en produire de contraires lorsque
les mêmes substances exercent une action mutuelle sans le
concours de l'eau : elles confirment encore que les
séparations qui ont lieu ne sont pas l'effet immédiat de
l'affinité comparative, mais de la force de cohésion qui
devient plus grande entre quelques substances qu'entre
quelques autres dans les circonstances où elles se trouvent.

Les chimistes avaient distingué, à la vérité, les
affinités qui s'exercent *par la voie humide*, et celles qui
s'exercent *par la voie sèche*, mais sans indiquer les causes
qui fesaient varier les effets d'une force qu'ils regardaient
comme constante ; et ils confondaient ceux qui sont dûs
à l'état différent de liquéfaction, et à la volatilité accrue
par l'action du calorique. Dans l'une des notes savantes que
Fischer a ajoutées à la traduction allemande de mes recherches sur les affinités, il remarque que Hanhnemann avait
prononcé avant moi dans une traduction des arts chimiques
de Demachi, que les décompositions des combinaisons

chimiques ne dépendaient que de leurs rapports de solubilité.

NOTE II (DE FISCHER).

LE sujet que Berthollet traite à la fin de la première suite de son ouvrage sur les affinités a déjà été traité en 1792 par Richter dans sa stéchiométrie, S. 1ʳᵉ, pag. 124. Guyton en parle aussi dans les Mémoires de l'Institut, pour l'année 1797, sans avoir eu connaissance de l'ouvrage de Richter, qui, quoique rempli d'expériences et d'observations très-intéressantes, est très-peu connu en Allemagne. Mais c'est la faute de l'auteur, qui devait les séparer des hypothèses, et ne pas vouloir les mêler toujours avec des calculs qui le rendent obscur pour beaucoup de lecteurs.

Voici comment Richter l'exprime :

« Si deux solutions neutres sont mêlées ensemble, et
» qu'il s'en suive une décomposition, les produits qui en
» résulteront seront presque sans exception, également
» neutres. Mais si les deux solutions, ou une des deux,
» n'étaient pas neutres, les produits ne le seraient pas
» non plus ».

Richter n'a pas cité les exceptions, mais Berthollet en cite quelques-unes qui ont lieu dans le cas où, dans le mélange, il y a des sels métalliques : il n'y aurait peut-être d'ailleurs aucune exception. L'idée de neutralité ne semble point applicable à ces sels ; ils conservent tous un excès d'acide dans l'état liquide ; leurs bases ne sont point solubles dans l'eau, et elles n'agissent point avec les acides comme des alcalis. Ce sont cependant des conditions nécessaires à la neutralité. Quoiqu'il en soit, on pourra regarder avec Richter, Guyton et Berthollet, la loi comme stable, lorsqu'il s'agira d'une base alcaline et d'un acide.

On peut tirer de là les conclusions suivantes :

1°. Les quantités de deux bases alcalines qui sont nécessaires pour neutraliser des parties égales d'un acide, sont en proportion des quantités de ces mêmes bases, nécessaires pour neutraliser tout autre acide.

Soient A et B deux acides, a et b deux bases alcalines. Les deux sels neutres Aa, Bb, sont supposés tels que, dans leur mélange, ils changent complètement de base. Il résultera donc de cette supposition, que A d'abord neutralisé par a, le sera ensuite par b, et que par conséquent les quantités de a et de b, qui sont capables de neutraliser A, doivent être capables de neutraliser une autre quantité de B, qui est fixe.

Il est clair qu'on peut changer les mots *bases* et *acides* et que la loi est applicable à toutes les combinaisons neutres, même lorsque Aa et Bb ne changent pas de bases, puisqu'on pourra toujours renverser l'expérience en mêlant Ab avec Ba.

2°. Si on connait Aa, Ab, Bb par l'expérience, on pourra trouver Ba par le calcul. Richter se sert de cette conclusion pour trouver la proportion de neutralisation, lorsqu'il est difficile de la fixer immédiatement ; mais il a déterminé en grande partie les proportions par l'expérience.

3°. Lorsqu'on aura trouvé par l'expérience combien il faut d'alcali et de terre pour neutraliser 1,000 parties d'acide sulfurique, nitrique ou muriatique, on verra bien que chaque table contient d'autres nombres ; mais les nombres de chaque table seront entre eux dans la même proportion que les nombres de l'autre la donnent. Le même cas aurait lieu si l'on examinait combien il faut d'acide pour neutraliser 1,000 parties de soude, d'ammoniaque ou de chaux.

C'est d'après cette vue que Richter a traité la matière. Il s'est donné la peine d'examiner chaque acide, dans sa relation envers les bases, par l'expérience et le calcul, et de donner ses résultats en tables; c'est ce qui remplit la plus grande partie de ses ouvrages depuis 1791, jusqu'à 1800.

Il semble que Richter n'ait pas fait attention que toutes ses tables peuvent être réduites dans une seule de 21 nombres, divisée en deux colonnes, au moyen desquelles on peut les réduire toutes par une règle de trois. Voici celle que j'ai calculée, d'après les nouvelles tables de Richter, dont plusieurs diffèrent des précédentes. (Voyez les cahiers 8 et 10 de ses idées sur de nouveaux objets de la chimie.)

BASES.		ACIDES.	
Alumine	525	Fluorique	427
Magnésie	615	Carbonique	577
Ammoniaque	672	Sébacique	706
Chaux	793	Muriatique	712
Soude	859	Oxalique	755
Strontiane	1329	Phosphorique	979
Potasse	1605	Formique	988
Baryte	2222	Sulfurique	1000
		Succinique	1209
		Nitrique	1405
		Acétique	1480
		Citrique	1683
		Tartareux	1694

Cette table veut dire que si l'on prend une matière d'une de ces deux colonnes, par exemple la potasse de la première, à laquelle correspond le nombre 1605, les nombres de l'autre colonne montreront combien il faut de chaque acide pour neutraliser ces 1605 parties de potasse; il leur faudra, par exemple, 427 parties d'acide fluorique, 577 d'acide carbonique, etc. Si on prend une matière de la seconde colonne, on se servira de la première colonne pour savoir combien il faut de terre ou d'alcali pour la neutraliser.

Tous ces nombres peuvent, pour ainsi dire, être regardés comme les représentants de la force d'affinité; et les matières d'une colonne, qui sont proches l'une de l'autre, sont en proportion inverse des deux nombres de l'autre colonne qui leur correspondent. (Voyez Berthollet, art. X et XV.) La potasse et la soude sont en proportion de 859 à 1605 envers chaque acide; mais il suit de l'examen de Berthollet que les nombres ne suffisent pas pour expliquer, par le calcul, les phénomènes de l'affinité simple et double.

On voit que l'ouvrage de Richter contient des choses excellentes pour la théorie des affinités; mais il contient aussi beaucoup d'hypothèses insoutenables, parmi lesquelles je range ce qu'il dit de la grandeur des masses.

Richter donne à ses tables un ordre déterminé d'après la grandeur des nombres; mais il fait des sous-divisions à chaque colonne, plaçant séparément les trois alcalis du côté des bases, ainsi que les acides fluorique, sulfurique, muriatique et nitrique du côté des acides. Il croit à la fin qu'il doit exister une autre loi dans la manière dans laquelle les nombres se suivent; et il trouve, après de longs calculs, que ces nombres du côté des bases doivent être regardés comme faisant partie d'une progression arith-métique, et ceux du côté des acides, comme faisant partie d'une progression géométrique (1).

(1) La série des trois alcalis est représentée par a, $a+b$, $a+5b$; la série des terres par a, $a+b$, $a+3b$, $a+9b$, $a+19b$. La série des quatre acides minéraux est représentée par c, cd^3, cd^5, cd^7, et la série des autres acides (excepté l'acide phosphorique), par c, cd^3, cd^4, cd^8, cd^{11}, cd^{14}, cd^{15}, cd^{16}.

Il est certain que les nombres des tables peuvent être regardés comme des séries en progression; mais Richter se trompe, s'il croit y avoir trouvé la loi des proportions de neutralité, ou des forces d'affinité. C'est la propriété de tout nombre de pouvoir être considéré comme fesant partie d'une série arithmétique ou géométrique (1). Richter pouvait faire la même chose sans sa sous-division, comme je l'ai fait dans la table que je viens de donner. C'est encore plus facile, si on prend la liberté que prend de temps en temps Richter, d'augmenter ou de diminuer un nombre pour rendre la série plus complète.

(1) Si on prend des logarithmes d'une série de nombres, on voit qu'ils peuvent être regardés comme faisant partie d'une série arithmétique : les nombres de la série font alors partie d'une série géométrique.

SECTION III.

DU CALORIQUE.

CHAPITRE PREMIER.

Des effets du calorique indépendants de ceux de la combinaison.

90. LA cause de la chaleur que je désigne par calorique, quelle qu'en soit la nature, a une puissance si étendue, elle l'exerce dans des circonstances si variées, qu'il importe de bien apprécier chacun de ses effets pour les évaluer dans les phénomènes plus compliqués. Je commencerai donc par rappeler les notions les plus élémentaires sur les changements qu'elle produit dans les corps qui ne sont soumis qu'à son action.

Lorsque plusieurs corps qui sont à différents degrés de chaleur sont mis en contact, il s'établit plus ou moins rapidement une température uniforme et commune à tout le systême.

Si l'eau, à la température de zéro, mais encore liquide, est mêlée avec un poids égal d'eau à 60 degrés, le mélange prend une chaleur de

3o degrés; de sorte que le calorique se distribue entre les substances homogènes en raison de leur quantité.

91. Le partage de température ne se fait pas d'après la même loi, lorsque les corps sont de nature différente ou dans un état différent. L'expérience fait voir, par exemple, qu'un métal plongé dans un poids égal d'eau de température supérieure, gagne plus de degrés de chaleur thermométrique que l'eau n'en perd, et cela se fait suivant des proportions différentes pour chaque espèce de métal.

Il faut conclure de là que le calorique qui augmente d'un degré la température de l'eau élèverait d'une quantité plus forte celle d'un poids égal de métal, et qu'il y aurait pour chaque métal un accroissement différent.

92. Une disposition analogue se manifeste dans tous les corps; ils prennent des températures différentes par l'acquisition d'une même quantité de calorique. On peut mesurer cette disposition; pour cela on regarde comme unité de calorique la quantité nécessaire pour élever d'un degré la température de l'unité pondérale d'un corps auquel on compare les autres. On détermine par l'expérience la quantité de calorique nécessaire pour élever aussi d'un degré la température d'une unité pondérale d'un autre corps. Cette quantité comparative de calorique

s'appelle le *calorique spécifique* du corps. On a encore donné le nom de *capacité de calorique* à cette propriété des corps d'exiger des quantités différentes de calorique pour parcourir les mêmes degrés de température, en la considérant comme une puissance comparative dont ils jouissent. Je me servirai indifféremment de ces deux expressions.

Un exemple rendra ceci plus sensible : supposons qu'un corps dont la température est égale à zéro soit plongé dans un poids égal d'eau à 50 degrés, et que la température du mélange étant arrivée à l'état d'équilibre, elle soit de 30 degrés : l'eau en communiquant au corps une partie de son calorique, a perdu 20 degrés de sa température, et la même quantité de calorique, à laquelle cette perte est due, en passant dans le corps plongé, en a augmenté la température de 30 degrés.

Il est évident que si une même quantité de calorique fait éprouver des changements différents de température à deux corps de même poids, celui des deux qui aura éprouvé le plus grand changement, a besoin de moins de calorique pour varier d'un degré, et que cette quantité sera plus petite en proportion de ce que sa variation aura été plus grande : donc les caloriques spécifiques de deux corps sont en raison inverse des variations de température que la même quantité de calorique produit dans deux poids égaux de ces corps. Si l'un des deux corps était de l'eau, son calorique spécifique pourrait être pris pour l'unité, et il serait facile, d'après ce qui vient d'être dit, de déterminer le calorique spécifique de l'autre corps en le rapportant à cette unité.

En reprenant la supposition précédente, on trouverait que le calorique spécifique du corps est à celui d'un poids égal d'eau comme 20 à 30, ou comme 2 à 3 ; c'est-à-dire que celui de l'eau étant égal à 1, celui du corps sera $\frac{2}{3}$.

D'après ce qui précède, on peut établir la règle suivante : *Si, ayant plongé un corps dans un poids égal d'eau de différente température, et ayant laissé établir l'équilibre, on écrit une fraction qui ait pour numérateur la variation de température éprouvée par l'eau, et pour dénominateur la variation éprouvée par le corps; on aura l'expression du calorique spécifique de ce corps.*

Si l'on n'avait pas employé un poids d'eau égal à celui du corps, il faudrait multiplier le résultat par le poids de l'eau, et le diviser par le poids du corps.

93. Ce que l'on vient d'observer n'est vrai qu'autant que les corps mis en expérience demeurent dans un état constant; mais si étant préservés de toute combinaison, ils passent de

l'état solide à l'état liquide ou réciproquement, il se présente d'autres phénomènes : l'eau en offre un exemple remarquable.

Lorsqu'on mêle un poids quelconque d'eau solide ou glace, dont la température soit à zéro du thermomètre avec un poids égal d'eau à 60 degrés ; il en résulte un poids double d'eau liquide à la température de la congélation.

Ce phénomène ne pouvait être prévu, d'après ce que nous avons dit jusqu'ici relativement au partage de la température. En l'examinant en lui-même, nous voyons que l'eau solide est devenue liquide sans gagner de température, et que l'eau liquide en a perdu 60 degrés. Le calorique qui la tenait à cette température a donc été totalement employé à la liquéfaction de la glace, et les vraies conclusions de ce fait sont les suivantes :

Lorsque la glace passe à l'état liquide elle se combine avec une quantité de calorique capable d'élever un poids égal d'eau depuis zéro jusqu'à 60 degrés du thermomètre.

A la température zéro, l'eau solide diffère de l'eau liquide en ce que celle-ci contient de plus le calorique capable d'élever le même poids d'eau depuis la température zéro jusqu'à 60 degrés; mais ce calorique, en se combinant, a perdu sa puissance sur le thermomètre.

Il est facile d'après cela de concevoir comment

il arrive au milieu d'une température supérieure à la congélation, que le thermomètre environné de glace pilée reste constamment à zéro, et ne commence à s'élever que lorsque toute la glace a pris l'état liquide.

94. La liquéfaction n'est pas la seule circonstance où le calorique se combine en perdant sa puissance sur le thermomètre.

Un thermomètre plongé dans l'eau qu'on échauffe, indique les degrés de la température que l'eau prend successivement, jusqu'à l'ébullition; mais il demeure stationnaire à ce degré; la chaleur qu'on ajoute ne fait qu'accélérer la réduction de l'eau en vapeur, et ne produit aucune variation de température; le thermomètre, transporté dans la vapeur, est encore stationnaire pendant qu'il reste de l'eau dans l'état liquide; mais dès que sa conversion en vapeur est totale, le calorique qui continue de se combiner exerce la puissance thermométrique, et la température s'élève.

Ce fait prouve que lorsque l'eau passe de l'état liquide à celui de vapeur, le calorique s'y accumule en perdant, comme dans la liquéfaction, sa puissance sur le thermomètre; la quantité de calorique qui disparaît par là, élèverait, suivant les expériences du célèbre Watt, un même poids d'eau qui ne se réduirait pas en vapeur à 943 degrés du thermomètre de

Fahreneith, ou à-peu-près à 500 degrés du centigrade.

95. Le calorique qui s'est ainsi combiné, reparaît en produisant les effets thermométriques ;
lorsque la vapeur de l'eau, par exemple, reçue
dans un récipient, lui cède le calorique auquel elle
doit l'état de vapeur et reprend l'état liquide, la
réduction en liquide continue jusqu'à ce que le
récipient ait acquis la température de l'ébullition.

De même l'eau qui étant exposée au froid, a
pris, sans cesser d'être liquide, une température
inférieure à la glace, fait remonter le thermomètre à la congélation, au moment où elle se
solidifie. La quantité de glace qui se forme dans
cet instant dépend de la proportion d'eau qui
demeure liquide, et peut absorber le calorique
abandonné par l'autre portion, et du degré de
froid qui existait dans toute la masse ; de sorte
qu'en connaissant le poids de l'eau et le degré
de froid auquel elle est parvenue, on peut déterminer la quantité de glace qui se formera.

96. Des effets analogues ont lieu dans tous les
corps, lorsque par l'influence seule du calorique
ils passent de l'un à l'autre des trois états de
solide, de liquide, et de vapeur.

Le calorique qui s'accumule en perdant sa
puissance sur le thermomètre, a été appelé *chaleur latente* ou *calorique latent*, et l'on a désigné

par *calorique libre* celui qui produit les effets thermométriques.

97. Lorsqu'un corps est exposé dans une atmosphère de température supérieure à la sienne, il s'échauffe insensiblement jusqu'à ce que toutes ses molécules ayent pris la température du fluide environnant ; mais si ce corps est une masse de glace dans l'état de température qui précède immédiatement la liquéfaction, les molécules qui forment sa couche la plus extérieure se combineront avec le calorique, et se résoudront en liquide : la couche suivante se liquéfiera à son tour : à chaque opération le calorique qui liquéfie la glace devient latent et perd le pouvoir d'altérer la température du noyau ; elle demeure donc constamment à zéro ; mais à des degrés inférieurs elle prend, comme les autres corps, une température uniforme.

Concevons actuellement un espace fermé de tous les côtés par une enceinte de glace à la température de zéro ; il n'y aura pas de communication entre l'intérieur et l'extérieur ; la surface de glace présentant de chaque côté des limites au-delà desquelles le calorique ne peut agir, les couches intérieures se liquéfieront jusqu'à ce qu'elles aient épuisé tout le calorique qui élève la température intérieure au-dessus de zéro, et il n'en sera pas liquéfié au-delà.

98. On a été conduit par ces considérations

à mesurer la quantité de calorique qui se dégage pendant un phénomène quelconque, par un moyen différent de celui qui a été exposé (92) : il suffit que le phénomène ait lieu dans l'espace intérieur de l'enceinte de glace ; si on recueille soigneusement toute l'eau qui s'est formée, elle indiquera le calorique qui s'est dégagé et qui est devenu latent par la liquéfaction de la glace.

Pour ramener le résultat de cette épreuve à l'unité de calorique établie ci-dessus, on n'a qu'à multiplier le poids de l'eau par 60, et on aura la quantité d'eau dont la température serait élevée d'un degré par le calorique dégagé.

Les quantités de calorique éliminées pendant le réfroidissement d'un corps, sont comparables à celles qui se dégagent pendant un phénomène chimique au moyen des poids d'eau dont elles sont capables d'augmenter la température d'un degré, car elles sont directement proportionnelles à ces poids,

99. Pour donner de la précision à ce genre d'épreuve, on a imaginé un instrument appelé *calorimètre*. C'est aux expériences faites avec cet instrument par Lavoisier et Laplace, qu'on doit et les connaissances les plus précises sur les effets du calorique et la théorie la plus exacte sur la chaleur. C'est cet ouvrage important qui me sert principalement de guide (1).

(1) Mém. sur la chaleur. Acad. des Sciences, 1780.

Le calorimètre doit être considéré comme composé de deux capacités concentriques, et séparées par une cloison métallique : l'une et l'autre renferment de la glace pilée.

Il est important que la glace extérieure soit toujours au terme de la liquéfaction, afin que son contact maintienne la glace intérieure à la température zéro.

Celle-ci doit être humectée avant que d'être mise en place, afin que l'eau qu'elle retient, lorsque l'expérience finit, n'affaiblisse pas le résultat. (*Note III.*)

100. Pour déterminer la capacité de calorique d'un corps, on en place dans l'enceinte intérieure une unité pondérale élevée à une température déterminée; on recueille exactement, par le moyen d'un robinet, l'eau qui est due à la liquéfaction de la glace par le calorique que communique le corps mis en expérience pour passer de la température où il était au degré de la congélation; l'épreuve détermine donc la quantité de calorique qui se dégage de l'unité pondérale de ce corps : la température du corps s'est abaissée d'un certain nombre de degrés, pour prendre celle de la glace; on divise par ce nombre et on a le dégagement de calorique correspondant à la variation d'un degré.

Si la masse du corps soumis à l'épreuve n'était pas égale à l'unité pondérale, on diviserait le résultat de l'expérience par le poids du corps, et on aurait le résultat correspondant à l'unité pondérale.

101 Si l'on compare les éléments employés dans la méthode (92), avec ceux de la détermination actuelle, on verra qu'ils sont les mêmes et que les deux méthodes conduisent aux mêmes résultats; cependant elles diffèrent par quelques circonstances qui donnent presque toujours à l'une beaucoup d'avantage sur l'autre.

La méthode des mélanges exige qu'on fasse entrer dans les résultats l'effet des grands vases dont on fait usage, et la dissipation de la chaleur qui est communiquée, soit à l'atmosphère, soit aux corps environnants, tandis que la température du mélange parvient à l'uniformité; la différence de pesanteur spécifique des substances, telles que l'eau et le mercure, est un obstacle qui rend l'équilibre de température difficile à obtenir; l'action que l'eau exerce sur plusieurs corps comme dissolvant, complique le résultat, et la difficulté de démêler les effets devient insurmontable, lorsqu'il se forme une combinaison, ou qu'il y a changement de constitution, comme dans la combustion et la respiration : enfin on ne peut employer les substances gazeuses qu'en si petite quantité, que cette espèce d'épreuve devient alors tout-à-fait illusoire.

L'usage du calorimètre n'exige qu'une correction facile, celle de l'effet produit par la capacité du calorique du vase qui contient les corps liquides mis en expériences; il est propre à déterminer le calorique qui se dégage dans tous les phénomènes chimiques, ainsi que celui qui abandonne un corps pendant qu'il se réfroidit.

Il est cependant difficile de déterminer par son moyen le calorique spécifique des substances gazeuses, parce qu'il faut en employer des volumes considérables pour liquéfier une certaine quantité de glace : pour cet objet on en fait passer un volume déterminé dans une espèce de serpentin contenu dans le calorimètre; on observe la température, qu'on lui a donnée, par le moyen d'un thermomètre placé dans le tube qui le conduit, et celle qu'il conserve en sortant de l'appareil : l'on juge du calorique qu'il a abandonné par la quantité de glace qu'il a pu liquéfier. Quoique les expériences sur les substances gazeuses n'aient pas été faites avec la précision que les auteurs se proposaient d'y porter, leurs premiers résultats doivent être regardés comme des approximations beaucoup plus grandes que celles qu'on a obtenues par les mélanges.

102. Les observations précédentes expliquent les différences considérables que l'on trouve entre les déterminations de Crawford qui s'est servi de la première méthode (1). et celle de Lavoisier

(1) On animal heat.

et Laplace. On n'est plus surpris des vacillations de Crawford, qui dans les premières épreuves a attribué au gaz oxigène une capacité de calorique 87 fois plus grande que celle de l'eau, et qui dans des épreuves postérieures l'a réduite à 4,749, pendant que les derniers ne la trouvent que de 0,65 (1); et quoiqu'ils ne proposent cette détermination qu'avec beaucoup de réserve, elle doit cependant inspirer plus de confiance que celle de Crawford.

103. On a vu que dans les modifications de température qui s'opèrent par des mélanges, le calorique se distribue en raison des capacités et des quantités, et que dans les changements d'état des corps, il s'accumule ou s'exprime de manière que dans les changements inverses, les corps en reprennent la même quantité. Un effet semblable a lieu dans les successions de combinaisons qui sont accompagnées d'une absorption ou d'un dégagement de calorique; les auteurs du mémoire sur la chaleur ont établi sur ces considérations les principes suivants.

Si dans une combinaison ou dans un changement d'état quelconque, il y a un diminution de chaleur libre; cette chaleur reparaîtra toute entière lorsque les substances reviendront à leur premier état, et réciproquement, si dans

(1) Recueil de Mém. par Séguin, tom. I.

*la combinaison ou dans le changement d'état,
il y a une augmentation de chaleur libre, cette
nouvelle chaleur disparaîtra dans le retour des
substances à leur état primitif.*

*En généralisant ce principe, toutes les va-
riations de chaleur, soit réelles, soit apparentes qu'éprouve un systéme de corps en changeant d'état, se reproduisent dans un ordre
inverse, lorsque le systéme repasse à son premier état.*

104. Le calorique produit sur les corps un
autre effet dont il faut reconnaître les rapports
avec les changements de température ; il les
dilate et accroît leurs dimensions.

La dilatation que les corps éprouvent par
une certaine élévation de température est beaucoup plus considérable dans les fluides élastiques
que dans les liquides, et dans ceux-ci que dans
les corps solides.

Les liquides ne diffèrent pas seulement entre
eux par l'expansibilité, mais on a observé que les
dilatations d'un même liquide n'étaient pas proportionnelles aux accroissements de température,
et elles augmentent progressivement lorsqu'il
approche du terme où il doit se réduire en
vapeurs (1).

Dans les expériences qui ont été faites par

(1) De Luc. modif. de l'atm. tom. II, édit. in-8°.

par Ellicot, Sméathon (1), le général Roy (2), Laplace et Lavoisier (3), sur la dilatation des corps solides par la chaleur, on ne trouve aucun rapport entre ces dilatations et la capacité de calorique des corps, leur dureté et leurs autres propriétés connues, si ce n'est, à ce qu'il me paraît, avec leur fusibilité ; ainsi parmi les métaux, c'est le platine qui se dilate le moins, et le plomb et le zinc qui présentent cette propriété au plus haut degré ; parmi les verres, celui où il entre de l'oxide de plomb se dilate beaucoup plus que ceux qui n'en contiennent pas.

On peut donc présumer qu'il en est des solides, relativement à la fusibilité, comme des liquides, par rapport à la vaporisation, et qu'une même substance solide n'éprouverait pas des degrés uniformes de dilatation à des températures éloignées ; mais qu'en approchant du terme de la liquéfaction, les dilatations deviendraient proportionnellement plus grandes.

On trouve ici une confirmation du principe que les causes chimiques exercent une influence avant que les effets qu'elles doivent produire puissent se manifester (11).

105. Ces observations font voir que la chaleur dilate les corps d'une manière inégale entre eux.

(1) Trans. philos. 1788.
(2) *Ibid*, 1785.
(3) Mém. recueillis par Séguin, tom. II.

Les liquides éprouvent par les mêmes températures un effet beaucoup plus grand que les solides, et fort inférieur à celui des fluides élastiques; mais dans le passage d'un état à l'autre,
les dilatations participent à celles qui appartiennent à l'état que la substance doit prendre;
enfin les dilatations de volume ne correspondent
pas aux changements de température, lorsqu'un
corps passe de l'état solide à l'état liquide, ou
de celui-ci à l'état de fluide élastique : il faut
voir comment l'on peut concilier ces apparences
diverses avec les lois auxquelles l'action du calorique est soumise, et qui viennent d'être exposées, et quelle correspondance peut exister
entre les effets thermométriques et les quantités
de calorique qui se combinent.

106. Dans quelqu'état qu'une substance se trouve, sa température se met en équilibre avec celle
des autres corps (90); de sorte que le calorique
tend toujours à se mettre dans des proportions
correspondantes, selon l'état des substances entre
lesquelles il se distribue.

Pictet désigne par *tension* cette propriété du
calorique, de se distribuer uniformément entre
différents corps, non en raison de leur masse
mécanique, mais de la capacité qu'ils ont dans
l'état où ils se trouvent, de manière à produire
entre eux un équilibre de température : on peut
la comparer à l'effort d'une substance élastique

qui se met en équilibre d'élasticité avec les autres substances semblables qui réagissent contre elle ; cependant il faut la distinguer de cette force expansive qui appartient aux fluides élastiques, quoiqu'elle en soit le principe : elle agit dans tous les corps indifféremment, quelque soit leur état ; mais son effet est d'autant plus grand qu'il y a plus de distance entre leurs températures, d'où l'on peut tirer cette conclusion, *que le calorique agit avec d'autant plus d'énergie entre les corps dont la température est différente, que sa tension est plus grande.*

107. Nous avons vu que la température n'était point élevée pendant que la glace se liquéfiait, le même phénomène a lieu dans les autres corps solides qui passent à l'état liquide, à moins que cet effet ne soit déguisé par d'autres : ce qui fait voir que l'élévation de température dans les corps solides ne dépend que de la résistance qu'oppose la force de cohésion à celle du calorique, et l'observation nous avait déjà conduit à considérer ces deux forces comme opposées. Mais lorsque l'on change par la compression la distance que les molécules obéissant à leurs dispositions naturelles doivent avoir entre elles, suivant l'action qu'elles éprouvent du calorique, elles abandonnent le calorique qui est en excès dans la condition où elles se trouvent, et leur température est élevée de tout cet

excès, jusqu'à ce qu'elles l'aient cédé aux autres corps, ou qu'elles aient pu reprendre l'état de dilatation dans lequel elles se trouveraient en équilibre de température; de là la chaleur produite par la compression et par la percussion.

Les effets qui sont produits dans les liquides par le calorique, ont d'une part de l'analogie avec ceux que l'on observe dans les solides, et d'autre part avec ceux qui ont lieu dans les fluides élastiques; mais dans ceux-ci c'est la compression de l'atmosphère qui paraît substituée à l'action réciproque des molécules, et qui détermine les proportions de calorique, selon les changements de température; c'est aussi de cette compression que dépend la température à laquelle un liquide peut parvenir avant de se réduire en vapeur. Il convient donc d'examiner d'abord les rapports qui existent entre la compression et la température dans les fluides élastiques pour en distinguer les effets de ceux de l'action réciproque des molécules, et pour cela il faut reconnaître ce qui arrive aux fluides élastiques lorsqu'ils sont soumis à une compression égale, mais à différentes températures, et lorsqu'ils éprouvent une différente compression, la température restant la même.

108. Les physiciens ont tâché depuis longtemps de déterminer les dilatations que les gaz éprouvaient par l'élévation de température, mais

les opinions étaient restées flottantes par la diversité des résultats de leurs expériences : un jeune chimiste, Gay Lussac, dont les talents me sont en particulier d'un grand secours, a fixé les incertitudes dans un mémoire qu'il a lu à l'institut (1), et dont je vais présenter l'extrait.

Deluc, en comparant les hauteurs trouvées par le baromètre à celles qu'il avait mesurées géométriquement, a trouvé que vers la température 16º¼ qu'il appelle température fixe, l'air atmosphérique se dilate de $\frac{1}{215}$ de son volume pour chaque degré.

Vers le 15º degré, le général Roy a attribué à l'air sec, une dilatation de $\frac{1}{172}$, et à l'air humide une dilatation beaucoup plus forte. Saussure observe à cet égard que ce physicien ayant introduit dans son appareil, soit de l'eau liquide, soit de la vapeur d'eau, il a confondu deux choses qu'il était essentiel de séparer, savoir la conversion de l'eau en vapeur élastique, et la dilatation de l'air unie à cette vapeur. D'après des expériences faites depuis le 6º degré jusqu'au 22º, il fixe à $\frac{1}{255}$ la dilatation de l'air sec, et de celui qui est plus ou moins humide, mais tenant toujours son eau en parfaite dissolution, évitant d'ailleurs soigneusement qu'il pût se former de nouvelles vapeurs.

(1) Ann. de Chim. Therm. an 10.

Priestley est le premier qui se soit occupé de la dilatation des autres gaz ; mais ses expériences ne donnent que des dilatations relatives très-différentes les unes des autres , et lui-même ne leur accorde pas beaucoup de confiance.

Enfin Guyton et Prieur ont attribué à chaque gaz une dilatation particulière et très-croissante en approchant du terme de l'ébullition de l'eau. Ils ont trouvé pour le gaz azote, par exemple, que depuis 0 jusqu'à 20°, il se dilate de $\frac{1}{582}$ de son volume pour chaque degré ; depuis 20 jusqu'à 40° de $\frac{1}{108}$; depuis 40° jusqu'à 60 de $\frac{1}{36}$, et depuis 60° jusqu'à 80 de plus de $\frac{1}{7}$; mais cette progression très-croissante et la différence de leurs résultats doivent être rapportées principalement à l'eau qu'ils auront laissée dans leur appareil , et qui comme l'on sait, prend d'autant plus facilement l'état élastique que sa température est très-élevée. Il sera donc arrivé à 80° que l'eau en se convertissant abondamment en vapeur , aura expulsé de leur appareil beaucoup d'air qui ne l'aurait pas été sans elle , et que parconséquent ils auront attribué à l'air restant une dilatation trop forte.

Ce sont ces grandes variations dans les résultats des physiciens sur la dilatation des gaz , qui ont déterminé Gay Lussac à traiter de nouveau cet objet. En évitant dans ses appareils toutes les causes d'erreurs qu'il a pu prévoir, sur-tout la

présence de l'eau, il a reconnu que l'air atmosphérique, les gaz oxigène, hydrogène, azote,
nitreux, ammoniacal, acide carbonique, acide
sulfureux, acide muriatique, et la vapeur de
l'ether sulfurique se dilatent également par les
mêmes degrés de chaleur, et que depuis o jusqu'à 80°, 100 parties de chacun des gaz permanents prennent un accroissement de 37 p. 50,
ou de $\frac{1}{213}$ du volume par chaque degré.

Ce coefficient $\frac{1}{213}$ semble différer bien peu de
de celui $\frac{1}{215}$ de Deluc ; mais Gay Lussac observe
que la différence des températures desquelles ils
sont partis, en établit une très-sensible entre leurs
résultats. Il fera voir ailleurs que les coefficients
varient avec les températures d'où l'on part, et
il déterminera la loi des variations.

Il a remarqué qu'en approchant du terme de
l'ébullition de l'éther, les condensations de sa
vapeur sont un peu plus rapides que celles des
gaz, ce qui correspond à la plus grande dilatation que les liquides éprouvent lorsqu'ils approchent de l'ébullition, et à celle qui se fait
remarquer dans quelques liquides près de la
congélation ; mais l'effet n'est plus sensible quelques degrés au-dessus de celui où s'est fait le
passage de l'état liquide à celui de fluide élastique.

Priestley, Guyton et Prieur ont trouvé au
gaz ammoniacal une très-grande dilatation. Si

l'on reçoit directement dans un appareil le gaz ammoniacal provenant de la décomposition du muriate d'ammoniaque par la chaux ordinaire, on trouvera aussi une très-grande dilatation ; mais dans ce cas on observera sur les parois de l'appareil, lorsque la température sera abaissée, un peu de liquide et quelques points cristallins qui sont du muriate ou du carbonate d'ammoniaque ; si l'on fait séjourner le gaz sur la potasse caustique avant de l'introduire dans son appareil, on trouvera qu'il se dilate comme les autres gaz, mais alors on ne verra dans le récipient ni liquide, ni molécules cristallines. Cela prouve qu'outre les liquides il faut encore éviter scrupuleusement, dans les recherches sur la dilatation des gaz, les corps solides qui sont susceptibles de prendre l'état élastique à la température à laquelle on les expose.

Puisque la solubilité plus ou moins grande des différens gaz, ni leur plus ou moins grande densité sous la même pression et à la même température, ni la nature particulière des gaz et des vapeurs n'influent point sur leur dilatation, et qu'elle dépend uniquement de leur état élastique, on peut conclure généralement que tous les gaz et toutes les vapeurs se dilatent également par les mêmes degrés de chaleur.

Il est donc confirmé par là que tous les gaz

et l'air atmosphérique qui tiennent plus ou moins d'eau en dissolution, sont également dilatables. Saussure avait reconnu cette propriété dans l'air atmosphérique.

Tous les gaz étant également dilatables par la chaleur, et également compressibles, et ces deux propriétés dépendant l'une de l'autre, les vapeurs qui suivent les mêmes lois de dilatation doivent aussi être également compressibles; mais cette conclusion ne peut être vraie qu'autant que les vapeurs comprimées restent entièrement dans l'état élastique, ce qui exige que leur température soit assez élevée pour les faire résister à la pression qui tend à leur faire prendre l'état liquide.

109. Ces expériences font voir que l'action réciproque des molécules n'a plus aucun effet sensible dans les gaz, mais que la compression étant constante, les dilatations produites par la température sont les mêmes pour tous, et que tous les liquides qui ont pris l'état de gaz se trouvent soumis aux mêmes lois; de sorte que leur constitution ne dépend plus que de l'action du calorique et de la résistance de la compression. L'effort élastique d'un gaz pour occuper le volume qui convient à sa température, croît dans le même rapport dans tous les gaz et dans toutes les vapeurs, si elles ne peuvent effectivement recevoir ce volume, et l'effet comparatif du calorique à différentes températures, est mesuré

par la tension qui en résulte dans le fluide élastique; mais si le volume peut se dilater en liberté, la tension reste la même, et tout l'effet du calorique se borne à la dilatation du volume.

Ce n'est donc que parce que la compression s'oppose à la dilatation, que la température s'élève, et l'un de ces deux effets peut suppléer à l'autre. La compression remplace l'action réciproque des molécules; avec cette différence, que c'est une même force pour tous les gaz, et que ses effets sont uniformes et proportionnels à son intensité, au lieu que l'action réciproque des molécules varie dans chaque substance.

110. Puisque la compression remplace l'action réciproque des molécules, il est manifeste qu'en diminuant la compression sans changer la température, on doit accroître le calorique en proportion de la dilatation du volume.

Si l'on dilate l'air par le moyen d'une machine pneumatique, il doit donc se faire une absorption de calorique proportionnelle aux changements qui sont produits dans le volume de l'air, pour qu'il puisse être en équilibre de température avec les corps dont il est environné. Cependant le thermomètre, plongé dans cet air, n'éprouve qu'un abaissement léger qui paraît ne pas correspondre à l'effet que je suppose : c'est que le changement qu'indique le thermomètre est dû à la distribution du calorique entre lui et les substances avec lesquelles il se trouve en contact selon leur masse respective, et selon leur capacité de calorique. Lorsqu'on plonge un thermomètre dans un liquide, sur-tout lorsque la quantité du liquide est consi-dérable relativement à lui, l'influence qu'il a par lui-même, en partageant sa propre tempé-rature avec celle du liquide, est si petite qu'on la néglige sans qu'il en résulte aucune erreur sensible : il en est tout autrement lorsqu'on fait l'expérience avec l'air ; celui-ci, dont 100 pouces cubes ne pèsent qu'environ 46 grains, se trouve en contact non-seulement avec le thermomètre qui a plusieurs fois autant de pesanteur, mais sur-tout avec une grande circonférence dont une partie est métallique, et par conséquent très-propre à soustraire promptement la chaleur dégagée : il ne doit donc y avoir qu'une très-petite partie de l'effet de son changement de température qui agisse sur le thermomètre, et son indication se trouve affectée de toute la dif-férence qui dépend de la quantité de l'air qui absorbe du calorique et des corps qui lui en fournissent. Il n'est donc pas surprenant que les changements très-grands qui se font dans les proportions du calorique relativement à l'air, n'en produisent que de très-petits dans la tem-pérature du thermomètre.

C'est au changement considérable de température qui a lieu dans l'air qu'on dilate par la pompe pneumatique, qu'est due la formation de ce nuage dont on a donné différentes explications, et qui se redissout promptement, parce que l'air reprend la température des corps ambiants. Si l'abaissement de température n'était beaucoup plus grand qu'on ne le suppose, il ne serait pas une cause suffisante du phénomène.

Ce que je viens de dire sur la dilatation doit s'appliquer aux effets de la compression; lors donc que l'on comprime l'air, il en sort une quantité de calorique qui est proportionnelle à la diminution du volume. (*Note IV.*)

111. On peut opposer que lorsque l'air éprouve une compression, l'augmentation de son ressort fait voir qu'il tient une quantité de calorique, qui étant lui-même dans un état de compression, est la cause de cet effort; ce qui prouve que c'est la même quantité de calorique qui produit l'équilibre de température dans les deux circonstances; c'est que si après avoir comprimé l'air on le remet en liberté, il se produit un réfroidissement qui correspond à la chaleur qui avait été dégagée. S'il eût retenu dans la compression une plus grande quantité de calorique que celle qui convenait à la réduction de son volume dans la température donnée, il ne reprendrait pas les dimensions qu'il doit

avoir sous la nouvelle compression; il s'arrêterait au terme où le calorique comprimé se
trouverait en équilibre avec l'action des corps
voisins; et il n'y aurait pas de réfroidissement
dans ces corps; ce n'est donc point par l'effet du
calorique plus comprimé, qu'il tend à reprendre
son premier état. Je ne puis confirmer plus solide-
ment cette théorie que par l'opinion de Laplace,
qui a bien voulu me remettre la note ci-jointe.
(*Note V*.)

La chaleur qui se dégage des corps solides par
les moyens mécaniques qui en rapprochent les
molécules, et celle qu'on exprime des fluides
élastiques par la compression, étant un effet du
rapprochement des molécules, (*Note VI*.) on
voit pourquoi le frottement, l'agitation et la
compression des liquides ne produisent pas de
chaleur appréciable, puisqu'ils ne sont pas sensiblement compressibles.

112. Résumons à présent pour déterminer
quelle est la différence de l'action du calorique
sur les corps, selon l'état dans lequel ils se
trouvent, et quels sont les phénomènes qu'il
produit dans leur passage d'un état à un autre.

Il y a cette différence entre les corps solides,
les liquides, et les fluides élastiques, que dans
les premiers le calorique a une proportion déterminée avec l'état de dilatation qu'ils éprouvent
en raison de la température et de l'action ré-

ciproque de leurs molécules ; lorsqu'un corps devient liquide, celle-ci cesserait d'avoir son effet sans une compression étrangère ; mais cette compression maintient les molécules à une distance où leur action réciproque peut encore produire un effet : la diminution de la résistance permet au calorique de s'accumuler jusqu'à un certain point, sans accroître la température ; et l'on trouve dans cette diminution la cause pour laquelle les liquides peuvent éprouver une dilatation plus grande que les solides, par les mêmes élévations de température ; enfin la résistance continuant de s'affaiblir, le calorique devenu prépondérant la détruit entièrement, et il s'accumule jusqu'à ce que l'élasticité qu'il peut communiquer au fluide élastique soit en équilibre avec la compression : celle-ci est devenue le seul obstacle qui, selon son intensité, fait varier l'état du nouveau gaz.

Dans cette suite de phénomènes on trouve un rapport constant entre les quantités de calorique et les conditions sous lesquelles se trouve placé le corps qui en éprouve l'action : la température qu'il reçoit ne correspond point à l'accumulation du calorique, puisqu'un corps peut en prendre une grande quantité sans qu'elle change ; la dilatation en est un indice plus sûr ; mais on voit aussi qu'elle n'est point proportionnelle à sa quantité, puisqu'elle est incomparablement plus considérable dans les fluides élastiques que dans les liquides, et dans ceux-ci que dans les solides, et que dans le passage d'un état à l'autre elle participe à ces deux conditions. (*Note VI.*) Le calorique qui devient latent dans le passage d'un solide à l'état fluide, et d'un liquide à celui de fluide élastique, produit son effet dans les changements d'état contraires, comme celui qui élevait la température et qui était latent pour les corps qui étaient au même degré, affecte les corps qui sont à une température plus basse.

Un corps solide peut prendre une température d'autant plus élevée, qu'il a moins de disposition à se liquéfier, ou qu'il oppose plus de force de cohésion à l'action du calorique, et pendant qu'il entre en liquéfaction, sa température reste la même : tout le calorique est employé à produire le liquide.

Si les élévations de températures dans les corps solides ne dépendent que de la résistance que le calorique éprouve de l'action réciproque des molécules, et dans les fluides élastiques de la compression à laquelle ils sont soumis, les deux causes agissent dans les liquides : nous ne pouvons, comme dans les solides, y accroître l'action réciproque par la compression, mais nous pouvons en diminuer ou en faire disparaître l'effet, comme dans les fluides élastiques.

113. Les effets qui, dans les circonstances que nous avons examinées, sont dûs aux changements de dimensions produits par une cause mécanique ou par l'équilibre de température, sont encore les mêmes, lorsqu'ils proviennent de l'action de l'affinité; mais dans ce cas ils se compliquent souvent avec d'autres résultats de l'affinité; ce n'est que lorsque celle-ci a peu d'énergie, que l'on retrouve dans son intégrité le rapport de la quantité du calorique avec les dimensions que prend une substance, telle est l'évaporation.

Si le refroidissement produit par l'évaporation paraît beaucoup plus grand avec une substance très-évaporable, telle que l'éther, que celui qu'on obtient par la dilatation d'un fluide élastique, c'est que l'effet se concentre sur le thermomètre; il est au fond le même, ou il n'y a de différence que dans la quantité de la dilatation.

On peut même, dans une température assez élevée, produire la congélation de l'eau, ainsi que l'a fait Cavallo, par le moyen d'une quantité peu considérable d'éther; si l'on ramenait par la compression la vapeur de l'éther qui s'est formée, il s'en dégagerait toute la quantité de calorique qui avait servi à lui donner l'état élastique, et cependant le thermomètre n'indiquerait alors qu'une très-petite partie de cet effet; c'est que le calorique qui serait éliminé passerait dans toute la surface de l'appareil, et le thermomètre qui n'en fait qu'une petite partie, ne serait que faiblement affecté, pendant que si on l'humectait du liquide, c'est du thermomètre même que les vapeurs recevraient directement le calorique. On convient que dans l'évaporation, la vapeur qui se forme par la dissolution dans l'air, contient autant de calorique que celle qui est produite par la chaleur; Watt a même conclu de ses expériences, que l'eau tenue en dissolution par l'air, avait plus de calorique latent qu'un égal volume de vapeur, mais cette différence ne me paraît devoir être attribuée qu'aux inexactitudes inséparables de ce genre d'expérience. (*Note VII.*)

114. L'observation des phénomènes prouve donc que les principes énoncés (103) doivent s'appliquer aux changements de dimensions produits dans les corps par le calorique, lorsque l'affinité n'y apporte point d'obstacle, et qu'il y a un rapport constant entre les dimensions qu'ils en reçoivent, selon l'état de leur action réciproque ou de la compression qui se substitue à cette action, comme il y en a un entre leur capacité de calorique et l'état dans lequel ils se trouvent; quant à la température, elle est en rapport avec les obstacles qui s'opposent à l'action expansive du calorique.

Si l'on augmente progressivement la chaleur d'un corps solide, il parvient à un degré où la force de cohésion est tellement affaiblie, qu'il ne peut plus conserver son état, et prend celui de liquide ou de fluide élastique, et si jusqu'à présent quelques corps ont été réfractaires, on ne doit l'attribuer qu'à l'impuissance des moyens qu'on peut employer pour accumuler le calorique. Lorsque la chaleur a écarté les molécules d'une substance au point que leur affinité mutuelle cède à l'action du calorique, cette substance en absorbe subitement une grande proportion; ses molécules se combineraient sans interruption, et formeraient immédiatement un gaz qui se dilaterait de plus en plus, en conservant la même température, si cet effet n'était limité par la compression de l'atmosphère qui concourt par là aux résultats de l'action chimique, et par celle du gaz même qui s'est formé; de sorte que le calorique qui élève la température au-dessus de l'équilibre d'un système de corps ne produit cet effet que par la résistance qu'opposent à sa combinaison l'affinité réciproque des molécules et la compression de l'atmosphère. Le calorique qui devient latent dans ces changements d'état, reparaît dans le retour d'un fluide élastique à l'état liquide, et de celui-ci à l'état solide. On voit donc que le calorique qui devient latent dans une circonstance, produit les effets thermométriques dans une autre, et que ceux-ci sont différents selon la résistance qu'il éprouve, et varient dans les différents états d'une substance, et dans le passage d'un état à un autre. (*Note VIII.*)

115. Les corps diffèrent encore par la propriété de communiquer plus ou moins facilement la chaleur, et de parvenir plus ou moins promptement à l'équilibre de température du système dans lequel ils se trouvent placés, ou par la faculté conductrice; mais il faut, en considérant cette faculté comparative, distinguer dans les liquides et les fluides élastiques les effets dus au mouvement que le changement de pesanteur spécifique imprime à leurs parties, de ceux qui sont dûs à la communication immédiate, comme je le ferai observer plus particulièrement.

CHAPITRE II.

Des différents états du calorique.

116. Les résultats de l'action du calorique qui sont déduits de l'expérience immédiatement, ou par des raisonnements rigoureux, sont vrais, indépendamment des idées qu'on peut se former de la nature du calorique, et soit qu'on le re-

garde comme une force qui n'est connue que
par ses effets, ou comme une substance qui
exerce les propriétés qui lui appartiennent.

Toutefois il importe à la théorie, pour indiquer
les rapports que les propriétés du calorique ont
entre elles, et l'influence qu'elles peuvent avoir
dans les phénomènes compliqués, de déterminer
les différences qui peuvent distinguer cette puissance de toutes celles qui entrent dans l'action
chimique: on aura non-seulement cet avantage si
l'on peut prouver que l'action du calorique est
analogue à celle d'une substance qui entre en
combinaison avec les autres, mais encore celui
de faire dépendre ses effets d'une cause commune à tous les phénomènes chimiques, en
le considérant cependant comme un fluide qui
est éminemment élastique et qui peut éprouver
une condensation indéfinie. Il ne s'agit que de
voir si les explications établies sur cette hypothèse s'appliquent exactement aux phénomènes,
seule méthode que l'on puisse employer pour un
objet qui lui-même échappe au poids et à la
mesure qui peuvent seuls certifier incontestablement l'existence d'un corps; et si ces explications correspondent d'une manière satisfaisante, on sera autorisé à ne le considérer que
comme une substance qui a la propriété d'entrer
en combinaison avec les autres, en négligeant
des discussions qui sont inutiles pour l'explication

des phénomènes chimiques, et qui ne pouvant être jugées par l'expérience sont interminables.

117. Pour classer les effets du calorique, on a distingué le calorique sensible et le calorique latent; le calorique spécifique et le calorique absolu; le calorique libre et le calorique combiné: il faut reconnaître ce qu'il peut y avoir de réel dans les modifications du calorique qui ont conduit à ces distinctions, et examiner si elles peuvent toutes se déduire des propriétés de la combinaison chimique.

C'est au calorique libre qu'on a attribué les effets qu'il produit lorsqu'il affecte nos sens, ou lorsqu'il fait varier la température et la dilatation des corps. On a représenté ceux-ci comme une éponge dont les vides se remplissaient du calorique qui tendait à les occuper en cherchant à se mettre en équilibre par une propriété commune à tous les fluides; cependant de célèbres physiciens ont reconnu l'action d'une affinité qui tendait à condenser le calorique; mais on l'a distinguée de l'affinité chimique qui produit les combinaisons, sous le nom d'affinité physique ou d'affinité d'adhérence ou de cohésion, et on a attribué l'union du calorique à cette première affinité, et celle du calorique combiné à la seconde (1).

_____

(1) Pictet, Essais de Pphys. p. 13.

Cette manière d'envisager l'action du calorique me paraît peu conforme aux indications de l'expérience. Il est facile de se convaincre que le calorique qui produit des effets sensibles ne correspond point aux interstices qu'on peut supposer entre les molécules des différents corps : la capacité de calorique d'un poids égal d'eau, c'est-à-dire la quantité de calorique qu'elle peut abandonner, en passant d'un degré déterminé de température à un autre, comparée à celle de l'alcool, est dans le rapport de 1000 : 678 (1), les dilatations qu'une même quantité de chaleur produit dans le volume d'un gaz, sont incomparablement plus grandes que celles qu'éprouvent les liquides et sur-tout les solides, et il n'y a aucun rapport entre les dilatations et les quantités de calorique qui sont absorbées.

Pour produire le même effet, le calorique se combine en différentes proportions avec les différentes substances en raison de l'affinité qu'il a pour elles, et non des interstices qu'il y trouve.

118. La différence qui existe entre le calorique qu'on regarde comme libre, et celui qu'on appelle combiné n'autorise point à attribuer leur état à deux affinités distinctes, car nous avons vu dans le chapitre précédent que le calorique n'élevait la température d'un corps que parce qu'il trouvait

(1) Mém. sur la Chaleur.

un obstacle qui l'empêchait de lui donner les dimensions qui étaient nécessaires pour maintenir une tension égale à celle des corps voisins : la seule différence qu'il y ait donc entre le calorique que l'on a regardé comme combiné, et celui que l'on a désigné par le nom de calorique libre, consiste en ce que l'un produit une saturation dont l'équilibre ne change pas dans les circonstances données, et que l'autre au contraire se trouve dans un autre degré de tension, à cause des forces qui s'opposent à une dilatation proportionnée à sa quantité, et qu'il est par conséquent plus disposé à entrer dans d'autres combinaisons qui ne sont pas au même terme de saturation ; on n'a qu'à lever cet obstacle et l'excès de saturation disparaît ; le calorique que l'on regarde comme libre devient latent.

Le calorique, dès qu'il produit un effet sur un corps qui n'éprouve pas de changement dans son état de combinaison, augmente ses dimensions ; il accroît la distance de ses molécules ; il surmonte leur affinité réciproque ; effort qui est immense, si on le compare aux forces mécaniques que l'on peut attribuer à des parties extrêmement subtiles et d'une grande mobilité, et qui ne présente aucune analogie qu'avec cette force puissante qui produit les combinaisons chimiques. Dans l'union qu'il contracte, il suit les mêmes lois que nous avons remarquées dans celles des acides, et que l'on retrouve en général dans toute espèce de combinaison, avec cette différence que son affinité se mesure avec tous les corps qui se trouvent dans un système exposé à une même température, c'est-à-dire, qui parviennent à un même degré de saturation, pendant qu'un acide n'établit son équilibre de saturation qu'avec des alcalis, et qu'il trouve relativement aux autres substances, dans la force de cohésion ou dans l'élasticité qu'il doit vaincre et dans celles qui lui appartiennent à lui-même, une résistance qu'il ne peut surmonter : nous allons nous en assurer par la comparaison des effets.

De même qu'il faut des quantités différentes des mêmes acides, pour produire le même degré de saturation avec différentes bases alcalines, il faut aussi différentes quantités de calorique pour produire le même degré de saturation dans différents corps, ou, ce qui est la même chose, pour les élever d'une même température à une autre température déterminée.

Le calorique spécifique, ou la quantité comparative de calorique qui peut produire un même effet, un même degré de saturation avec différents corps, correspond donc à la quantité d'un même acide qui est nécessaire pour produire un même degré de saturation, la neutralisation, par exemple, avec différentes bases ou avec la quantité de différents acides qu'il faut pour produire cet effet avec une même base; mais toute l'acidité nécessaire pour produire la neutralisation peut être déterminée, au lieu qu'on ne peut que comparer les quantités de calorique par les effets constants qu'elles produisent dans une substance qui sert d'objet de comparaison.

Un acide devient latent dans une combinaison; son acidité reparaît lorsqu'une autre substance vient partager l'action qu'il exerçait sur la base avec laquelle il était combiné sans concurrence.

Ainsi le calorique sensible est celui qui passe d'une combinaison dans une autre qui n'est pas au même degré de saturation : il s'établit un équilibre de saturation, et les proportions qui sont nécessaires pour cet effet dépendent des affinités pour le calorique comme pour un acide, et de la quantité pondérale de la base; l'un et l'autre deviennent latents jusqu'à ce qu'une force supérieure les oblige à passer dans une autre combinaison, ou plutôt à subir un nouveau partage. Le combiné prend des qualités qui dépendent des proportions qui le composent, et les forces antagonistes se saturent selon l'élément qui domine; mais comme l'alcalinité est la force antagoniste d'un acide, c'est la force de cohésion qui l'est du calorique.

119. Le calorique latent est donc celui qui, dans les mêmes circonstances, conserve son état de

combinaison; mais dans d'autres circonstances il peut devenir à son tour calorique sensible : or le calorique spécifique étant la quantité de calorique qui peut devenir sensible en quittant une combinaison dans une étendue déterminée de l'échelle thermométrique, comparée à celle qu'abandonne une autre combinaison dans cette même circonstance, il ne diffère du calorique latent que par la saturation comparative que l'un et l'autre produisent.

En procurant la liquidité aux corps solides, le calorique met leurs parties en état d'exercer leur affinité mutuelle ; c'est ainsi que les corps solides et non solubles dans l'eau deviennent par la fusion capables de former une substance vitreuse qui est homogène, et qui peut prendre la forme cristalline déterminée par la figure de ses parties, quand la température s'abaisse, c'est-à-dire quand son action diminue, comme il arrive dans les dissolutions par l'eau.

De même qu'un liquide peut dissoudre une plus grande quantité de deux substances salines que d'une seule, parce que l'action mutuelle de ces deux substances concourt avec celle qu'il exerce, le calorique liquéfie plus facilement deux corps solides, dont les parties exercent une affinité mutuelle que s'il agissait sur ces corps isolés, comme on le voit dans les alliages qui sont plus fusibles que les métaux qui les forment, et comme on l'observe dans la vitrification où les terres non vitrifiables servent de fondants à d'autres terres qui seules résisteraient également au degré de chaleur qui produit alors la vitrification.

Lors donc que le calorique procure la liquéfaction des corps solides, soit immédiatement, soit par l'action intermédiaire d'un liquide, il agit comme les dissolvants, et sous ce point de vue il peut leur être assimilé ; comme eux, il n'opère la liquéfaction réciproque qu'en diminuant l'effet de l'affinité des parties de chaque corps, par un effet analogue d'affinité. Plus il se trouve surabondant dans une combinaison, plus ses propriétés dominent, et plus la substance devient élastique : alors son action devient nuisible à la combinaison de cette substance avec une autre qui n'acquiert pas la même élasticité, et il peut être considéré comme un dissolvant qui opère la séparation de deux substances.

120. Avant que de détruire la force de cohésion, ou de séparer une substance par la volatilité qu'il lui communique, il faut que sa proportion se soit accrue jusqu'à un certain terme; alors il s'accumule subitement (114), et lorsque son action cède à celle des forces opposées, les corps se retrouvent avec lui dans les mêmes proportions.

Si nous portons notre attention sur la liquéfaction même produite par un dissolvant, nous y reconnaissons des effets pareils.

L'eau commence par se combiner avec un solide, jusqu'à ce que sa force de cohésion soit assez affaiblie ; alors le solide se dissout tout-à-coup, il prend immédiatement l'état liquide sans passer par des états intermédiaires : un autre liquide se dissout en toute proportion si sa pesanteur spécifique n'y met obstacle ; mais plus l'eau est abondante, moins celle qui est superflue tient à la combinaison ; si par l'évaporation ou par l'action d'une autre substance, l'eau se sépare de la dissolution, le corps solide reprend son état en retenant la même quantité d'eau qu'il avait au moment où il était passé à l'état liquide.

Si l'on ne veut pas regarder cette conformité entre les propriétés du calorique et celles d'une substance qui subit une combinaison, comme une preuve rigoureuse de son existence substantielle, on ne pourra se refuser à convenir que l'hypothèse de son existence n'a aucun inconvénient, avec l'avantage de n'introduire dans les explications des phénomènes que des principes généraux et uniformes.

(191.) Quoique le calorique spécifique d'une substance ait un rapport constant avec les dilatations qu'elle éprouve à différentes températures, et qu'il soit probable qu'il y en ait un entre les dilatations des différentes substances et leur calorique spécifique, on ignore encore quel il peut être dans la plupart des circonstances : on voit seulement que les dilatations des fluides élastiques indiquent moins de calorique spécifique que celles des liquides, et celles-ci que les dilatations des solides ; ainsi la condensation d'un métal est accompagnée d'un dégagement de calorique beaucoup plus grand qu'une condensation semblable dans une même quantité pondérale d'un gaz.

Il me paraît donc que plus la condensation d'une substance augmente, plus la quantité de calorique qui s'en sépare par un même changement de dimensions est grande, ou en d'autres termes, que le calorique est dans un état d'autant plus condensé, que sa quantité diminue ; ce qui est conforme à l'action croissante des affinités lorsque la proportion diminue.

Toute la quantité de calorique qui peut former le calorique spécifique paraît donc avoir un rapport constant avec l'état d'expansion d'une substance, mais non avec son calorique absolu ; par exemple, le calorique spécifique de la vapeur de l'eau n'a point de rapport avec celui de l'eau : quand la vapeur est réduite en liquide il ne s'en est dégagé que le calorique qui la réduisait en état gazeux, et tout celui qui appartient à l'eau n'a point influé sur ce phénomène ; il en est de même du calorique que l'eau peut abandonner jusqu'à ce qu'elle soit réduite en état de glace, et qui forme le calorique spécifique de l'eau; mais la glace peut retenir et retient probablement une quantité de calorique beaucoup plus grande que celle qui s'est dégagée depuis l'état de vapeur jusqu'à celui de la congélation; puisque l'action chimique s'accroît à mesure que la proportion d'un élément diminue, il faut donc qu'il se trouve beaucoup plus condensé que celui qui constituait la vapeur.

Il y a cette différence, sur laquelle j'insisterai ailleurs, entre les substances solides et liquides, et les fluides élastiques, que lorsque ceux-ci subissent une forte combinaison, ils éprouvent une condensation beaucoup plus grande. Cette condensation doit être incomparablement plus considérable dans le calorique que dans les autres substances qui lui doivent à lui-même leur état élastique.

Si le calorique n'était pas plus condensé dans les corps à mesure que leurs molécules se rapprochent, ou plutôt si celui qui est le plus voisin de chaque molécule n'était pas dans un plus grand état de condensation que celui qui s'en trouve à une plus grande distance, les caloriques spécifiques devraient être proportionnels aux dilatations : on conçoit donc comment sa quantité doit toujours correspondre au volume ou à la pesanteur spécifique d'un même corps, pourvu que sa tension reste la même ; car ayant la propriété de se combiner avec tous les corps, il abandonne celui dont les molécules se rapprochent, parce qu'il est chassé, pour ainsi dire, par celui qui se trouve autour des molécules dans l'état de condensation qui est déterminé par leur action, pour produire dans les autres corps une dilatation au moyen de laquelle il se trouve encore dans un état de condensation qui convient à l'action qu'il éprouve.

122. Je n'ai considéré jusqu'ici le calorique que dans les effets qu'il produit sur les corps, et par conséquent dans les circonstances où il exerce une action sur eux : j'ai fait voir que cette action était parfaitement analogue à celle d'une substance qui se combine; mais l'élasticité dont il jouit dans un degré éminent lui donne une propriété qui le distingue des combinaisons dans lesquelles cette force ne contribue point aux effets, et dont nous pouvons prendre une idée, en considérant ce qui se passe dans une faible combinaison d'une substance élastique, par exemple, dans une dissolution d'acide carbonique par l'eau, d'autant plus que c'est lui-même qui est le principe de cette propriété dans toutes les substances qui la possèdent.

Si après avoir saturé l'eau d'acide carbonique à une certaine pression de l'atmosphère, on vient à diminuer cette pression, une partie de l'acide carbonique s'échappe et reprend l'état élastique; le dégagement de ce gaz a également lieu, si l'on augmente son élasticité en élevant la température : plus ces deux causes de séparation seront énergiques, plus grande sera la quantité de l'acide carbonique qui reprendra l'état élastique.

Le même phénomène a lieu dans le calorique combiné avec une substance : si les circonstances qui sont nécessaires pour qu'un corps échauffé prenne un certain degré de température, viennent à s'affaiblir, une partie du calorique s'échappe et conserve son état élastique, jusqu'à ce qu'il le perde en se combinant avec un corps; c'est alors le calorique rayonnant dont je vais examiner les propriétés.

123. Le calorique rayonnant apperçu par Mariote fut soumis à l'expérience sous le nom de chaleur obscure, par Lambert; Schéele le distingua plus particulièrement sous le nom d'*ardeur rayonnante* (1); Saussure s'en occupa ensuite (2); mais c'est sur-tout le citoyen Pictet (3) qui en a fait connaître les propriétés par des expériences très-délicates.

(1) Traité chim. de l'Air et du Feu, p. 118.

(2) Voyages dans les Alpes, tom. IV; édit. in-8°.

(3) Essais de Phys.

Schéele observa que le calorique rayonnant est réfléchi par les miroirs métalliques, qui ne reçoivent aucune chaleur par son action, mais qui s'échauffent si l'on noircit leur surface ; qu'il est absorbé par le verre qui ne transmet que la lumière, laquelle peut être réfléchie ensuite par un miroir métallique sans chaleur ; que l'air n'en reçoit point de chaleur, pendant qu'un corps échauffé lui en communique ; que par cette raison l'haleine d'une personne placée dans un courant de calorique rayonnant est visible en hiver, quoiqu'une température beaucoup moins sensible la rende invisible en été ; que par la même un courant d'air n'est point affecté par le calorique rayonnant ; de sorte qu'une lumière y conserve sa direction, et qu'il ne produit pas dans les ombres cette ondulation qu'excite un corps chaud avec lequel il se trouve en contact.

Le calorique rayonnant s'échappe donc des corps échauffés et placés dans l'atmosphère sans produire de lumière, ou bien il est confondu avec la lumière : dans ce dernier cas, il est réfléchi par les miroirs métalliques avec la lumière ; mais il est absorbé par les miroirs et par les lentilles de verre qui ne réfléchissent ou ne transmettent que la lumière, jusqu'à ce que le verre soit assez échauffé pour donner lui-même du calorique rayonnant.

Lors donc que Pictet a éprouvé les variations

d'un thermomètre exposé dans un récipient à l'influence d'une bougie, ce n'est pas le calorique rayonnant, envoyé directement par la bougie, qui produisait les variations, mais celui qui provenait du verre échauffé, et c'est avec cette modification qu'il faut adopter ses résultats.

Le calorique rayonnant est absorbé ainsi après des réflexions plus ou moins multipliées par la surface des corps environnants, plus promptement par les uns, par exemple par les corps noirs; plus lentement par les corps blancs : le poli des surfaces contribue aussi à sa réflexion, et alors il paraît être réfléchi entièrement par les corps métalliques; il finit par se combiner en entier si les corps voisins parviennent à un parfait équilibre de température, et ce n'est qu'autant qu'il se combine qu'il produit quelqu'effet sur eux.

Si au contraire cet équilibre est rompu, une partie du calorique combiné dans les corps les plus chauds, se dégage sous la forme de calorique rayonnant, et vient se combiner avec les corps d'une température inférieure; une conséquence de cet effet, ainsi que l'a fait voir Pictet, est qu'un corps froid placé au foyer d'un miroir concave métallique, produit un abaissement dans le thermomètre qu'on a mis au foyer d'un autre miroir concave qui se trouve vis-à-vis du premier, comme si le froid lui-même pouvait être réfléchi. Il prouve que l'un et l'autre effet ne diffèrent que par la direction selon laquelle se meut l'émanation du calorique, et selon le degré de tension qu'il a dans les corps; de sorte que par les circonstances, un effet devient l'inverse du premier. Ce savant physicien a observé les différences que présente le calorique rayonnant dans le vide, dans la vapeur de l'eau, et dans le gaz de l'éther sulfurique. Il n'en a trouvé que dans l'intensité de cette propriété, qui est un peu plus grande dans le vide que dans la vapeur de l'eau, et dans celle-ci que dans le gaz éthéré. On peut donc regarder comme une propriété générale des gaz de donner un passage libre au calorique rayonnant, et il paraît que plus est grande leur expansion, plus ils possèdent cette propriété; cependant il ne faut pas l'y considérer comme absolue.

Au contraire, les liquides ne paraissent pas permettre la transmission du calorique rayonnant, ou du moins il est si promptement absorbé, que cet effet peut être regardé comme nul, et la tension du calorique qui est en raison directe de l'élévation de température, et inverse de la capacité de calorique, ne doit être considérée dans les liquides, et à plus forte raison dans les solides entre eux, que comme une tendance à l'équilibre de saturation.

124. Il résulte de la propriété que l'air pos-

sède, selon l'observation de Schéele, ainsi que les autres gaz, de ne pas se combiner avec le calorique rayonnant, que lorsqu'il se fait dans l'air une combustion ou un dégagement de calorique dû à une autre cause, il n'y en a qu'une partie qui soit employée immédiatement à rehausser sa température ; de sorte qu'un thermomètre exposé à l'influence du calorique rayonnant, peut quelquefois tromper sur la température de l'air, puisqu'il peut absorber le calorique rayonnant qui ne se combine pas avec l'air.

Ce n'est qu'au calorique rayonnant qu'on peut faire une application rigoureuse de la dénomination de calorique libre ; mais en le désignant ainsi, il ne faut pas perdre de vue qu'il ne produit un effet réel sur les corps, que lorsqu'il entre en combinaison avec eux, et que son existence n'est encore prouvée que dans les fluides élastiques.

CHAPITRE III.

De l'action de la lumière et du fluide électrique.

125. LA lumière contribue beaucoup aux phénomènes chimiques, elle détermine plusieurs
combinaisons, elle est produite au moyen de
plusieurs autres : c'est donc l'un des agents dont
il convient de reconnaître les propriétés caractéristiques ; mais on doit toujours distinguer les
conséquences où conduisent l'observation et l'analogie relativement aux êtres qui ne peuvent être
soumis au poids et à la mesure, des déterminations qui sont assises sur cette base invariable.
Lorsque les corps changent de dimension, ils
prennent ou ils abandonnent du calorique, selon
que leurs nouvelles dimensions sont plus res-
serrées ou plus étendues ; si ces changements se
font avec rapidité, ils sont accompagnés non-
seulement de chaleur, mais encore de lumière ;
ainsi le fer devient chaud et lumineux par une
percussion vive, le muriate oxigéné de potasse
détonne avec le soufre et les autres corps facilement combustibles, par le moyen d'une simple
percussion, et il s'en dégage beaucoup de lu-

mière ; un mélange de fer et de soufre, convenablement humecté fait perdre son élasticité au gaz oxigène , et selon que l'absorption est plus ou moins prompte, plus ou moins abondante , il ne se dégage qu'une chaleur à peine sensible , mais prolongée , ou une chaleur plus vive , ou enfin une combustion accompagnée de beaucoup de lumière , et les résultats plus ou moins lents sont les mêmes.

Il est inutile d'accumuler des faits si notoires, pour en tirer les conclusions qu'ils présentent, et qui sont, en les combinant avec ceux qui ont été exposés précédemment; 1°. que lorsque les dimensions d'un corps diminuent , le calorique qui excède la proportion qu'il doit contenir, passe en combinaison dans les corps voisins, en y produisant la dilatation qu'exige son introduction , suivant la quantité et la capacité de ces corps ; 2°. que si le phénomène se passe dans un gaz , une partie du calorique prend l'état de calorique rayonnant , qui passe ensuite en combinaison , soit avec les corps liquides , soit avec les corps solides ; 3°. que dans ce dernier cas , si la quantité du calorique qui est éliminée est considérable , ou plutôt si l'élimination est rapide , il se dégage plus ou moins de lumière ; 4°. que les combinaisons produisent en cela des effets analogues à ceux de la compression mécanique ; mais ces effets sont ordinairement beaucoup plus considérables, parce que la puissance de l'affinité est beaucoup plus énergique que les puissances mécaniques qui sont à notre disposition, ou que nous pouvons observer ; cependant comme l'action des deux éléments d'une combinaison sur le calorique peut varier considérablement, selon celle que l'un et l'autre pouvaient exercer dans l'état isolé, et selon leur affinité réciproque, les résultats de la combinaison peuvent être très-différents, et ne répondent point à l'énergie qui la produit.

126. Selon cette théorie adoptée par le plus grand nombre des chimistes, la lumière peut se fixer dans les corps, et elle reprend par là les propriétés du calorique combiné; en effet, les corps colorés, et sur-tout s'ils sont noirs, s'échauffent en l'absorbant; les corps blancs s'échauffent beaucoup moins, parce qu'ils la réfléchissent ; les verres la transmettent pour la plus grande partie, mais ils en absorbent une petite quantité, et prennent en conséquence un peu de chaleur ; lorsqu'elle est recueillie dans le foyer des lentilles, ou réfléchie dans celui des miroirs concaves, elle produit tous les effets du calorique accumulé par tout autre moyen, avec cette différence que les corps en subissent d'autant plus l'effet, qu'ils sont plus opaques ou plus colorés.

Cette différence dans le mode de communica-

tion entre le calorique et la lumière, se fait remarquer dans une expérience indiquée par
Schéele : « En exposant, dit-il, aux rayons du
» soleil deux thermomètres égaux, dont l'un est
» rempli d'esprit-de-vin coloré d'un rouge foncé,
» et l'autre d'esprit-de-vin non coloré, la liqueur
» rouge s'élèvera bien plus promptement que la
» blanche ; mais si vous mettez ces deux ther-
» momètres dans l'eau chaude, leurs liqueurs
» monteront en même temps »

De même le calorique rayonnant devient calorique combiné, lorsqu'il est fixé ; mais ce qui
le distingue de la lumière, c'est qu'il est absorbé
plus facilement, et par des corps qui transmettent la lumière ; les verres et les liquides transparents, ne donnent point de passage au calorique rayonnant ; mais ils en donnent un à la
lumière (123). Il paraît donc qu'il faut admettre
cette distinction entre le calorique rayonnant
et la lumière ; que le premier possède moins les
qualités d'une éminente élasticité, ou qu'il est
doué d'une moindre vélocité : cette différence
ne dépend que des circonstances de leur émission, puisque l'un peut prendre la nature de
l'autre, et qu'ils peuvent ensuite remplir les
fonctions du calorique, lorsqu'ils obéissent à
l'action des corps ; mais l'un et l'autre ne produisent aucun effet, qu'autant qu'ils entrent en
combinaison.

127. Si l'observation indique que le calorique rayonnant et la lumière remplissent les fonctions du calorique, en se fixant dans les corps qui n'éprouvent pas de changement dans leur combinaison, et en perdant les propriétés qui les caractérisaient ; si par conséquent on est fondé à les regarder comme une seule et même substance qui ne diffère que par l'état dans lequel elle se trouve, il y a cependant quelques combinaisons chimiques qui paraissent éprouver des effets différents de la lumière et de la chaleur, et qui sembleraient conduire à les considérer comme des substances distinctes ; ainsi, lorsque l'acide nitrique est exposé à la lumière, il s'en dégage du gaz oxigène, et il se forme du gaz nitreux ; la chaleur, au contraire, dégage le gaz nitreux de l'acide nitrique : l'acide muriatique oxigéné abandonne son oxigène par l'action de la lumière, et il peut, par celle de la chaleur, être distillé sans décomposition ; les effets produits dans d'autres combinaisons paraissent les mêmes ; par exemple, lorsqu'on expose à l'action de la lumière une dissolution de prussiate de potasse, dans laquelle on a mêlé un peu d'acide, la dissolution est promptement décomposée ; une partie de l'acide prussique est dégagée, parce qu'elle reprend l'état élastique ; une autre partie se précipite en prussiate de fer : lorsque l'on fait subir l'ébullition à cette dis-

solution, elle subit la même décomposition; mais si elle ne reçoit que la température qu'elle aurait prise par l'action de la lumière, elle n'éprouve point de changement.

Il faut examiner quelles sont les circonstances qui peuvent produire ces effets qui n'annoncent quelquefois qu'une différence dans l'énergie de l'action de la lumière et de la chaleur, et qui paraissent prouver d'autres fois qu'il y a une distance plus grande entre elles; il convient pour cela d'en suivre quelques-uns dans leurs détails, en comparant les deux agents qui les produisent.

128. Nous devons au célèbre comte de Rumford des expériences très-intéressantes sur les effets de la lumière solaire, ainsi que sur ceux de la chaleur (1).

Je diviserai ces expériences en deux classes; celles dans lesquelles il a produit avec la dissolution d'or une couleur pourpre, et avec la dissolution d'argent une couleur jaune brune, et celles dans lesquelles il a obtenu une réduction de ces métaux.

Il a donc imprégné de dissolution d'or de la soie blanche, de la toile de lin et de coton, de la magnésie blanche, et en exposant ces substances à la lumière du soleil ou à la chaleur

_____

(1) Philosop. papers. vol. I.

d'une bougie, elles ont pris une belle couleur pourpre ; mais dans l'obscurité elles n'ont subi aucun changement. Lorsqu'elles n'étoient pas humides, la chaleur et la lumière y produisaient peu d'altération ; mais en les humectant, l'effet avait lieu.

Avec la dissolution d'argent les mêmes substances prenaient une nuance de jaune brun, mais elles n'acquéraient point de couleur dans l'obscurité sans chaleur.

J'ai fait sur le muriate d'argent quelques expériences qui peuvent jeter du jour sur ces résultats. Schéele avait observé que le muriate d'argent recouvert d'eau et exposé à la lumière, abandonnait de l'acide muriatique, de sorte que l'eau qui surnageait formait avec la dissolution d'argent un nouveau précipité de muriate ; mais il avait supposé que l'argent noircissait, parce que la lumière l'avoit rapproché de l'état métallique en lui donnant du phlogistique. Pour expliquer les effets de la lumière d'une manière plus conforme à l'observation (1), j'avais présumé que le muriate d'argent laissait exhaler son oxigène, lorsqu'on l'exposait à la lumière, de même que l'acide muriatique oxigéné, qu'il prenait une couleur noire en se rapprochant par là de l'état métallique, et qu'il abandonnait l'acide muriatique

(1) Journ. de Phys. 1786.

avec lequel il ne pouvait plus rester en combinaison dans cet état. J'ai soumis cette ancienne conjecture à l'expérience.

Le muriate d'argent recouvert d'eau, puis
exposé aux rayons du soleil pendant plusieurs
jours, n'a laissé dégager dans le commencement
que quelques bulles qui paraissent n'être dues
qu'à l'air adhérent au muriate d'argent, et
chassé par l'eau ; car, passé le premier effet, il
ne s'est plus dégagé de gaz, quoique la quantité de muriate d'argent fût assez considérable,
et qu'il ait fallu l'agiter plusieurs fois pour en
renouveler la surface exposée aux rayons de la
lumière : l'eau qui était devenue acide, rougis-
sait le papier teint avec le tournesol, sans détruire sa couleur ; elle ne contenait donc pas
de l'acide muriatique oxigéné ; saturée avec la
soude, elle a donné par l'évaporation du muriate de soude ; le muriate noirci par la lumière
se dissout en entier dans l'ammoniaque, comme
celui qui a conservé sa blancheur.

C'était donc sans fondement que j'avais supposé que dans ce cas l'oxigène était déterminé
par l'action de la lumière à reprendre l'état élastique, et à abandonner le métal.

J'ai exposé à la chaleur le muriate d'argent
noirci par la lumière dans une petite cornue de
verre placée sur le sable ; il s'est fondu en se
combinant avec le verre ; il ne s'est point dégagé

d'oxigène, mais de l'acide muriatique. On a
soumis du muriate d'argent qui n'avait pas
éprouvé l'action de la lumière à une chaleur
moins forte, et l'on a observé qu'il noircissait
avant d'entrer en fusion, et qu'il s'en dégageait
en même temps un peu d'acide muriatique; mais
point d'oxigène. Il paraît donc que la lumière ne
fait qu'occasionner la séparation d'une portion
de l'acide muriatique qui est combiné dans le
muriate d'argent, et que la chaleur seule peut
produire le même effet.

Du muriate d'argent laissé dans un lieu
obscur, mais exposé à un courant d'air, y a
noirci assez promptement, comme s'il eût subi
l'action de la lumière : l'air a donc favorisé le
dégagement de cette partie d'acide muriatique
qui doit se séparer pour que le muriate d'argent prenne une couleur noire, et cette séparation peut être l'effet de causes très-différentes.

Il y a apparence que le muriate d'or éprouve
le même effet que le muriate d'argent, et que
la lumière, ainsi que la chaleur, en sépare une
partie de l'acide, mais que l'intermède de l'eau
favorise cet effet, puisque les substances sèches
n'ont pas pris la couleur pourpre. La couleur que
prennent les combinaisons de l'or et de l'argent
est celle même des oxides de ces métaux lorsqu'ils
dominent : ce qui explique la remarque de Rumford, que les couleurs qu'on obtient, ressemblent

à celles des chaux dans lesquels on fait entrer
ces oxides.

129. Je passe aux expériences dans lesquelles
Rumford, dirigé par celles que Mistriss-Fulhame
avait faites précédemment, a obtenu la réduction des deux métaux. Il a exposé à la lumière
du soleil un flacon qui renfermait des morceaux
de charbon et une dissolution d'or : bientôt
l'or a été complètement réduit; la dissolution
d'argent a éprouvé une réduction semblable ;
les métaux forment une couche brillante sur
le verre auquel ils s'appliquent, ou ils se
déposent en pellicules et en cristaux à la surface du charbon. De pareils flacons furent en-
fermés dans des cylindres de fer-blanc, et exposés
à la chaleur de l'eau bouillante, et l'événe-
ment fut le même, de sorte que la chaleur de
l'ébullition de l'eau produisit un effet pareil à
celui des rayons du soleil ; ce qui est contraire à
l'idée que Rumford s'était faite de la haute température que la lumière peut communiquer aux
molécules sur lesquelles elle porte son action,
ainsi qu'il l'observe lui-même, avec la candeur
qui le caractérise.

J'ai répété ces expériences sur la dissolution
d'argent, en adaptant au flacon un tube pour
examiner le gaz qui pourrait se dégager, et j'ai
obtenu dans l'une et l'autre circonstance un
mélange de gaz nitreux et d'acide carbonique :

j'ai également exposé à l'action de la lumière
et à celle de l'eau bouillante, de l'acide nitrique
dans lequel j'avais mis des fragments de charbon, et il s'est également dégagé dans l'une
et l'autre épreuve du gaz nitreux et de l'acide
carbonique.

130. Rumford a soumis à l'action de la lumière
la dissolution du muriate d'or dans l'éther, et
il a observé qu'elle rendait promptement à l'or
l'état métallique, pendant que cette dissolution
se conservait dans l'obscurité sans éprouver d'altération ; la dissolution d'or, et celle d'argent,
mêlées avec l'huile de thérébentine et d'huile
d'olive, exposées ensuite, soit à l'action de la
lumière, soit à celle de la chaleur, se sont également réduites ; mais l'alcool n'a pu produire
l'effet de ces huiles, et les dissolutions qui ont
été mêlées avec lui se sont maintenues dans l'une
et l'autre épreuve.

Les huiles se sont colorées par l'action qu'elles
ont exercée dans cette réduction : il est facile
de voir que l'hydrogène a produit ici les mêmes
effets que le charbon dans les expériences précédentes, et de là vient que les huiles ont éprouvé
le changement qu'on observe dans toutes les
circonstances où elles perdent une portion d'hydrogène, et où le carbone devient prédomi-
nant ; Rumford n'a pu observer la même altération dans l'éther, parce que, comme il con-

tient une moindre proportion de carbone, il peut supporter une beaucoup plus grande perte d'hydrogène, sans prendre sensiblement plus de consistance, et sur-tout sans se colorer.

Il me paraît donc que dans les premières expériences de Rumford, le métal est resté dans l'état d'oxide, et qu'il n'a fait que perdre une partie de son acide qui l'a abandonné pour s'unir à l'eau, soit par le moyen de la lumière, soit par la chaleur ; ce qui est resté d'acide a été un obstacle à la réduction du métal, par la même raison qu'une substance terreuse et vitrifiable empêche par son action les oxides de se réduire, lorsqu'ils entrent dans les émaux ou dans les verres ; c'est donc le concours d'une affinité qui empêche que l'oxigène n'abandonne dans ces circonstances l'oxide d'or et d'argent, quoiqu'il n'y soit que faiblement retenu. Cependant à une haute température, ces affinités auxiliaires ne suffisent pas ; de là vient que les couleurs qui sont dues à l'oxide d'or sur les porcelaines sont plus fugitives que celles des autres oxides, et ne peuvent supporter les opérations qui exigent un grand feu (1).

Dans les dernières expériences l'oxide a été réduit par le charbon et par l'hydrogène de l'éther et des huiles, et la lumière a favorisé

_____

(1) Alex. Brongniart. Journ. des Mines, n°. 67.

cette réduction comme la chaleur ; mais cet effet est limité : on ne l'obtient qu'avec des oxides qui abandonnent facilement leur oxigène ; de sorte qu'en reconnaissant l'identité d'action, on ne peut comparer l'effet de la lumière des rayons solaires qui ne sont pas réunis par le moyen de la réflexion ou de la réfraction, qu'à celui d'une température peu élevée.

131. Jusqu'ici nous trouvons des effets pareils dans l'action de la lumière et de la chaleur, en fesant varier l'intensité de l'une et de l'autre. Cependant la lumière, qui a paru n'avoir qu'une supériorité égale à celle d'une faible élévation de température, dégage le gaz oxigène de l'acide muriatique oxigéné et de l'acide nitrique, et la chaleur ne peut produire cet effet que lorsque les acides sont retenus par un alcali qui les met en état d'éprouver l'action d'une haute température. Examinons de quelles circonstances peut dépendre la différence qui se présente dans cette occasion : son explication pourra s'appliquer à tous les cas semblables.

Rumford a fort bien observé que la lumière devait élever la température des molécules sur lesquelles elle agissait, quoique celle de la substance dans laquelle se trouvaient ces molécules, parût recevoir peu de chaleur : la circonstance qui empêche que la température commune ne mesure l'effet produit sur quelques parties, est celle même qui fait qu'un thermomètre n'indique qu'une petite partie du changement qu'éprouve une petite quantité d'air, comparée à toute la masse avec laquelle elle partage sa température (110). Mais cet effet a beaucoup moins d'intensité que ses premières considérations ne l'avaient porté à le croire.

Dans l'acide muriatique oxigéné, la lumière ne peut être réduite à l'état de combinaison que par l'action de l'oxigène ; c'est à lui que se borne son action : elle peut donc produire sur lui seul les effets d'une haute température ; de sorte qu'il reprend l'état élastique comme il l'aurait fait à une température élevée.

Si la chaleur est communiquée au liquide par un corps échauffé, elle agit également sur tout le liquide dont la température, en s'élevant, rend volatiles l'eau et l'acide muriatique ; de sorte que le liquide passe dans la distillation sans qu'il se soit établi une différence qui puisse produire la séparation de l'oxigène ; mais si l'acide muriatique est retenu par une base alcaline, sa température peut être assez rehaussée pour que le dégagement de l'oxigène ait lieu.

Lors donc que la lumière produit le dégagement du gaz oxigène de l'acide muriatique oxigéné, de l'acide nitrique, d'une plante qui végète, il faut en conclure qu'elle est entrée en combinaison, qu'elle a donné la quantité de calorique qui manquait au gaz qui se dégage, et qu'en élevant sa température elle a augmenté son élasticité; et si le calorique rayonnant ou la chaleur ne peuvent produire le même effet, c'est que dans les circonstances données, ils ne peuvent former une pareille combinaison, ou en isoler l'effet.

132. Ces observations me paraissent confirmer l'identité de la substance de la lumière avec celle du calorique; mais elles confirment indubitablement l'identité de leurs effets avec quelques différences qui ne dépendent que des conditions dans lesquelles elles agissent.

Les couleurs n'ont aucune influence sur l'action du calorique, mais elles rendent les corps plus ou moins propres à fixer la lumière et à la changer en calorique; de sorte qu'un corps blanc, exposé même au foyer d'un verre ardent éprouve des effets beaucoup moins considérables qu'un corps noir, parce qu'il n'y a que la partie de la lumière qui entre en combinaison qui puisse produire des effets chimiques dans une substance.

La lumière est quelquefois fixée par un élément d'une combinaison plutôt que par un autre; de sorte qu'elle agit alors sur lui d'une manière isolée, pendant que le calorique se serait combiné uniformément avec tous les éléments. Ces effets de la lumière solaire ne peuvent être com-

parés qu'à ceux d'une température peu élevée ;
mais si les rayons sont concentrés, ils agissent
avec la plus grande puissance qu'il soit possible de
procurer au calorique ; à en juger par les effets,
le calorique rayonnant paraît être dans un état
intermédiaire entre la lumière et le calorique
combiné.

Tels sont les résultats de l'observation : quelques physiciens ont prétendu que la lumière
était une substance distincte de la chaleur : Deluc
a beaucoup insisté sur leur différence ; mais
Saussure me paraît avoir prouvé la faiblesse des
fondements sur lesquels il a voulu l'établir (1).
Un savant célèbre s'est appuyé récemment sur
quelques phénomènes encore obscurs et d'une
faible intensité pour distinguer les rayons calo-
rifiques des lumineux ; en supposant que cette
distinction se réalisât, elle ne changerait rien
dans l'explication des phénomènes chimiques qui
est fondée sur les effets de la lumière, telle
qu'elle nous parvient.

133. Mais la lumière se divise en rayons différents, et nous supposons que le calorique est une
substance identique ; c'est que nous comprenons,
sous le nom de calorique, le sujet auquel appartiennent indifféremment les propriétés que nous
attribuons au calorique ; comme plusieurs effets

(1) Voyez dans les Alpes, tom. IV, édit. in-8°.

de l'air atmosphérique s'expliquent sans qu'on ait besoin d'avoir égard aux différences des parties qui le composent. Il est donc possible, il est même probable que le calorique renferme plusieurs substances réellement différentes, et qu'il est un genre auquel appartiennent plusieurs espèces ; mais jusqu'ici on a observé peu de différences dans l'action chimique des rayons lumineux ; cependant Schéele a remarqué que le rayon violet agissait plus que les autres sur le muriate d'argent.

Sennebier a examiné l'effet des rayons prismatiques sur cette même substance, et il a déterminé la différence de leur action par celle du temps que chacun d'eux exigeait pour l'amener à la même nuance. Le rayon violet a produit dans quinze secondes le même effet que le rayon rouge dans vingt minutes ; les autres rayons ont été intermédiaires (1) : il y a sans doute beaucoup de connaissances à acquérir sur la physique des couleurs, et la théorie du calorique, ainsi que sur la plupart des autres objets.

134. Si le dégagement de la lumière ne diffère de l'élimination du calorique que par les circonstances de l'émission, on ne doit pas être surpris qu'il puisse être dû à des causes très-différentes ; sa source la plus ordinaire est la com-

(1) Mém. Physico-Chim. tom. III.

binaison de l'oxigène, avec quelque substance inflammable ; mais d'autres combinaisons et la compression même d'une substance peuvent la produire ; il suffit qu'il se fasse sous certaines conditions un changement dans la proportion du calorique d'un corps, ou d'un systême de corps (*Note IX*).

Le calorimètre rend compte de tout le calorique qui se dégage ; mais la combustion qui se fait dans l'atmosphère, laisse toute la partie qui prend l'état de lumière s'échapper, et toute celle qui s'est dégagée en calorique rayonnant se disperser au loin jusqu'à ce que des subtances solides ou liquides aient pu réduire l'une et l'autre à l'état de combinaison.

La lumière paraît être retenue par quelques substances qui changent peu son état élastique, et qui lui permettent de se rétablir facilement par une cause peu active, comme l'on voit l'air atmosphérique adhérer à quelques corps, et s'en dégager facilement. Il est probable que c'est ainsi que quelques corps deviennent lumineux dans l'obscurité, après avoir été exposés à une lumière vive ; mais il ne faut pas confondre cet effet avec celui que présentent d'autres substances qui éprouvent une véritable combustion (*Note X*).

135. Outre les effets qui constituent les phénomènes électriques, l'action du fluide électrique

produit des changements dans les propriétés chimiques des corps, de sorte qu'il favorise la formation ou la décomposition de plusieurs combinaisons; par là il doit être compté parmi les agents chimiques.

Si l'on compare les effets chimiques de l'action de l'électricité avec celle du calorique, on trouve entr'eux la plus grande analogie.

L'étincelle électrique enflamme le mélange du gaz oxigène et du gaz hydrogène, d'où résulte la formation de l'eau, comme le fait une élévation de température; l'une et l'autre favorisent l'évaporation et augmentent la légéreté spécifique des fluides élastiques (1) : l'une et l'autre décomposent l'ammoniaque; et, par le moyen d'un métal, l'eau tenue en dissolution par l'acide carbonique; elles favorisent également la combinaison de l'azote avec l'oxigène ou la production de l'acide nitrique, la combustion du tournesol par l'air (2), ainsi que celle des liqueurs inflammables, le dégagement de l'hydrogène, de l'éther, des huiles et de l'alcool, l'oxidation des métaux, ou selon leur intensité, le dégagement de l'oxigène des oxides (3).

Cependant le fluide électrique n'agit pas toujours comme le calorique qui passe en combi-

(1) Van Marum, 1re suite des Exp. p. 210.
(2) Cavendish. Trans. philos. 1785.
(3) Descrip. d'une très-grande machine électriq. p. 168.

naison par communication immédiate avec une substance; mais son action se concentre sur quelques molécules d'une substance, et alors il produit des effets analogues à ceux que nous avons remarqués relativement à la lumière (131); seulement ces effets sont beaucoup plus considérables que ceux de la lumière ordinaire du soleil; ainsi, pendant que cette dernière dégage de l'oxigène de l'eau ordinaire et de l'acide nitrique, le fluide électrique peut en dégager non-seulement de l'acide nitrique, mais même de l'acide sulfurique; il peut décomposer l'eau en entier, lorsqu'on fait passer des commotions à travers des couches de ce liquide, quoique dans d'autres circonstances dont je tâcherai d'expliquer la différence, il en opère la production.

Il ne faut pas conclure de l'identité de ces effets, que les agents sont les mêmes; au contraire, l'observation paraît prouver qu'il y a une différence essentielle entre eux : on observe peu de changement de température par l'action de l'électricité : lorsque les métaux entrent en combustion, c'est à elle seule que la chaleur qu'ils acquièrent doit être attribuée; car si l'on soumet à une forte commotion un métal incombustible, tel que l'or, l'argent ou le platine, on n'apperçoit pas qu'il ait pris une chaleur capable d'opérer sa fusion, ce qui devrait

arriver avec la seule différence d'une plus forte
commotion qui ne produirait la liquéfaction
que par une élévation de température. La chaleur produite dans ce cas me paraît n'être qu'un
effet de la compression que les parties qui se
dilatent le plus exercent sur les autres ; on né
pourrait même rien conclure contre cette opinion, quand on parviendrait à faire rougir un
métal sans le contact de l'oxigène ; puisque la
percussion peut produire cet effet. (*Note XI*.)

L'action du fluide électrique cause dans la
partie des corps sur lesquels elle se porte, une
dilatation telle qu'elle paraît les réduire en gaz
plus facilement que celle du calorique qui parviendrait à les liquéfier, à en juger du moins par
l'effet qu'elle produit sur les métaux, et que Van
Marum a décrit avec tant de soin.

Cette dilatation me paraît propre à expliquer
l'analogie des effets chimiques : dans l'une et
l'autre circonstance la force de cohésion se trouve
diminuée par la distance introduite entre les
molécules, et par là les combinaisons, auxquelles
cet obstacle s'opposait, s'effectuent.

136. Dans ces derniers temps, des effets électriques qui ont d'abord paru avoir un caractère particulier, et dont on a indiqué la cause
sous le nom de *galvanisme*, ont exercé la sagacité des physiciens et des chimistes ; quoique
la série des phénomènes auxquels ce genre d'ob-

servations a donné naissance, mérite de former une partie distincte de la physique; leur connexion avec plusieurs phénomènes chimiques, m'engage à tirer du célèbre Volta (1) une esquisse de la théorie lumineuse qu'il en a donnée.

Tous les phénomènes de la pile ou de l'appareil électro-moteur se déduisent par la théorie de Volta d'une propriété générale que possèdent principalement les métaux.

Les métaux [...] une action mutuelle, relativement à l'état électrique qui leur est naturel [...] équilibre d'électricité pendant qu'ils sont isolés, ils se partagent inégalement celle qui leur appartient dès qu'ils sont en contact; les uns se surchargent de fluide électrique aux dépens des autres, mais d'une manière inégale, de sorte que cet effet est plus grand entre certains métaux que d'autres; on peut composer une [...] de métaux sous ce rapport, et ceux qui forment les deux termes extrêmes de la série sont le zinc, qui prend de l'électricité à tous les autres, et l'or ou l'argent qui en cèdent à tous. Les métaux intermédiaires en prennent à ceux qui occupent des places inférieures dans la série, et en donnent à ceux qui remplissent des places supérieures.

Cette propriété n'est pas limitée aux métaux, le charbon peut être comparé aux métaux

(1) Ann. de Chim. Phim. an 10.

qui sont le plus disposés à donner du fluide électrique par le contact, et l'oxide de manganèse cristallisé en cède une plus grande quantité, même que l'or ou l'argent.

Pendant que les métaux restent isolés dans leur contact, cette action mutuelle ne produit qu'un premier effet ; mais s'ils ont une communication établie d'un côté avec un réservoir d'électricité, de l'autre avec des corps conducteurs, le métal qui a cédé du fluide électrique à un autre, par exemple, l'argent qui en a donné au zinc, en reçoit du réservoir, et le pousse continuellement dans le zinc qui le transmet aux corps conducteurs ; il s'établit ainsi un courant continu ; une substance conductrice liquide, telle que l'eau, reçoit donc le fluide électrique qui passe de l'argent au zinc ; mais si elle communique avec une plaque d'argent qui soit elle-même en contact avec une plaque de zinc, et qui exerce pareillement une action mutuelle, l'effet des deux dernières plaques est accru de celui des deux premières ; d'où résulte une plus grande tension dans l'électricité qui se dégage ; de là toutes les propriétés de la pile, dont l'action augmente en raison arithmétique du nombre de ses éléments ; mais si la pile est isolée, cette action de ses éléments accumule le fluide électrique dans la partie supérieure, aux dépens de la partie inférieure, de sorte que la moitié

14..

supérieure surchargée de fluide électrique, se
trouve dans un état positif, et la moitié inférieure dans un état négatif, pendant que le
centre de ces forces, qui se contrebalancent,
reste dans l'état naturel.

Cependant le courant électrique qui s'établit
avec une pile qui n'est pas composée de nombreux éléments, n'a pas une tension qui produise un effet sensible sur les électromètres,
mais on peut augmenter la tension de l'électricité
qui provient de cette pile par le moyen d'un con-
densateur, et déterminer l'augmentation qu'elle
reçoit en augmentant les éléments, par le moyen
d'un électromètre dont la graduation a été établie
sur les effets comparables des étincelles produites
par un électrophore : c'est ainsi que Volta a pu
mesurer l'action de chaque élément de la pile,
et l'action composée de tous ses éléments.

Il prouve de plus, par la rapidité avec laquelle
un grand réservoir se charge au contact le plus
instantané de la pile, en prenant la même tension d'électricité que la pile, que la quantité de
fluide électrique qui circule dans un temps
donné, est beaucoup plus grande que celle qu'il
pourrait recevoir même d'une vaste machine
dans le même intervalle de temps.

Cette propriété de la pile, de donner le mouvement à une grande quantité de fluide électrique, en rend les effets analogues à ceux d'une

bouteille de Leide, dont l'action se soutiendrait
sans interruption, et rend raison de tous les
phénomènes qu'il paraissait jusques là naturel
d'attribuer à une action chimique des substances
mises en présence ; action qui semblait perpé-
tuer les effets électriques.

Il faut distinguer ici l'action des conducteurs,
et les décompositions chimiques qui ont lieu.
Plus les liquides intermédiaires entre les éléments de la pile sont bons conducteurs, plus le
courant est rapide, et plus les effets sont sensibles, sans qu'on ait besoin de faire intervenir
leurs propriétés chimiques : Volta a prouvé que
ce n'était que par cette propriété que le muriate de soude, le muriate d'ammoniaque, l'acide
nitrique, etc. augmentaient les effets de la pile,
tels que la commotion qu'on peut en recevoir,
sans accroître la tension du fluide électrique.

Priestley avait déjà remarqué que l'alcali *caustique*, et que l'acide muriatique ne pouvaient
rendre visible l'étincelle électrique, d'où il avait
conclu, *qu'ils doivent être de bien meilleurs
conducteurs de l'électricité que l'eau et les autres
substances fluides* (1). Morgan a fait la même
observation sur tous les acides minéraux (2).

Les dimensions en surface des éléments de la

(1) Exp. et obs. sur diff. espèces d'acid. vol. I, p. 321.
(2) Trans. philos. 1785.

pile et des cartons humides qui sont interposés produisent un effet particulier dont Volta convient qu'il ne peut donner qu'une explication probable. Un appareil électromoteur ainsi composé de plaques larges, produit un grand effet sur les métaux dont il procure facilement la combustion, ainsi que l'ont fait voir Hachette, Tenard, Fourcroy et Vauquelin (1), et cependant la tension du fluide électrique n'est pas plus grande que celle d'une pile ordinaire, non plus que les commotions qu'elle excite.

Volta conjecture que cette différence dépend de ce que le corps humain, plus mauvais conducteur que les métaux, oppose une résistance au courant électrique mu avec une faible tension, et que cette résistance plus grande empêche que la quantité du fluide électrique n'augmente en raison de ce que peuvent en fournir les grandes plaques, pendant que les fils métalliques peuvent la recevoir et en subir l'influence (2).

Quant aux effets chimiques qui ont lieu, ils paraissent n'être que des conséquences de l'action électrique, et nous avons déjà observé que l'électricité favorisait plusieurs combinaisons et plusieurs décompositions, comme le faisait une élévation de température, et que pour produire cet effet il suffisait que l'électricité tendit à

(1) Journ. de l'Ecole Polyt. tom. IV.
(2) Bibl. Brit. vol. XIX.

écarter les molécules des corps qu'elle affecte, parce qu'elle détruit par là l'obstacle de la force de cohésion ; le calorique lui-même ne favorise les combinaisons et les décompositions que comme une force opposée à celle de la cohésion.

L'action par laquelle deux substances en contact se font un partage différent du fluide électrique qui convenait à leur état isolé, n'est pas propre aux seuls métaux et à quelques substances solides analogues, elle appartient encore, comme l'a fait voir Volta, aux liquides ; de sorte que l'action mutuelle de deux liquides différents peut produire un courant électrique, pourvu qu'un métal interposé serve alors de conducteur ; un troisième liquide peut même remplacer le métal.

138. Cependant plusieurs physiciens ont continué de recueillir des faits intéressants sur la nature et sur l'action de cette électricité. Wollaston entre autres (1) a fait voir qu'un fil métallique extrêmement mince et recouvert d'une couche de verre pouvait, par son extrémité découverte, décomposer l'eau même, avec une machine électrique d'une force médiocre ; de sorte qu'il est prouvé qu'il suffit de rétrécir les dimensions du passage de l'électricité pour produire cet effet, quoiqu'en elle même elle soit peu considérable. Van Marum a confirmé d'une

_____

(1) Bibl. Britan. tom. XVIII.

manière lumineuse l'identité du courant du fluide électrique mu par une pile ou par une machine électrique (1).

139. Toutefois il existe encore une différence entre la manière dont l'eau est décomposée par l'électricité ordinaire ou par celle de la pile : la première sépare dans toutes les expériences connues jusqu'à présent les deux éléments de l'eau, et les dégage confondus en un seul fluide élastique ; mais par l'action de la pile l'hydrogène s'échappe du fil métallique qui communique avec l'argent, c'est-à-dire avec l'extrémité de la pile qui a l'électricité négative et l'oxigène de celui qui communique avec le zinc ou à l'extrémité animée de l'électricité positive. Il paraît, si l'on ne veut admettre des propriétés inconciliables avec celles qui sont le mieux établies en physique, que l'on doit expliquer ce dégagement isolé de chacun des éléments de l'eau, d'une part à la propriété que l'eau a de recevoir, ainsi que toutes les combinaisons connues, des proportions différentes des substances qui la composent, lorsque les forces qui produisent sa composition se trouvent contrariées par d'autres forces ; d'autre part à la propriété qu'il faut supposer dans l'électricité positive de favoriser plus le dégagement de l'oxigène, et dans l'électricité néga-

(1) Ann. de Chim. Frim. an 10.

tive, d'être au contraire plus favorable au dégagement de l'hydrogène, mais la circonspection qu'il convient de s'imposer dans les recherches physiques, conseille d'attendre que l'expérience ait prononcé sur un objet qui conserve encore quelqu'obscurité, et il est probable qu'on ne tardera pas à en recevoir une réponse décisive.

La chimie a acquis par ces découvertes qui font époque dans l'histoire des sciences, un agent dont l'énergie sera peut-être portée à un degré qu'on ne fait qu'entrevoir, et qui donnera le moyen de produire dans la formation et la décomposition des combinaisons chimiques des effets inattendus et supérieurs, dans quelques circonstances, à ceux qu'il est possible d'obtenir de l'action du calorique.

CHAPITRE IV.

Du calorique considéré relativement aux combinaisons.

139. CE qui a été exposé au chapitre premier ne concerne que l'effet du calorique sur les corps isolés; mais les résultats que nous avons recueillis de l'observation ne peuvent plus s'appli-

quer aux changements qui s'opèrent lorsque les mêmes substances entrent en combinaison avec d'autres, et sur-tout lorsqu'elles éprouvent en même temps des altérations dans leur constitution.

Lorsqu'il se forme une combinaison énergique, on voit toujours une chaleur plus ou moins considérable accompagner l'acte de la combinaison; ainsi, lorsque les alcalis se combinent avec les acides, il y a toujours de la chaleur dégagée: cet effet a lieu dans la combinaison qui produit la liquéfaction d'un solide, tel que la chaux, et même dans celle qui opère le dégagement d'une substance élastique, comme l'acide carbonique; de sorte que l'on voit par cela seul combien il serait illusoire de regarder comme un principe d'une application générale, celui qui ne serait établi que sur la considération d'un genre de ces phénomènes.

Dans la dissolution des sels, et dans la liquéfaction de la glace, il se produit du froid, ou il s'absorbe du calorique, cependant il y a un acte de combinaison, et les effets varient par différentes circonstances; c'est qu'alors plusieurs causes agissent, que leurs effets peuvent se contrebalancer, et qu'ils ne donnent pour résultat que l'excès des uns sur les autres.

Comme cet objet a exercé la sagacité de plusieurs physiciens, je l'examinerai avec quelques détails, je tâcherai de fixer les circonstances qui font varier les résultats en comparant les effets qu'on observe dans les corps isolés avec ceux qui ont lieu dans les dissolutions et dans les combinaisons, selon l'énergie de l'affinité qui produit celles-ci ; enfin, avec ceux qui sont accompagnés d'un changement considérable de constitution.

140. Lorsqu'un liquide tel que l'eau passe à l'état solide, il se fait un dégagement de chaleur, comme lorsque de l'état de vapeur elle passe à l'état liquide ; seulement il est beaucoup plus considérable dans cette dernière circonstance : l'observation fait voir que lorsque les corps passent de l'état liquide à l'état solide, ils éprouvent une condensation : et si l'eau et quelques autres substances augmentent de volume, on ne doit l'attribuer qu'à l'arrangement des molécules qui cristallisent ; d'où il suit que lorsque les corps passent de l'état liquide à l'état solide, il s'effectue par la prédominance de l'affinité réciproque un rapprochement des molécules, qui est analogue à celui qui a lieu lorsque les vapeurs passent à l'état liquide, mais qui est beaucoup moins considérable, parce que les volumes sont alors beaucoup moins compressibles.

Ce rapprochement des molécules, dû à la prépondérance de l'affinité réciproque, est accompagné d'une élimination de calorique dont la proportion est toujours déterminée pour les dimensions actuelles d'un corps.

Lorsqu'il se forme une combinaison, il se fait aussi un rapprochement des molécules, qui est d'autant plus grand pour l'état actuel des corps, que la combinaison est plus énergique ; mais en même temps il y a des changements d'état, de sorte qu'une substance solide peut devenir liquide par l'influence de celle avec laquelle elle se combine : examinons d'abord ce qui se passe, lorsque l'action de la combinaison est faible telle qu'elle est dans les dissolutions ordinaires.

141. Lorsque deux liquides agissent, il y a toujours condensation de volume, et en même tems dégagement de calorique, ainsi qu'on l'observe dans l'union des acides et des alcalis liquides, et même dans l'union de l'alcool avec l'eau ; mais si un liquide dissout un solide, deux causes agissent, et sur les dimensions et sur le calorique : le corps, qui passe de l'état solide à l'état liquide par l'action du dissolvant, éprouve une modification semblable à celle qui serait due à sa liquéfaction par le calorique, et opposée à celle qu'on remarque lorsqu'il passe de l'état liquide à l'état solide ; c'est-à-dire, qu'il éprouve une augmentation dans ses dimensions, et que par là même il absorbe et rend latente

une certaine quantité de calorique ; mais, d'un
autre côté, la combinaison produit un effet opposé, elle diminue les dimensions, et elle dégage du calorique : le résultat dépend de celui
de ces effets qui domine, de sorte qu'un
acide, en dissolvant la glace, peut donner
de la chaleur, si celle qui devrait résulter de son
union avec la même quantité d'eau, surpassait
celle que la glace doit absorber pour se réduire
en eau ; mais il produira un effet contraire
si l'absorption du calorique par la glace, l'emporte sur le dégagement dû à la dissolution
d'une même quantité d'eau : d'où il suit que
l'effet doit varier par la concentration de l'acide,
c'est-à-dire par la quantité d'eau qu'il tient en
dissolution, et qui a déjà produit son effet,
par la proportion de la glace sur laquelle il
agit, et par l'action qu'il peut exercer sur la
force de cohésion, à certaines températures.
Ces effets observés par Wilke, et sur-tout par
Cavendish, ont été présentés d'une manière
lumineuse par les auteurs du mémoire sur la
chaleur. « Si le mélange d'un acide avec une quan-
» tité donnée d'eau, produit de la chaleur, en
» mélant cet acide avec la même quantité de
» glace il produira de la chaleur ou du froid,
» suivant que la chaleur qui résulte de son
» mélange avec l'eau est plus ou moins consi-
» dérable que celle qui est nécessaire pour fondre

» la glace; on peut donc supposer à cet acide
» un degré de concentration que nous nom-
» merons K., tel qu'en le mettant avec une partie
» infiniment petite de glace, il ne produise ni
» froid ni chaleur. Cela posé, le plus grand froid
» que puisse produire le mélange de l'acide avec
» la glace, est celui auquel l'acide concentré
» au degré K, cesse de dissoudre la glace; on
» peut déterminer le *maximum* de froid sans le
» produire, en observant, à des degrés de froid
» moindres, la loi qui existe entre les degrés
» du thermomètre et les degrés correspondants
» de concentration auxquels l'acide cesse de dis-
» soudre la glace ».

142. On observe les mêmes effets dans la dissolution des sels par l'eau ou dans celle de la
glace qu'ils opèrent.

On doit à Lowitz une observation qui rend le
contraste très-sensibles. Il a fait voir (1) que la
potasse et la soude desséchée qui produisent une
chaleur considérable en se dissolvant dans l'eau,
donnent au contraire un froid remarquable,
lorsqu'étant dans l'état cristallin, on opère leur
dissolution dans l'eau, et beaucoup plus grand
lorsqu'on les fait agir sur la glace ou sur la
neige.

Ces alcalis ne diffèrent alors relativement au

(1) Ann. de Chim. tom. XXII.

calorique, qu'en ce que, dans la cristallisation, ils en abandonnent une partie, et qu'ils éprouvent une contraction dans leur volume; mais ils reprennent ce calorique en se dissolvant dans l'eau, et ils subissent une dilatation de volume égale à la contraction précédente; par conséquent la quantité d'eau qu'ils retiennent dans leur cristallisation, a fait ou occasionné une perte de calorique qui équivaut à toute celle qui aurait produit la chaleur qui se serait dégagée, si après les avoir fortement desséchés on les eût dissous dans l'eau; il résulte en effet des observations de Watson (1) et de Vauquelin (2), qu'il y a une dilatation de volume par la dissolution de tous les sels neutres par l'eau. Lorsque ces sels dissolvent la glace, l'effet se compose de celui qu'ils auraient produit sur une même quantité d'eau, et de celui du calorique que cette quantité aurait absorbé pour passer de l'état de glace à l'état liquide.

Le degré de froid qui provient de la dissolution mutuelle des sels et de la glace serait donc beaucoup plus considérable que celui qui est dû à la liquéfaction de la glace par les acides, qui produisent de la chaleur avec l'eau, s'ils pouvaient en dissoudre une quantité égale; mais

(1) Trans. philos. 1773.
(2) Ann. de chim. tom. XIII.

cet effet est limité, parce que la force de cohésion des sels augmente beaucoup plus rapidement par le froid que celle des acides, et qu'elle
suspend, pour ainsi dire, leur action, comme
on le verra ci-après.

Cependant l'avantage reste à quelques sels, et
le même Lowitz a fait voir que le muriate de
chaux était la substance la plus propre à produire un grand refroidissement, de sorte que c'est
par les proportions de ce muriate qu'il a déterminées, que Fourcroy et Vauquelin ont congelé
l'ammoniaque et l'éther (1), et que Pepys (2) a
solidifié 56 livres de mercure.

C'est donc par leur solubilité à une température basse, que les sels doivent principalement
les différences qu'ils présentent, en donnant du
froid par leur action : ce qui le confirme, c'est
que le sulfate de soude produit à peine un refroidissement avec la glace, parce que comme
l'a observé Blagden (3), dès que l'eau qui le
tient en dissolution s'abaisse un peu au-dessous
du terme de la congélation, il cristallise et se
sépare (4) ; mais si on le dissout par l'acide nitrique, pourvu qu'il soit dans l'état cristallisé,
il produit un très-grand froid, comme l'a éprouvé

(1) Ann. de Chim. tom. XXIX.
(2) Bibl. Britan. nº. 140.
(3) Trans. philos. 1788.
(4) Ibid. 1788.

Walker (1), et il peut remplacer la neige pour cet objet : le phosphate de soude et le sulfate de magnésie ont la même propriété.

L'action mutuelle des sels est si faible, qu'elle change peu leur volume respectif : elle diminue cependant leur force de cohésion, et augmente par là leur solubilité; il résulte de là que ce mélange doit augmenter la propriété frigorifique des sels, et c'est ce que Blagden et Walker ont établi; mais si un sel par lui-même est très-soluble, l'addition d'un autre sel n'augmente pas sensiblement son action, comme Walker l'a observé pour le muriate de chaux.

La plupart des sels qui sont privés d'eau de cristallisation, font monter le thermomètre en se dissolvant dans l'eau; de sorte que l'effet de la condensation qui est due à la combinaison, l'emporte alors sur celui du passage de l'état solide à l'état liquide ; mais cette propriété des sels desséchés n'est pas générale; Walker remarque que le muriate d'ammoniaque, quoiqu'évaporé jusqu'à dessication, produit cependant un froid considérable; il y a apparence que cette combinaison et toutes celles qui sont dans le même cas, éprouvent une dilatation considérable en se dissolvant dans l'eau.

143. Il y a d'autres phénomènes parallèles à

_____

(1) Nicholsons, journ. sept. 1801.

ceux que je viens d'analyser, et sur lesquels
Blagden a fait des observations très-intéressantes.
Ce savant physicien a fait voir que les sel sabais-
sent le terme de la congélation de l'eau, chacun
en raison simple de la quantité qui est tenue
en dissolution, et que l'effet qu'ils peuvent produire sur la glace est proportionnel au degré
de température auquel ils peuvent faire descendre l'eau, sans qu'elle puisse se congeler; de
sorte que la glace qu'ils peuvent liquéfier à une
température, est égale à la quantité d'eau dont
ils peuvent empêcher la congélation à ce même
degré.

Il a observé qu'un sel ajouté à la dissolution
d'un autre abaissait le terme de la congélation
de cette dissolution presque d'une quantité égale
à l'abaissement qu'il produirait par sa seule
action, et que le même effet avait lieu si l'on
ajoutait un troisième sel au précédent; de sorte
qu'on peut juger par la quantité des sels qui
peuvent être maintenus en dissolution par une
proportion d'eau, et par la température à laquelle ils la maintiennent elle-même dans l'état
liquide sans se précipiter, de la quantité de
glace qu'ils pourront dissoudre, et du degré de
froid qu'ils pourront produire.

Il fait remarquer que la température à laquelle
les sels peuvent abaisser le thermomètre, est
limitée par cette circonstance; de sorte que s'il

se trouve une grande proportion de sel, l'effet est prolongé, le froid se maintient à un degré constant; et la liquéfaction de la glace continue, jusqu'à ce qu'elle ait pu absorber successivement tout le calorique qui lui est nécessaire pour se réduire en eau, et tout celui qu'exigerait le même sel pour se dissoudre dans l'eau.

144. Les expériences de Vauquelin (1) jettent encore du jour sur l'effet que produit le mélange des sels: il a fait voir que lorsqu'on dissolvait du muriate de soude dans la solution saturée d'un autre sel, il arrivait souvent qu'il n'y avait pas production de froid, qu'il se dégageait au contraire quelquefois du calorique, et qu'il s'en dégageait toujours lorsqu'il y avait précipitation d'une partie du sel préalablement dissous. Ces observations s'expliquent par la petite condensation que l'action mutuelle des sels doit nécessairement produire dans leur volume, quoique leur solubilité se trouve augmentée par les raisons qui seront développées dans la suite.

Relativement au calorique, l'effet qui est dû à la concentration du volume diminue celui qui est à la dilatation qui serait produite, si les sels se dissolvaient séparément, et lorsqu'il y a dépôt d'une partie du sel, il faut ajouter à cette première quantité tout le calorique qui se dégage

(1) Ann. de Chim. tom. XIII.

du sel qui prend de l'eau en se séparant, comme dans une cristallisation ordinaire; mais si les sels agissent sur la glace, leur augmentation de solubilité domine dans le résultat.

On voit cependant par là pourquoi Blagden a trouvé que l'addition d'un sel ne procurait pas au terme de la congélation de l'eau tout l'abaissement qu'il aurait pu produire étant séparé, il en faut déduire tout l'effet de la condensation du volume produit par l'action réciproque; la liquéfaction de la glace par le mélange des sels doit aussi être diminuée de cette même quantité; ainsi tous ces phénomènes se correspondent,

Les compensations des effets produits par la dissolution et par les altérations de volume qui dépendent de l'action chimique et du passage de l'état solide à l'état liquide, n'ont pas lieu dans le passage de l'état liquide à l'état élastique, parce que l'action mutuelle des gaz n'apporte aucun changement dans le volume qu'ils doivent occuper (109); ainsi, les observations précédentes ne doivent pas s'appliquer à l'évaporation.

145. Dans la plupart des faits que je viens d'exposer, l'effet de la liquéfaction l'emporte sur celui qui est dû à la combinaison; il n'en est pas de même lorsque celle-ci a quelqu'énergie; alors l'action de la combinaison couvre et ne laisse point appercevoir l'effet qui est dû à la

liquéfaction ; ainsi , les alcalis desséchés produisent de la chaleur en se dissolvant dans l'eau ; mais cette chaleur est beaucoup plus considérable, si on les combine avec un acide qui exerce une action beaucoup plus puissante que l'eau ; cet effet varie selon le degré de concentration de l'acide ; s'il s'est déjà dégagé beaucoup de calorique par sa combinaison avec l'eau , il s'en élimine beaucoup moins lorsqu'il se combine avec l'alcali , parce que la condensation qu'il a éprouvée avec l'eau diminue celle qu'il subit en se combinant avec l'alcali , et que celle que l'eau a éprouvée est rétablie en partie , puisque par la combinaison de l'acide avec l'alcali , elle reçoit une restitution dans son volume , qui équivaut à la diminution de l'action exercée sur elle.

166. Lorsque les combinaisons qui se forment sont accompagnées d'un grand changement de constitution , les phénomènes deviennent plus compliqués ; on n'apperçoit plus de rapport entre les changements de volume et les températures qui s'établissent ; ainsi, lorsqu'on dissout un carbonate d'alcali dans un acide un peu concentré , il se dégage beaucoup d'acide carbonique , et cependant il y a production de chaleur ; dans la dissolution du cuivre par l'acide nitrique , il y a liquéfaction du cuivre , dégagement d'une grande quantité de gaz nitreux , et cependant grande production de chaleur : dans

la détonation du nitrate de potasse avec le charbon, un développement de beaucoup de chaleur est accompagné de la formation d'une grande quantité de gaz.

Il faut se rappeler, 1°. que les gaz reçoivent par les mêmes changements de température des accroissements de volume qui sont beaucoup plus considérables que ceux des liquides, et sur-tout des solides (112); 2°. que lorsque les fluides élastiques sont retenus dans une combinaison, leur tendance à l'élasticité est un effort qui continue à agir, et qui produit son effet dès que la force qui le maintenait se trouve assez affaiblie.

Lors donc qu'une substance gazeuse peut se former, soit parce que cette même substance éprouve une résistance moindre que celle qui la contenait, soit parce qu'elle est le produit d'une combinaison qui se forme, elle doit s'échapper en gaz, et cependant elle n'exige pour cela qu'une quantité de calorique qui ne produirait qu'un petit changement dans les dimensions de la substance qui reste solide ou liquide.

On voit par là comment l'acide carbonique qui se dégage dans le premier exemple que j'ai donné, peut occuper un volume beaucoup plus considérable qu'auparavant, et quoiqu'il n'absorbe qu'une partie du calorique éliminé par la combinaison.

Cependant cet effet de l'action d'un acide sur un carbonate n'est pas général ; mais ses exceptions sont propres à faire distinguer les effets produits par la combinaison de ceux qui sont dus à la formation du fluide élastique, ainsi que l'a fait Lavoisier (1).

La solution de carbonate d'ammoniaque qui contient une grande proportion d'acide carbonique, a donné un peu de froid avec l'acide nitrique ; mais en enlevant au carbonate une portion de l'acide carbonique par la chaux, il y a eu production de chaleur, et d'autant plus que la quantité d'acide carbonique enlevée par la chaux était plus grande.

Dans le second exemple, l'oxigène qui s'est combiné avec le cuivre a peut-être éprouvé toute la perte de calorique qui a été nécessaire au gaz nitreux pour prendre l'état élastique ; de sorte que toute la chaleur provenant de l'action de l'acide nitrique sur l'oxide a pu se dégager.

Pour l'explication du troisième cas, il faut encore observer que les circonstances qui avaient réduit l'oxigène à l'état solide ont changé, et il ne faut plus le comparer qu'à ce qu'il aurait été s'il se fût trouvé dans l'état élastique ; on voit alors que la combinaison a réellement été accompagnée d'une grande réduction de volume.

(1) Mém. de l'Acad. 1777.

147. Cependant il ne faudrait pas conclure que la quantité de calorique qui se dégage a des rapports constants avec les dimensions qui s'établissent même dans les combinaisons qui restent dans l'état solide et dans l'état liquide ; cette conclusion ne peut s'appliquer rigoureusement qu'aux substances isolées et qui ne subissent pas de combinaison : la différence de l'action des éléments qui entrent en combinaison sur le calorique, les changements qui résultent de leur action réciproque et qui varient par les températures, altèrent considérablement le résultat ; ainsi l'oxigène retient la plus grande partie de son calorique dans l'acide nitrique, et il en abandonne beaucoup plus dans d'autres combinaisons, dans lesquelles il éprouve une condensation moins grande ; mais l'observation nous apprend que quoiqu'il n'y ait point de rapport entre les quantités, il y a cependant toujours élimination de calorique, lorsqu'une substance passe d'une combinaison plus faible en une combinaison plus forte, à moins que cet effet ne puisse être déguisé par celui des changements de volume qui accompagnent les changements d'état ; ainsi le gaz oxigène qui se combine avec le gaz nitreux, abandonne un peu de calorique, il en abandonne encore en s'unissant avec l'eau, puis en se combinant avec un alcali. Il n'y a parmi toutes les combinaisons

connues jusqu'à présent, que l'acide muriatique suroxigéné, et quelques oxides métalliques que l'on puisse conjecturer faire une exception.

148. Il résulte de tout ce qui précède, que l'effet immédiat de toute combinaison est une élimination de calorique, que cet effet peut être déguisé dans les combinaisons faibles, par les changements de dimensions qui proviennent du passage de l'état solide à l'état liquide, ou de celui de liquide à l'état de fluide élastique; mais que lorsqu'elles sont énergiques, l'effet de la combinaison relativement au calorique, l'emporte toujours sur celui de la dilatation accidentelle du volume, et que néanmoins il n'y a pas dans les combinaisons, entre les changements de dimensions et les éliminations de calorique, les rapports qu'on observe entre les substances isolées; de sorte que l'on tomberait dans une erreur, si l'on établissait comme principe général que la dilatation est toujours accompagnée de refroidissement, et dans une autre, si l'on prétendait que la combinaison produit constamment de la chaleur. Ces effets peuvent quelquefois se compenser, ou l'excès de l'un sur l'autre produit le résultat.

149. Le calorique qui se dégage pendant une binaison est une quantité aussi constante que celui qui est déterminé par les dimensions d'un corps isolé, mais on ne peut pas la conclure des dimen-

sions qui se sont établies, comparées à celles qui précédaient ; d'autres conditions qui dérivent, soit de l'affinité des éléments de la combinaison, soit de leur action réciproque, limitent la proportion dans laquelle il y entre, et l'état de condensation dans lequel il s'y trouve. C'est avec cette modification des rapports du calorique avec les dimensions, qu'il faut appliquer aux corps isolés et aux substances qui subissent une combinaison les principes qui ont été établis (103).

Non-seulement on a souvent confondu ces deux genres de phénomènes, mais encore le calorique spécifique, ou la quantité de calorique combiné, qu'un corps peut prendre ou abandonner, en passant d'une température déterminée à une autre, avec tout le calorique combiné ou le calorique absolu : je vais tâcher de fixer l'état de nos connaissances sur cet objet.

Crawford a prétendu établir en principe que les capacités de calorique ne changent pas pendant qu'un corps conserve son état, d'où il a conclu que la capacité de calorique d'un corps était proportionnelle à son calorique absolu ; de sorte que par l'un il a cherché à déterminer quel était l'autre.

150. Les gaz et les vapeurs suivent tous les mêmes lois de dilatation, ainsi qu'on l'a vu ; ils prennent tous à une même température une

quantité de calorique proportionnelle aux dimensions qui sont déterminées par la compression; ainsi l'on peut dire que leur capacité de calorique est proportionnelle à leurs dimensions; mais on ne connaît pas quelles sont les différences de ces capacités entre elles, et quelle quantité de calorique chaque gaz exige pour parvenir à une même dilatation : on ignore encore si ces capacités changent par des élévations de température, quoiqu'elles conservent le même rapport entre elles, mais si l'on fait attention que le gaz oxigène n'a qu'une faible capacité de calorique, pendant que certaines combinaisons font voir qu'il en contient une grande proportion, on trouvera probable que les capacités de calorique des gaz éprouvent de grandes variations à des températures éloignées : pour les liquides, et particulièrement l'eau, les expériences de Deluc et de Crawford paraissent prouver qu'elles restent les mêmes dans l'intervalle thermométrique qui sépare la congélation et l'ébullition; dans cet espace, l'action des molécules sur le calorique et leur action réciproque, ne paraissent pas éprouver de changement assez considérable pour qu'il en résulte un effet sensible dans les capacités, ou du moins s'il y a quelque variation dans le terme qui approche de la congélation, et sur-tout dans celui qui approche de l'ébullition, parce que le passage d'un état à l'autre qui a une

influence sur les dilatations en a probablement
une sur la capacité du calorique ; on peut, pour
l'explication des phénomènes, adopter cette constance dans le calorique spécifique ; mais ce que
l'on a observé dans cette partie de l'échelle
thermométrique ne peut plus s'appliquer aux
différentes températures que peuvent recevoir
les corps solides.

Ceux-ci prennent l'état solide, non parce que
leurs molécules se touchent, il y a apparence
qu'elles sont encore à de très-grandes distances
relativement à leurs dimensions ; mais parce que
l'action qu'elles exercent sur le calorique et par
laquelle elles le condensent, est en équilibre
avec leur action réciproque plus on rapproche
leurs parties, plus le calorique qui reste se trouve
condensé, et plus forte est l'affinité qui le retient.

Cette supposition qui est fondée sur les attributs de l'affinité, me paraît réalisée par les observations que j'ai présentées sur l'accumulation
du calorique, lorsque son action devient plus puissante que celle de la force de cohésion ou de
la compression, et sur la distinction qu'il faut
établir entre le calorique spécifique de la glace,
de l'eau, de la vapeur de l'eau qui est formée
sous différentes compressions à la chaleur de
l'ébullition, ou qui est exposée à des degrés
supérieurs de température (120, 121).

Il devrait résulter de là que le calorique spécifique des corps solides augmente à mesure que leurs dimensions diminuent ; mais d'un autre côté, par les élévations égales de température, les dimensions vont en croissant en plus grande proportion, et la résistance de la cohésion diminue : l'expérience n'a point appris si ces effets se compensaient, ou si l'un était plus grand que l'autre. Je conclus donc qu'il n'y a aucun rapport connu entre les capacités de calorique des corps solides à différentes températures, quoique dans la petite étendue de l'échelle thermométrique qui sépare la congélation et l'ébullition de l'eau, ces changements puissent être assez petits pour n'être pas sensibles, puisque les dilatations que ces degrés de chaleur produisent, sont elles-mêmes extrêmement petites.

151. Crawford a donné une grande extension aux principes qu'il avait d'abord adoptés sur la constance des capacités de calorique pendant que les corps ne changeaient pas d'état ; il a déduit des variations de capacité qu'il a observées dans une combinaison malgré même les changements d'état qu'ont pu avoir subi ses éléments, l'absorption ou le dégagement de calorique qui devait s'être opéré : ainsi il a expliqué les phénomènes de la respiration par la capacité de calorique de l'acide carbonique qui se forme, comparée à celle du gaz oxigène.

Je négligerai ici les incertitudes qui provien-

nent de la méthode qu'il a employée pour déterminer les capacités de calorique des substances gazeuses, et de celles qui forment des
combinaisons.

Les auteurs du mémoire sur la chaleur ont
cherché quelle devait être la quantité absolue
de calorique dans l'eau , en déterminant par
l'expérience son calorique spécifique, ainsi que
celui de plusieurs substances avec lesquelles ils
l'ont combinée, et la quantité de chaleur qui
se dégageait dans ces combinaisons ; mais ces
épreuves ont donné des valeurs très-différentes
pour le calorique absolu de l'eau , et leur ont
paru détruire l'hypothèse que le calorique spécifique est proportionnel avec lui : cependant
ils observent eux-mêmes qu'une petite erreur
dans la détermination du calorique spécifique
suffirait pour introduire cette différence , parce
qu'il ne peut être qu'une très-petite quantité,
relativement au calorique absolu ; mais ils ont
fait une autre épreuve dont la conséquence n'a
rien de douteux. Ils ont mêlé une partie de
nitrate de potasse avec huit parties d'eau ; on
sait que dans la dissolution du nitrate de potasse
il y a un réfroidissement produit , et qu'en conséquence le calorique spécifique de la dissolution devrait être plus grand que celui des deux
substances séparées : or le calorique spécifique
de la dissolution qui dépend seulement de l'eau,

et sans y faire entrer tout celui qui appartient au nitrate de potasse, et l'accroissement dont on vient de parler, devrait être de 0,88889, en donnant au calorique spécifique de l'eau la valeur de 1,0000; et l'expérience n'a donné pour le calorique spécifique de la dissolution que 0,81670.

Le nitrate de potasse qui a diminué dans cette expérience le calorique spécifique de l'eau, contient cependant plus de 0,30 d'oxigène, lequel a conservé presque tout le calorique qu'il a dans l'état de gaz; et, selon Crawford, le gaz oxigène a presque cinq fois autant de calorique spécifique que l'eau : on pourrait facilement accumuler de semblables considérations qui démontrent qu'on ne peut rien conclure du calorique spécifique des éléments isolés d'une combinaison, relativement à celui de la combinaison, ni du calorique spécifique d'une substance, relativement à la quantité totale qu'elle en contient, quoique toutes ces quantités soient constantes quand les conditions se trouvent les mêmes.

Comme la proportion du calorique fait varier non-seulement la force de cohésion, mais qu'en changeant les dimensions d'une manière inégale, elle introduit une force qui modifie l'action chimique des différentes substances, il convient de considérer à présent les propriétés qui en dérivent.

~~~~~~

NOTES DE LA IIIᵉ SECTION.

NOTE III.

WEDGWOOD (1) fait contre l'usage du calorimètre deux objections qui méritent d'être examinées d'autant plus qu'elles l'ont empêché de s'en servir pour déterminer les quantités de calorique qui sont représentées par les degrés de son thermomètre ; ce qui aurait établi une comparaison exacte entre les degrés de ce thermomètre ; et ce qui lui aurait donné un avantage dont sont privés même les thermomètres à mercure.

La première de ces objections est fondée sur la propriété qu'a la glace d'absorber une certaine quantité d'eau, ce qui rend selon lui les résultats incertains ; il n'a pas fait attention que les auteurs ont prescrit, lorsque la glace se trouvait au-dessous de zéro, *de la piler, de l'étendre par couches fort minces, et de la tenir ainsi pendant* quelque *temps dans un lieu dont la température soit au-dessus de* zéro. *Il faut observer*, ont-ils ajouté, *qu'au commencement de chaque expérience, la glace est déjà imbibée de toute la quantité d'eau qu'elle peut ainsi retenir.*

On voit qu'avec ces précautions l'eau que la glace peut absorber ne peut point être une cause d'erreur, puisque

(1) Trans. philos. 1784.

la dernière se trouve à cet égard dans le même état avant l'expérience et lorsqu'elle finit.

La seconde objection de Wedgwood porte sur la propriété qu'a l'eau qui vient de se liquéfier de reprendre l'état de glace à la même température : il a fait sur cet objet des expériences curieuses qui prouvent que le contact des corps solides peut réellement produire une nouvelle congélation dans l'eau qui vient de se liquéfier, et qu'ils diffèrent entre eux par le degré de cette propriété : il explique ce phénomène sur-tout par une évaporation qu'il suppose produite par le froid.

Sa véritable cause me parait être l'attraction que le solide exerce et par laquelle il se serait mouillé si l'eau se fut trouvée plus éloignée du terme de la congélation ; mais dans l'état où elle est, cette action suffit pour surmonter ce qu'il restait de force au calorique pour produire la liquidité. C'est donc un phénomène analogue à la séparation d'un sel qui est tenu en dissolution, par le contact d'un cristal du même sel, ou même par un autre corps solide, ou à la congélation de l'eau, qui est déterminée par le contact de la glace (27) ; mais cette cause ne peut produire aucune erreur sensible dans les épreuves qu'on fait avec le calorimètre, et ce qui prouve bien que cette épreuve n'est pas sujette aux incertitudes que suppose Wedgwood, c'est que les mêmes expériences répétées plusieurs fois ont donné des résultats dont les différences étaient très-petites, et telles qu'elles existent dans les expériences de physique qu'on regarde comme très-exactes.

NOTE IV.

Les changements de température qui ont lieu dans l'air qui éprouve une dilatation ou une condensation, et qui abandonne ou prend du calorique selon les dimensions qu'on lui donne, ont reçu différentes explications ; mais toujours dans la supposition qu'ils étaient conformes à l'indication du thermomètre : Cullen qui paraît avoir observé le premier l'abaissement du thermomètre par la dilatation de l'air dans la machine pneumatique, l'attribua au réfroidissement produit par une évaporation ; mais Saussure prouve que l'air desséché par l'alcali fait baisser le thermomètre à-peu-près autant que l'air humide, lorsqu'on le dilate par la pompe pneumatique, qu'alors l'hygromètre reste immobile à la plus haute sécheresse, et que par conséquent l'évaporation ne peut être la cause du froid produit (1). Lambert avait observé que le réfroidissement était d'autant plus considérable, que l'on raréfiait plus promptement l'air, et il l'avait expliqué par des particules de feu entraînées par l'air, et remplacées peu-à-peu par d'autres particules émanées du récipient ; c'est à cette idée un peu vague que Saussure lui-même s'arrête.

Cependant ce célèbre physicien est obligé de faire d'autres suppositions pour expliquer d'autres faits qui dérivent naturellement de la cause que j'ai indiquée : Nollet avait prétendu que lorsqu'on pompait l'air du récipient le plus sec, on voyait toujours se former cette vapeur ou ce nuage qui paraît tomber ou se condenser au bout de quelques instants ; Saussure fait voir que cette apparence n'a pas lieu lorsqu'on a pris les précautions nécessaires pour avoir une dessication par-

(1) Essais sur l'Hygrométrie.

faite; de sorte que la formation de ce nuage exige un air qui ait un certain degré d'humidité, ou que quelque partie de l'appareil contienne de l'humidité : il croit que dans les expériences de Nollet, *il y avait dans les tuyaux de sa pompe une humidité cachée, qui se changeant en vapeurs élastiques, lorsque l'air se raréfiait, s'élançait avec force dans l'intérieur du récipient.*

Il pense que les vapeurs vésiculaires se forment à une distance du cheveu de l'hygromètre qui n'en est pas affecté, et qui marche au sec; ce qui est contraire à l'observation; car lorsque l'air se trouve saturé d'eau au point convenable, on apperçoit à l'instant les vapeurs vésiculaires et les couleurs dont elles brillent dans toute l'étendue du récipient : la dilatation oblige l'eau du cheveu de se réduire en vapeurs; il doit donc marcher au sec, mais lorsque la quantité d'eau tenue en dissolution est suffisante, le froid qui survient en oblige une partie à se réduire en vapeur vésiculaire, parce que son intensité est telle dans ce moment, que son effet l'emporte relativement à la vapeur sur celui de la dilatation; cette partie précipitée par lo froid est bientôt redissoute au moyen de la température communiquée, de sorte que les vésicules disparaissent; si après avoir comprimé l'air on fait cesser la compression, le froid produit par sa dilatation donne également naissance à la vapeur vésiculaire; mais lorsque l'on comprime l'air, on n'apperçoit point de vapeurs vésiculaires, quoique l'hygromètre marche à l'humide, parce qu'alors la température de l'air est trop élevée, et que c'est aux parois de l'appareil que l'humidité doit se déposer par l'abaissement de température qui succède.

Pictet (1) cite des faits qui le portent à supposer que le feu emporte dans le mouvement qui lui est propre l'eau qui se trouve dans un cheveu hygrométrique, ou la

(1) Essais de Phys. p. 145.

16..

lui rapporte, selon la direction de son mouvement; il emprunte en conséquence de Deluc la qualification de *fluide déférent* qu'il donne au feu auquel il a attribué ce transport de la vapeur.

Cette supposition me paraît incompatible avec l'idée qu'on doit se faire du calorique soit combiné avec une substance, soit rayonnant, et à celle qu'on peut concevoir de la force mécanique du feu qui se meut dans un sens horizontal; de sorte que si les faits étaient inexplicables, ce ne serait pas une raison pour l'admettre. Voici les faits :

Ayant mis un thermomètre et un hygromètre dans un ballon vide d'air, mais rempli de vapeurs aqueuses à la température de 4 degrés, il transporta le ballon dans une chambre voisine, dont la température était précisément au terme de la congélation; l'hygromètre qui marquait 98 degrés marcha à la sécheresse, et au bout de 4 minutes, il ne marquait plus que 91, le thermomètre dans le ballon s'était refroidi d'un degré; l'hygromètre continua à descendre au sec, et quelques minutes après il n'était plus qu'à 89; mais, au bout de 20 minutes, le thermomètre du ballon étant arrivé à zéro, il trouva l'hygromètre remonté à 94, et 5 minutes plus tard il fut à 91 ½, où il demeura stationnaire. A peine le ballon était-il resté une minute dans la température plus basse, qu'il avait paru une rosée. Ayant transporté le ballon d'une température plus basse dans une température plus élevée, il observa les mêmes phénomènes dans un ordre inverse.

Pendant que la partie d'une vapeur qui reçoit la première un abaissement de température, se réduit en liquide, celle qui reste dans l'état de vapeur doit conserver à-peu-près la même température, comme il arrive à l'eau dans laquelle il se forme de la glace, parce que la partie qui devient solide la maintient par le calorique qu'elle abandonne; le cheveu s'est donc trouvé dans une vapeur plus

xaró, mais à une température semblable ou peu différente,
il a donc dû marcher au sec jusqu'à ce que la température se soit abaissée et mise en équilibre avec les corps
environnants; alors le cheveu est parvenu à l'état hygrométrique qui convenait à l'humidité et à la température;
dans le cas contraire l'évaporation a eu une influence égale sur
la température, et par conséquent sur l'état hygrométrique.
Ce qui confirme cette explication, c'est que le thermomètre a suivi lui-même cette marche, et il y a apparence
qu'il n'a pas indiqué précisément l'état de la température,
à cause du calorique rayonnant qu'il a pu recevoir du
ballon, ou lui envoyer.

NOTE V.

« On sait depuis long-temps qu'à la même température,
» le ressort d'une même quantité d'air, est à très-peu-près
» réciproque à son volume. Cette propriété est commune à
» tous les gaz, et même à tous les fluides dans l'état de
» vapeurs. Il en résulte qu'à températures égales, deux
» molécules d'air plus ou moins rapprochées se repoussent
» toujours avec la même force; ensorte que si l'on repré-
» sente leur force répulsive par l'action d'un ressort tendu
» entre elles, la tension de ce ressort est la même, quel-
» que soit leur écartement naturel. Concevons en effet une
» masse de gaz ou de vapeurs renfermée dans une vessie
» qui communique avec un tube recourbé, en partie rempli
» de mercure, et supposons que son ressort élève une
» colonne de 75 centimètres de hauteur; concevons ensuite
» qu'en comprimant la vessie, on réduise le gaz à la moitié
» de son volume, il est visible que dans ce nouvel état

» la couche de gaz contigue à la surface du mercure, aura
» une densité deux fois plus grande que dans son premier
» état, et qu'il y aura par conséquent deux fois plus de
» ressorts appuyés sur cette surface; ainsi, puisque suivant
» l'expérience, la hauteur de la colonne de mercure de-
» vient double, il faut que la tension de ces ressorts soit
» la même; cette tension ne change donc point par le
» rapprochement des molécules du gaz; elle ne fait que mul-
» tiplier le nombre des ressorts appliqués sur une même
» surface.

» De là il suit que les molécules d'un gaz n'obéissent
» sensiblement qu'à la force répulsive de la chaleur, et que
» leur action d'affinité les unes sur les autres, est très-
» petite relativement à cette force. Ainsi, leur ressort ne
» dépend que de la température, et la quantité de chaleur
» libre qui existe dans une masse de gaz ou de vapeurs,
» est à température égale proportionnelle à son volume;
» car s'il y en avait plus sous le même volume, dans
» l'état de condensation, que dans celui de dilatation, la
» force répulsive de deux molécules voisines, en serait
» augmentée.

» En diminuant donc d'un tiers ou de moitié le volume
» d'un gaz, il doit s'en dégager un tiers ou une moitié
» de la chaleur libre qui existe entre ses molécules. Si
» l'on pouvait mesurer exactement cette chaleur dégagée,
» on en conclurait la quantité de chaleur libre, contenue
» dans un volume donné de ce gaz; mais cette mesure est
» très-difficile à obtenir au moyen du thermomètre, soit
» parce qu'une partie de la chaleur dégagée se répand sur
» les corps environnants, ou se développe en chaleur
» rayonnante; soit parce que la masse du thermomètre,
» quelque petit qu'il soit, est fort grande relativement à
» celle du gaz que l'on condense. Des expériences faites
» avec le calorimètre la donneraient d'une manière très-

» précise. L'effet de la chaleur ainsi dégagée est sensible
» sur la vîtesse du son; elle produit l'excès de cette vîtesse
» sur celle que donne la théorie ordinaire, comme je m'en
» suis assuré par le calcul.

» Il suit encore de ce qui précède que si l'on conçoit
» des volumes égaux de deux différents gaz renfermés dans
» deux enveloppes de même capacité, et inextensibles; si
» l'on suppose qu'à une température donnée, le ressort
» de ces deux gaz soit le même en augmentant de la même
» manière leur température, l'accroissement de leur ressort
» sera le même, puisqu'il ne dépend que de la température.
» Concevons maintenant que les enveloppes qui les con-
» tiennent, cessent d'être inextensibles; les deux gaz se
» dilateront jusqu'à ce que leurs ressorts soient égaux à
» la pression de l'atmosphère qui environne ces enveloppes ;
» et comme pour chaque gaz le volume est en raison in-
» verse du ressort, les deux gaz prendront le même volume
» et se dilateront également. C'est en effet ce que le citoyen
» Gai Lussac a constaté par un grand nombre d'expériences.
» On voit par ce que nous venons de dire, que ce fait
» intéressant est lié à celui de l'accroissement du ressort
» des gaz en raison inverse de leur volume, et par con-
» séquent à ce principe général que la force répulsive des
» molécules des gaz est indépendante de leur écartement
» mutuel, et ne dépend que de la température ».

NOTE VI.

Le comte de Rumford a fait une expérience curieuse
sur la chaleur qui peut être produite par le frottement (1) ;

(1) Essais, vol. II.

il a fait mouvoir avec rapidité un foret obtus dans un
cylindre de bronze de 13 livres, poids anglais, et il a
observé que le foret avait, dans l'espace de deux heures,
par une pression qui équivalait à 100 quintaux, réduit
en poudre 4115 grains de bronze, et qu'il s'était dégagé
pendant cette opération une quantité de chaleur qui aurait
amené 26,38 livres d'eau, de la température de la congélation à celle de l'ébullition, il n'a pas trouvé de différence entre le calorique spécifique de la poudre métallique, et celui du bronze qui n'avait pas subi de frottement; ce qui lui fait croire que la chaleur n'est due
qu'à un mouvement imprimé, et non au calorique, tel que
le considèrent la plupart des chimistes.

Je me bornerai à examiner si le résultat de cette expérience oblige de renoncer à la théorie du calorique, considéré comme une substance qui entre en combinaison
avec les corps, et si l'on ne peut pas en donner une
explication satisfaisante par l'application des lois déduites
de la comparaison de ses autres effets.

En regardant le dégagement du calorique comme l'effet
de la diminution de volume produite par la compression,
ce n'est point la limaille seule qui a dû contribuer à
ce dégagement; mais toutes les parties du cylindre de
bronze, quoique d'une manière très-inégale, par l'effort
d'expansion de la partie qui était la plus comprimée, et
qui éprouvait la plus haute température sans pouvoir prendre
les dimensions qui convenaient à cette température, sur les
parties les moins échauffées et les moins dilatées, de sorte
qu'il y a dû avoir une condensation de métal relativement
à ses dimensions naturelles, qui diminuait depuis le lieu
de la compression la plus forte jusqu'à la surface : supposons l'effet uniforme dans tout le cylindre.

Il a dû se dégager par la diminution de volume une
chaleur égale à celle qui aurait produit une augmentation

pareille de volume en supposant que les chaleurs spécifiques du métal ne changent pas dans cette étendue de
l'échelle thermométrique, et que les dilatations soient uniformes; ce qui doit s'éloigner peu de la réalité pour des
températures et des dilatations voisines. Toute la chaleur
qui s'est dégagée aurait donné à-peu-près 160 degrés du
thermomètre de Réaumur au cylindre, et si la dilatation
du bronze par la chaleur était égale à celle qu'on a re-
connue dans le fer qui est de $\frac{1}{75000}$ pour chaque degré du
thermomètre, les 180 degrés auraient produit une dilatation de $\frac{18}{7500}$ dans chacune de ses dimensions, et la réduction du volume due à la compression supposée égale
à cette augmentation, a dû produire le même degré de
chaleur.

Or la percussion, l'action du balancier, la compression
des filières produisent un changement quelquefois considérable dans la pesanteur spécifique des métaux; il paraît,
par exemple, qu'elle peut l'augmenter de plus d'un
vingtième dans le platine et dans le fer que l'on forge.

On voit donc que l'expérience du comte de Rumford
est bien éloignée d'atteindre les limites d'une explication
fondée sur une propriété connue et incontestable.

Il est facile de faire des rapprochements imposants sur
les phénomènes du calorique; mais si l'on disait à une personne peu habituée aux spéculations chimiques : le cylindre
du comte de Rumford a donné pendant deux heures d'un
frottement violent autant de chaleur que 15 kilogrammes
de glace en auraient absorbé pour se réduire en eau s.
changer de température, ou deux hectogrammes de gaz oxigène pour se combiner avec le phosphore, je ne sais lequel
de ces phénomènes la surprendrait le plus.

Les petits changements qui peuvent survenir dans la
quantité du calorique combiné, ont une si faible influence
sur la capacité du calorique dans une petite étendue de

l'échelle thermométrique , qu'elle devient entièrement inappréciable, et nous n'avons point encore les données nécessaires pour reconnaître quels sont les changements qui ont lieu à cet égard dans un corps solide, selon l'état de condensation dans lequel on l'a mis par une force mécanique et à des températures éloignées.

D'ailleurs , dans l'expérience que Rumford a faite pour examiner la chaleur spécifique de la limaille de bronze qu'il avait formée , il l'a échauffée jusqu'à la température de l'eau bouillante ; mais ce minéral très-élastique a dû reprendre en partie , dès qu'il s'est trouvé libre et surtout dans cette dernière opération , l'état de dilatation et la proportion de calorique qui lui convient à une certaine température , et par là l'effet de la compression qu'il avait éprouvée a dû disparaître en partie , comme on voit qu'un métal écroui reprend ses propriétés dans le recuit.

NOTE VII.

« Voici , dit Deluc (1) , une expérience par laquelle
» Watt s'est assuré que l'eau perd proportionnellement
» plus de chaleur par l'évaporation ordinaire que par l'ébul-
» lition. Cette expérience qu'il voulut bien répéter en ma
» présence , il y a six à sept ans , fut faite dans un vase
» de ferblanc , d'environ huit pouces de diamètre, con-
» tenant de l'eau plus chaude que le lieu , et mise en
» évaporation dans l'air libre : ce vase contenait aussi un
» thermomètre qui , en agitant doucement l'eau , indiquait
» exactement les pertes de chaleur qu'éprouvait celle-ci,

(1) Ann. de Chim, tom. VIII, p. 79.

» en même temps que ses pertes de poids étaient indi-
» quées par une balance à laquelle le vase était suspendu.
» Un autre vase semblable à celui-là, contenant une même
» quantité d'eau, à la même température, fut placé à
» une petite distance; mais cette eau était couverte d'un
» papier huilé, peur empêcher son évaporation. Après
» l'expérience, la chaleur perdue par ce dernier vase, fut
» déduite de la perte de chaleur essuyée en même temps
» par le vase où l'eau s'évaporait, et le restant de cette
» perte ayant été comparée à celle du poids, le résultat
» fut que l'eau évaporée considérée seule, avait enlevé à
» ce vase une quantité de feu proportionnellement plus
» grande que n'en contenaient les vapeurs de l'eau bouil-
» lante ».

D'après les principes que j'ai exposés, l'eau qui dans
l'évaporation prend l'état élastique par sa combinaison avec
l'air, doit prendre une quantité de calorique proportionnelle
à son volume réel, et à la température de laquelle dépend
sa tension : or la vapeur de l'eau qui se forme sous la
pression de l'atmosphère, et à un degré de chaleur de
80 degrés doit l'emporter par ces deux conditions sur celle
qui est tenue en dissolution par l'air, sous une même
compression et à une température plus basse.

Il paraît que c'est de cette expérience que Watt a conclu
que la vapeur de l'eau avait d'autant moins de calorique
spécifique, qu'elle était formée sous une plus forte compression.

N'y a-t-il point quelque circonstance qui en a imposé
sur le véritable résultat? Dans le vase qui était à découvert, et dont l'eau avait une température supérieure à
celle de l'air, la partie du liquide qui prenait l'état élastique en se combinant avec l'air, donnait à celui-ci une
légèreté spécifique plus grande que si l'air eût été échauffé
au même degré sans se combiner avec l'eau, il a donc

dû s'établir un courant plus rapide sur le vase découvert que sur l'autre, et une beaucoup plus grande quantité d'air a dû s'échauffer et contribuer au réfroidissement du premier.

NOTE VIII.

DELUC prétend (1) que le mercure est de tous les liquides, celui dont les changements dans le volume représentent avec le plus d'exactitude les variations de la chaleur, même dans les températures très-basses; pour établir cette opinion, il suppose 1°. que le mercure n'éprouve pas de contraction en se congelant; 2°. que l'alcool se dilate en se congelant, et que cette dilatation affecte sa marche par les abaissements de température, comme celle de l'eau qui approche de la congélation; mais Cavendish a fait voir que le mercure éprouve une contraction qui équivaut à la dilatation que causerait l'élévation de 404 degrés de Fah : elle paraît même avoir passé dans une expérience de Braun celle de 500 degrés, ce qui donnerait une contraction de $\frac{1}{25}$ de son volume. On n'a point obtenu la congélation de l'alcool par le plus grand froid qu'on ait produit. D'ailleurs rien ne porte à croire qu'il éprouverait une augmentation de volume, si l'on parvenait à le congeler. L'analogie même conduit à penser que c'est une contraction qu'il doit éprouver, puisque les huiles se contractent, selon l'observation de Deluc, et que selon celle de Cavendish l'acide nitrique et l'acide sulfurique subissent le même effet; de sorte que la contraction, qui est une conséquence de l'accroissement de l'action réciproque, paraît être le

(1) Recherch. sur les Mod. de l'Atm. tom. II.

phénomène le plus général, et la dilatation qu'on a observée dans la congélation de l'alcool mêlé avec l'eau, ne doit être attribuée qu'à la dernière.

Il n'y a aucune raison de croire que la contraction qu'éprouve un liquide qui passe à l'état solide, ne produit pas un effet dans les degrés de température qui précèdent celui de leur congélation, comme la dilatation qui est due à la cristallisation en produit un contraire, et comme le fait également la dilatation qui est due à la chaleur; car Deluc a fait voir que plus les liquides approchent de la vaporisation, plus les dilatations qu'ils éprouvent par un même degré de chaleur sont grandes.

Il y a donc dans tous les liquides deux causes qui empêchent que leur dilatation et leur condensation ne soient une mesure exacte des changements de température : la première est la dilatation progressive qu'ils éprouvent en approchant de la vaporisation, la seconde est la dilatation ou la condensation auxquelles ils sont sujets en approchant de la congélation, et les effets de ces deux causes se compliquent et varient selon la distance qui les sépare dans chaque liquide.

La marche du mercure doit être plus régulière dans les degrés élevés de température que celle de l'alcool, et celle des huiles qui diffèrent à cet égard selon leur volatilité. Dans les degrés inférieurs, au contraire, l'alcool doit représenter avec plus d'exactitude les différences de température, et il me paraît qu'on ne doit pas regarder comme une irrégularité, qu'il faut attribuer entièrement à l'alcool, la différence qui se trouve entre son indication et celle du thermomètre à mercure; car Deluc a observé qu'un thermomètre fait avec l'alcool n'était qu'à 7°,17, lorsque celui à mercure marquait 10, et Blagden ayant mis deux thermomètres faits avec l'alcool avec un thermomètre à mercure dans un mélange fulgorifique, l'un des deux premiers marquait 29, l'autre 30, pendant que celui à mercure était à 40 de Fahr (1), quoique ces ther-momètres eussent été mis d'accord au terme de la con-gélation.

NOTE IX.

De ce que le calorique se dégage le plus ordinairement sous la forme de lumière de cette espèce de combinaison qu'à cause de cette circonstance on appelle inflammation ou combustion, on a été tenté de regarder tout dégage-ment de lumière comme l'effet d'une combustion ou d'une combinaison dans laquelle l'oxigène éprouve une conden-sation, et de conclure si l'expérience fesait découvrir des combinaisons avec dégagement de lumière, sans que l'oxigène y eût part, que la théorie adoptée sur la combustion se trou-vait démentie. On a cru trouver cet avantage dans des expé-riences publiées par les chimistes hollandais dont l'association a produit des travaux si importants pour la chimie, sur une ignition qui présente les apparences d'une inflammation, quoiqu'elle ne soit pas due à la condensation de l'oxi-gène (2) ; mais à une combinaison du soufre avec les métaux.

Schéele avait déjà observé le phénomène qui fait l'objet des recherches des chimistes hollandais : « On voit, dit-» il (3), que presque dans toutes les combinaisons que » les métaux qui en sont susceptibles forment au feu avec

---

(1) Historg. of the cougel. of quiet silver. Trans. philos. 1785.

(2) Expér. sur l'inflammation du mélange du soufre avec différents métaux. Journ. des Mines, n°. II.

(3) Traité chim. de l'Air et du Feu, p. 192.

» le soufre, le mélange s'enflamme au même instant. Il
» se produit un effet de la même nature, lorsque ces mé-
» langes se font dans des vaisseaux clos. Je mêlai trois
» onces de limaille de fer avec une once et demie de
» soufre en poudre fine, et je les mis dans une petite
» cornue de verre qui en fut remplie aux trois quarts ;
» j'attachai à son cou une vessie humectée et vidée d'air,
» et je posai peu à peu la cornue sur des charbons ar-
» dents. Lorsque le fond de la cornue commença à rougir,
» les bords de la masse brûlèrent d'une belle lumière
» d'un rouge pourpre qui s'étendit de plus en plus, jusqu'à
» ce que le milieu fut aussi rouge ; alors les bords s'obs-
» curcirent, et la lumière pourpre du milieu disparut
» aussitôt.... Je distillai du soufre avec de la limaille de
» plomb, j'obtins la même lumière rouge foncée ».

Les chimistes hollandais qui ont fait des expériences
semblables, ont observé que le cuivre était le métal le
plus propre à produire ce phénomène ; que la proportion
la plus convenable était de 40 grains de métal, et de
15 grains de soufre, et qu'en diminuant ou en augmentant le dernier, l'effet devenait plus faible ; qu'après le
cuivre venaient le fer, le plomb, l'étain, et enfin le zinc ;
mais que l'antimoine et le bismuth ne présentaient pas
cette propriété.

J'ai répété l'expérience avec le cuivre, et même sur des
proportions beaucoup plus considérables, et j'ai observé
que le dégagement de la lumière pourpre était accompagnée
d'une grande chaleur, qui, produite soudainement, fesait
éclater le vase de verre dans lequel était contenu le mélange, et que cet effet était instantané et ne durait que
pendant que la combinaison du soufre et du métal pouvait
s'opérer.

Je n'ai point pu produire cette ignition avec le zinc,
mais le soufre s'est volatilisé en entier, et en effet le soufre

n'entre pas en combinaison avec le zinc ; ce qui me fait conjecturer que les chimistes hollandais ont confondu la véritable combustion du zinc avec l'ignition dont il s'agit; aussi ont-ils été obligés d'employer l'action vive des souf-flets , et la flamme a été dans ce cas vive , claire et blanche; ce qui est le caractère de la combustion du zinc.

Ces expériences ont été répétées à Turin (1), où l'on a observé que lorsqu'on soumettait à une chaleur suffi-sante un sulfure de fer formé par un feu doux pour ré-duire le mélange en une masse, il avait, après la fulgo-ration , l'aspect d'une substance beaucoup plus solide qu'auparavant.

Les auteurs de ces expériences ont éprouvé qu'avec les oxides et le soufre on formait de l'acide sulfureux sans dégagement de lumière , et qu'au contraire avec les métaux on obtenait l'apparence lumineuse sans production d'acide : ils en concluent que ces faits « semblent confirmer la doc-» trine de Sthal, et détruire au moins en partie celle des » chimistes pneumatiques sur la nature des régules métal-» liques ».

Il me semble qu'on ne devrait pas choisir pour com-battre cette doctrine qu'on appelle pneumatique, des faits qui s'expliquent complètement par ses principes. Les oxides peuvent former de l'acide parce qu'ils peuvent céder de l'oxigène au soufre; ils ne donnent pas de la lumière dans l'acte de leur combinaison , parce que l'acide volatil qui se dégage peut prendre le calorique en combinaison.

(1) Mém. de l'Acad. de Turin, tom. VI.

NOTE X.

PLUSIEURS corps deviennent lumineux dans différentes circonstances ; il me semble que les causes de ce phénomène doivent être rapportées aux suivantes.

Un corps devient lumineux ou parce que sa température s'élève, ou parce qu'il subit une combustion, c'est-à-dire une combinaison avec l'oxigène, ou parce qu'exposé aux rayons de la lumière, il en absorbe une certaine quantité qui n'entre qu'en faible combinaison, et qui conserve son état élastique, comme on voit l'air être retenu par l'affinité de quelques corps, et n'y perdre qu'en partie son état élastique.

La lumière produite par le frottement peut venir ou de la température exhaussée par la compression et le rapprochement des molécules qui l'éprouvent, ou de la combustion ; ces deux causes peuvent se trouver réunies : Thomas Wedgwood a prouvé que les corps solides devenaient lumineux lorsqu'ils parvenaient à une certaine température qui ne paraît pas différer beaucoup entre eux (1) ; lors donc que la compression peut produire dans quelques molécules un rapprochement assez grand pour élever leur température au terme convenable, elles doivent devenir lumineuses, quoique cette différence de température ne puisse avoir qu'une faible influence sur le thermomètre et sur les corps voisins.

Le même chimiste a fait une observation intéressante sur ce phénomène, c'est qu'un corps devient lumineux lorsque sa chaleur provient d'une substance qui n'avait point cette propriété, comme d'un gaz, de même que si elle lui avait été communiquée par un corps lumineux ; ce qui

(1) Trans. philos. 1792.

confirme l'identité substantielle de la lumière et du calorique.

La lumière qui provient de l'élévation de température des corps se produit lorsqu'ils sont placés dans le gaz azote et l'acide carbonique ainsi que dans le gaz oxigène; celle qui est due à la combustion au contraire n'a lieu qu'autant qu'il y a de l'oxigène pour la produire.

C'est à cette seconde espèce qu'appartient la propriété lumineuse de plusieurs substances que l'on a confondues sous le nom de phosphores ; tels sont le phosphore de Canton, le phosphore de Bologne, quelques nitrites, etc.

On augmente la propriété de ces substances en haussant leur température, mais on en accélère la destruction.

Hulme a publié dernièrement des expériences curieuses sur une lumière de cette espèce que donnent spontanément quelques poissons et quelques autres substances (1).

Les poissons qui ont été principalement l'objet de ses expériences sont les maquereaux et les harengs.

La lumière qui en émane précède la putréfaction qui la détruit, elle est produite également par les parties internes que l'on met à découvert, et par la surface, elle est fixée dans un liquide qui suinte à la surface, et dont on peut la séparer par le moyen d'une lame.

Cette matière communique sa propriété lumineuse à quelques liquides et non à d'autres : l'eau seule ne devient pas lumineuse, non plus que celle qui est imprégnée d'acide carbonique, ou d'autres acides, d'alcali, de chaux, d'hydrogène sulfuré, etc.; elle devient lumineuse lorsqu'elle tient en dissolution la plupart des sels neutres, mais il faut que la proportion des sels ne soit pas trop grande, alors le liquide acquiert cette propriété par une addition suffisante d'eau : l'agitation augmente l'effet. C'est la sur-

(1) Trans. philos. 1800.

face qui est sur-tout lumineuse ; cette lumière dure pendant quelques jours après lesquels elle finit.

Les apparences que j'ai observées moi-même me porteraient à croire qu'elles peuvent dépendre du gaz hydrogène phosphuré ; mais c'est à des expériences précises à prononcer sur la cause de cette propriété.

Hulme a encore observé qu'un ver-luisant, placé à une température très-basse, a cessé d'être lumineux, qu'il a repris cette propriété en le faisant passer dans une température plus élevée, que le vieux bois et les autres substances lumineuses sont affectés de même par les changemens de température, qu'une chaleur qui approche de l'ébullition de l'eau détruit également cette propriété, que les vers luisants peuvent être lumineux après leur mort ; ce qui prouve que ce n'est pas la respiration qui leur donne cette qualité : le thermomètre n'éprouve aucune impression de tous ces corps lumineux, sans doute parce que le calorique se dégage sous forme de lumière.

Enfin certains corps deviennent lumineux, lorsqu'on les a exposés à une lumière vive ; ils paraissent n'éprouver aucun changement dans leur composition, quoiqu'on réitère souvent le phénomène. C'est dans ceux-là que j'admets une faible combinaison de lumière qui a retenu en partie son état élastique ; mais ce n'est qu'une analogie qui me conduit à cette explication, et cette cause de la propriété lumineuse est beaucoup plus obscure et incertaine que les précédentes.

J'ai dit que la présence de l'oxigène était nécessaire pour le dégagement de la lumière qui était due à une combinaison ; cependant il ne faut pas regarder cette cause comme unique, ainsi que je le remarque dans la note précédente.

NOTE XI.

Il m'a paru important de déterminer la différence qui pouvait exister entre l'action du fluide électrique et celle du calorique, et la cause qui pouvait souvent rendre leurs effets semblables ; d'autant plus que dans les leçons des écoles normales cette similitude d'effet m'avait fait adopter l'opinion de ceux qui ont regardé le fluide électrique comme le calorique même ; j'ai en conséquence prié le citoyen Charles de me permettre de me servir de ses appareils puissants pour faire des expériences qui me paraissaient propres à cet objet. Il a bien voulu se charger de les faire lui-même avec cette obligeance que ses confrères sont toujours sûrs de trouver en lui : je vais en présenter le résultat tel qu'il m'a été communiqué par Gay Lussac, qui a coopéré à ces expériences.

Un fil de platine a été soumis à des commotions qui approchaient de celles qui pouvaient en opérer la combustion, et pour s'en assurer on a excité une commotion par laquelle une grande partie du fil a été fondue ou dispersée, on a ensuite employé des commotions un peu moins fortes, et aussitôt après chacune, on touchait le fil pour juger de la température à laquelle il se trouvait ; on sentait une chaleur qui, après quelques minutes, était dissipée, mais qu'on a évaluée semblable tout au plus à celle de l'ébullition de l'eau. Si l'électricité liquéfiait les métaux et les mettait en combustion par la chaleur qu'elle excite, le fil de platine aurait dû approcher, après une commotion qui différait peu de celle qui aurait produit sa dispersion et sa combustion, du degré de température qui peut causer sa liquéfaction : or ce degré qui est le plus élevé que l'on puisse obtenir, serait, selon l'évaluation plus ou moins exacte de Wedgwood, de 32277 degrés de Fahreneit.

Lorsque la commotion est assez forte pour détruire l'ag-grégation du fil de platine, elle commence par détacher de la surface des molécules qui s'exhalent comme une fumée; si elle est assez forte pour produire la combustion, ce qui reste du fil paraît déchiré en filaments.

Un thermoscope noirci par l'encre et placé dans le cou-rant d'une forte étincelle électrique, n'a éprouvé qu'une dilatation qui équivalait à-peu-près à un degré du ther-momètre de Réaumur, et ce léger effet pouvait dépendre de l'oxidation du fer de l'encre : placé à côté de ce courant, il n'a présenté aucune dilatation, quoique l'air fût nécessairement affecté de l'action électrique : il en a été de même lors-qu'il a été mis en contact avec un conducteur métal-lique qui recevait un courant moins énergique que dans les expériences précédentes.

Un cylindre de verre rempli d'air avec un excitateur à chacune de ses extrémités, à l'une desquelles était fixé un tube qui communiquait avec un autre cylindre rempli d'eau, produisait à chaque commotion une impulsion qui élevait l'eau de plus d'un décimètre au-dessus de son niveau; mais son effet était instantané.

Ces expériences me paraissent prouver que ce n'est point par une élévation de température que l'électricité agit sur les substances et sur leurs combinaisons; mais par une dilatation qui éloigne les molécules des corps. La faible chaleur qui a été observée dans le fil de platine, n'est que l'effet de la compression produite par les mo-lécules qui éprouvent les premières l'action électrique, ou qui l'éprouvent à un plus haut degré; elle doit être comparée à celle qu'on excite par la percussion ou par la compression.

Si la dilatation était un effet de la chaleur, celle qu'a éprouvée un gaz dans l'expérience rapportée ci-dessus n'aurait pas été instantanée, elle n'aurait éprouvé qu'une diminution progressive par le réfroidissement, comme lorsque son expansion est due à la chaleur.

Dans l'expérience par laquelle on décompose le gaz ammoniaque, ce gaz éprouve indubitablement l'action de l'électricité, et cependant il ne s'échauffe point, et dès que la décomposition est finie, son volume reste constant, parce que l'action électrique dont on se sert dans cette expérience n'est pas assez énergique pour produire une dilatation que l'on puisse appercevoir : on ne cause point de dilatation sensible dans un gaz par une commotion qui n'est pas très-forte, parce que l'impulsion n'étant point graduée comme l'expansion qui est due au calorique, et étant excitée instantanément, la résistance du liquide devient très-grande, et ne peut être vaincue que lorsque la dilatation a beaucoup d'énergie.

Une expérience de Deïman et de ses savants associés confirme cette explication : ils ont fait passer une commotion à travers du plomb placé dans un vase rempli de gaz azote qui ne pouvait l'oxider ; il s'est réduit en poudre en conservant toutes ses propriétés métalliques : s'il eût éprouvé une liquéfaction semblable par l'action de la chaleur, son réfroidissement eût été graduel, et il se serait congelé en une seule, ou du moins en plusieurs masses.

Il faut donc distinguer, lorsqu'on soumet un métal à l'action électrique, les effets produits immédiatement par l'électricité, de ceux qui sont dûs à son oxidation : les premiers se bornent à diminuer ou à détruire les effets de la force de cohésion, à écarter ses molécules et à les disperser : s'il se dégage par là un peu de chaleur, elle n'est due qu'à la compression qu'éprouvent quelques parties ; mais ceux qui sont dûs à l'oxidation produisent un haut degré de chaleur, et alors les effets prennent toute l'apparence de ceux d'une combustion ordinaire ; de là vient que les métaux les plus oxidables sont ceux qui rougissent le plus facilement, et qui offrent le plus les propriétés d'un métal qui est liquéfié par la chaleur.

L'électricité favorise cette oxidation, par là même qu'elle diminue la force de cohésion; c'est ainsi qu'un alcali rend l'action du soufre beaucoup plus puissante sur l'oxigène, en détruisant la force de cohésion qui lui était opposée, et qu'un métal dissous dans une amalgame s'oxide beaucoup plus facilement que lorsqu'il est dans l'état solide. Ce n'est qu'en détruisant ainsi les effets de la force de cohésion, que la chaleur elle-même produit l'oxidation des métaux, mais l'action expansive de l'électricité doit avoir beaucoup d'avantage sur celle du calorique, parce que son action est bornée au solide qui se trouve dans son courant; de sorte que le gaz n'éprouve pas lui-même une dilatation qui soit contraire à la condensation qui accompagne la combinaison; on peut appliquer à cette circonstance ce que l'on observe sur l'action du gaz hydrogène qui peut réduire complètement un oxide de fer placé au foyer d'un verre ardent, quoique l'eau, dont les deux éléments reçoivent également la chaleur, soit décomposée par ce métal.

Il est probable que c'est également à l'effet expansif d'un courant électrique qui s'établit entre deux métaux entre lesquels s'interpose une couche d'eau, qu'est due l'oxidation que Fabroni a observée entre ces substances mises en contact dans l'eau, et qui paraît se borner dans ce cas à la combinaison de l'oxigène qui est tenu en dissolution dans ce liquide (1).

Tous les effets chimiques produits dans les substances soumises à l'action de l'électricité me paraissent pouvoir se déduire de ces considérations, et s'expliquer par la diminution de la force de cohésion qui est un obstacle

_____

(1) Journal de Phys. Vendém. an 8.

aux combinaisons que tendent à former leurs molécules ; mais il reste à déterminer les différences que peuvent présenter l'électricité positive et l'électricité négative ; les effets chimiques de la pile de Volta peuvent être beaucoup plus considérables que ceux de l'électricité ordinaire, quoique celle-ci soit douée d'une tension beaucoup plus grande ; parce que son action étant nécessairement interrompue, les effets chimiques qui exigent du temps pour se consommer, ne pourraient que commencer à s'exécuter, et seraient même détruits par le rétablissement subit du premier état du corps, au lieu que la permanence de l'action de l'appareil électromoteur, quoique plus faible à chaque instant, peut donner lieu aux changements chimiques qu'elle favorise en diminuant les effets de la force de cohésion.

Je ne regarde moi-même les explications que je viens de hasarder que comme des conjectures que l'observation peut confirmer ou détruire.

SECTION IV.

~~~~~~

CHAPITRE PREMIER.

Des propriétés caractéristiques des fluides élastiques.

152. Les substances sont différemment affectées par le calorique, de sorte que quelques-unes ne font qu'éprouver une dilatation en conservant l'état solide au plus haut degré de chaleur que l'on puisse obtenir, à moins qu'on ne fasse concourir quelqu'affinité avec l'action du calorique; d'autres, au contraire, conservent l'état élastique aux plus grands abaissements de température, et sous les plus fortes pressions connues, et il n'y a que l'énergie de l'affinité plus puissante que ces moyens qui puisse détruire leur élasticité.

Quelques substances tiennent le milieu entre ces extrêmes; à une température et à une pression données, elles restent dans l'état liquide;

une autre température ou une autre pression les réduit à l'état de fluide élastique : on les distingue alors des gaz sous le nom de vapeurs.

Ces différentes propriétés dépendent de l'énergie plus ou moins grande de l'affinité réciproque des molécules d'une substance et de on rapport avec l'affinité que ces molécules ont avec le calorique ; mais ces deux effets ne pouvant être distingués, il faut se borner à en considérer le résultat, en le regardant comme une force variable dans les différentes substances, selon leur nature, et dans chaque substance selon les circonstances où elle se trouve.

Ainsi, après avoir regardé la solidité comme une force qui favorise les combinaisons ou qui leur est opposée, je considérerai dans ce chapitre l'élasticité comme une autre force dont il faut évaluer les effets. Je l'examinerai dans les différentes circonstances de l'action chimique, indépendamment des causes auxquelles une substance doit cette disposition, et des lois que le calorique suit dans cette action.

153. L'acide carbonique ne peut se combiner qu'en petite proportion avec l'eau à une température un peu élevée ; ce n'est pas que l'eau ne tende à s'unir avec une plus grande quantité de cet acide ; car, en diminuant la force de l'élasticité par la compression, on peut augmenter indéfiniment cette dissolution : on produit

aussi le même effet en abaissant la température ,
mais alors il est limité par la force de cohésion
que l'eau acquiert au degré de la congélation ,
et qui , l'emportant sur son affinité pour l'acide
carbonique , l'oblige d'abandonner celui-ci : et il
y a apparence que la force qui prépare la cristallisation qui s'annonce par une dilatation , quelques degrés au-dessus du terme de la congélation ,
produit un effet analogue sur la dissolution
des substances gazeuses par l'eau , de sorte que
ce n'est pas au degré même de la congélation
que l'eau peut dissoudre la plus grande quantité
de ces substances , mais quelques degrés au-
dessus : enfin , l'on aurait un résultat opposé,
en diminuant la compression ou en élevant la
température , si l'on agissait sur une combinaison
de l'acide carbonique avec l'eau saturée à une
température basse , ou à une forte compression.

Comme ces effets peuvent s'observer dans
toutes les combinaisons des substances gazeuses
avec les différences qui dépendent de l'intensité
de la combinaison , il en résulte , 1°. que
l'élasticité doit être considérée comme une force
opposée aux combinaisons d'une substance qui
en est douée avec les substances liquides ou
solides , ou qui ont un degré différent d'élasticité ; 2°. que cette force s'accroît par l'accumulation du calorique qui fait varier par-là les
combinaisons qui peuvent se former à différentes

températures : il suit encore de-là que l'on peut
comparer l'action que deux substances liquides
exercent sur un fluide élastique par les quantités
de ce fluide que chacune, à égalité de poids,
peut assujettir.

154. Lorsqu'une substance liquide, qui tend
à se combiner avec l'acide carbonique, ne peut
plus surmonter son élasticité, à température et
compression données, la tendance à la combinaison qui lui reste pour cet acide, est égale
à celle de toutes les substances qui se trouvent
dans le même cas ; mais le terme, où s'arrête
l'action d'une substance qui devient solide, est
quelquefois fort éloigné de celui où elle pourrait parvenir, si l'on commençait à diminuer
les effets de l'élasticité par une dissolution pré-
liminaire ; ainsi le carbonate de chaux peut
être dissous par l'eau chargée d'acide carbonique.

Comme le carbonate de chaux est encore bien
éloigné du terme où la tendance à la combinaison
de sa base pour l'acide carbonique, serait épuisée
à la température ordinaire de l'atmosphère ;
ce n'est qu'en l'exposant à un haut degré de
chaleur, que l'acide carbonique a acquis une
disposition assez grande à l'élasticité, pour
pouvoir commencer à se dégager, et à mesure
que la proportion d'acide carbonique s'y trouve
diminuée, il faut que la chaleur augmente pour
que le dégagement continue : ce n'est que lorsque

la disposition à l'élasticité est devenue supérieure à toute l'action, que la chaux peut exercer, que celle-ci se trouve entièrement dépouillée de cet acide.

La grande quantité d'acide carbonique, que les bases alcalines peuvent prendre en combinaison, en surmontant sa force élastique, prouve quelle force énorme elles exercent. On voit donc que l'élasticité agit contre les affinités qui tendent à produire une combinaison, comme la force de cohésion agit dans un sens contraire : elle doit être considérée comme un effort qui peut être comprimé ; mais elle peut croître jusqu'à un terme auquel elle l'emporte sur l'affinité qui produit les combinaisons, et elle cause de même des séparations lorsqu'elle devient prédominante ; l'une produit la précipitation et l'autre la volatilisation, et ces deux effets opposés, que nous allons comparer, peuvent concourir également aux combinaisons qui se forment dans plusieurs circonstances, et que l'on a attribuées aux affinités électives.

Nous avons remarqué que la force de cohésion devenait active avant de réaliser l'état solide (9) : l'élasticité montre encore plus clairement la force qu'elle exerce avant qu'il y ait production d'un fluide élastique, puisque la tension élastique d'un liquide est accrue par les causes qui augmentent cette force, à mesure qu'elle approche du terme où elle peut produire son effet,

155. Si l'on met en concurrence un acide, dont l'état naturel est la liquidité, avec un acide naturellement élastique, tel que l'acide carbonique, mais qui se trouve combiné avec une base alcaline qui comprime son élasticité; la tendance, à la combinaison de cette base, partage son action entre les deux acides, en raison de leur capacité de saturation et de leur quantité, de sorte que l'acide carbonique éprouve une saturation d'autant plus petite que la force qui lui est opposée est plus grande; si donc il étoit combiné en quantité considérable avec la base alcaline, par exemple, jusqu'au point de neutralisation, il obéit en partie à la force élastique qui est devenue relativement plus grande que la saturation, et se volatilise : il n'oppose donc plus la même masse à celle de l'autre acide ; par là sa force relative se trouve diminuée ; ainsi, quoique l'acide opposé n'aurait qu'une affinité ou capacité de saturation beaucoup plus faible, il pourrait éliminer l'acide carbonique, s'il se trouvait en assez grande quantité pour saturer la base; mais si la base alcaline ne tient qu'une petite proportion d'acide carbonique, un autre acide ne pourra chasser celui-ci que lorsqu'il se trouvera en quantité suffisante ; de sorte qu'au commencement du mélange, il n'y aura point d'effervescence ; c'est en effet ce qu'on observe, lorsqu'on ajoute

par parties successives un acide à la solution d'un alcali qui n'est combiné qu'avec une petite proportion d'acide carbonique. L'effervescence ne se manifeste que lorsque la quantité de l'acide ajouté est devenue assez considérable. L'effet devient plus prompt et plus complet, si l'on accroît la force de l'élasticité par la chaleur.

C'est à cet effet de l'élasticité qu'on doit attribuer les décompositions que les acides les plus fixes font des combinaisons qui sont composées d'une base fixe et d'un acide volatil, sur-tout lorsqu'on augmente l'élasticité par la chaleur, indépendamment des capacités de saturation ; alors la force qui dépend des proportions d'une substance, disparaît peu-à-peu, et l'action de l'élasticité s'accroît relativement ou effectivement si la température s'élève ; c'est ainsi que l'acide sulfurique décompose, par le moyen de la chaleur, les muriates et nitrates à base fixe : j'ai distillé un mélange d'acide oxalique et de muriate de soude, et le liquide qui a passé contenait beaucoup d'acide muriatique ; cependant lorsque la volatilité des deux acides est peu différente, la plus forte affinité de l'un peut l'emporter sur l'effet de la seule élasticité ; ainsi, ayant répété la même expérience avec l'acide acétique, celui-ci a passé seul dans la distillation.

156. Si une base est volatile, et qu'à une température peu élevée elle partage avec une base fixe, son action sur un acide élastique, la chaleur qui augmente l'élasticité de la base et de l'acide volatil, déterminera leur séparation et leur combinaison, comme la force de cohésion détermine la séparation des combinaisons aux-quelles elle appartient.

Ces séparations, décidées par la volatilité et par la fixité, s'opèrent plus facilement et plus complétement, lorsque les substances, qui sont en action, sont toutes dans l'état neutre : parce que c'est dans cet état que l'action relative des acides et des alcalis est la plus forte ; en ap-pliquant ce que j'ai dit sur les décompositions réciproques par la force de cohésion (*Chap. IV, Sect. II.*) à toutes les observations qui ont été faites sur celles qui ont lieu par l'élévation de température, on trouvera qu'elles peuvent être expliquées complétement par cette seconde cause analogue à la première ; une table de volatilité respective ferait également prévoir les combi-naisons qui doivent se former par l'action de la chaleur dans le mélange de différentes subs-tances, si ce n'est dans le cas où les dispositions de deux substances, qui sont en concurrence de combinaison, diffèrent peu, et où l'affinité peut alors décider une combinaison complexe plutôt qu'une combinaison binaire, ainsi que je l'ai fait remarquer, relativement aux combinaisons qui diffèrent peu par leur solubilité.

Comme le rapport de la force de cohésion à l'élasticité varie par les différents degrés de chaleur, il arrive souvent, qu'après avoir formé une combinaison par la prépondérance de la première, on en produit une opposée en augmentant la dernière ; ainsi, lorsque l'on mêle du carbonate d'ammoniaque avec le muriate de chaux dans un état liquide, le carbonate de chaux, qui est insoluble, se forme et se précipite ; mais si on expose à l'action de la chaleur le muriate d'ammoniaque et le carbonate de chaux, c'est le carbonate d'ammoniaque qui se sépare et se sublime.

Lors donc qu'un liquide agit sur une substance gazeuse, celle-ci se combine jusqu'à ce que la résistance de l'élasticité se trouve en équilibre avec l'action du liquide, de sorte qu'en faisant varier les circonstances qui augmentent ou diminuent l'action mutuelle de ces substances par la quantité du liquide, par la compression du gaz, ou par la température, on change l'équilibre entre l'action du liquide et celle de la substance gazeuse, d'où il faut conclure que, lorsqu'on a pour but de combiner une substance avec un liquide, il faut abaisser la température, et faire en cela le contraire de ce qu'exige l'action d'un liquide sur une substance solide.

Cependant l'action du calorique peut favoriser la combinaison d'une substance élastique en diminuant la force de cohésion, ce qui a sur-tout lieu avec les corps solides; mais alors un degré de chaleur, supérieur à celui qui produit cet effet, détruit la combinaison même qui s'est formée; ainsi, le mercure a besoin d'un certain degré de chaleur pour se combiner avec l'oxigène ; un degré plus élevé rend l'état élastique à celui-ci.

Ce qui prouve que c'est principalement en diminuant la force de cohésion que la chaleur agit, c'est qu'un métal qui ne peut s'oxider qu'à un degré de température élevée, s'oxide à la température de l'atmosphère, s'il est dissous par le mercure; c'est que le phosphore, dissous par l'hydrogène, s'enflamme à un degré de température beaucoup moins élevé que lorsqu'il est dans l'état solide.

Lorsqu'une substance élastique se trouve réduite à l'état liquide par une combinaison, elle se conduit comme les liquides, pendant que l'action qu'elle éprouve ne change pas ; mais dès qu'elle vient à diminuer, ou que la température s'élève, l'élasticité qu'elle acquiert doit être regardée comme une force qui, ajoutée aux précédentes, influe sur les résultats, comme le fait la force de cohésion dans un sens opposé.

157. Les gaz exercent aussi une action mu-

tuelle, et ils en exercent une sur les liquides et sur les solides, de sorte que si ceux-ci ont la propriété de leur faire perdre l'état élastique, ils peuvent réciproquement les réduire dans leur propre état ; mais cette action varie beaucoup dans ses résultats, selon son intensité et selon les circonstances qui l'accompagnent. De plus les liquides prennent l'état gazeux, par une élévation de température qui varie pour chacun d'eux, et alors leur action chimique se trouve changée. Tous ces objets appellent un examen approfondi.

Cavendish a observé (1) qu'en agitant un mélange de dix parties d'air atmosphérique et d'une partie d'acide carbonique avec un volume égal d'eau distillée, celle-ci n'enlevait à l'air que la moitié de l'acide carbonique ; ayant transporté l'air sur de nouvelle eau distillée, elle n'a absorbé que la moitié du restant de l'acide carbonique, comme l'a fait voir une absorption ultérieure produite par l'eau de chaux.

J'ai éprouvé (2) que si, dans la combustion d'un gaz hydrogène carburé ou oxicarburé, on avoit un résidu, celui-ci retenait près d'un dixième de l'acide carbonique formé, quoiqu'on

(1) Exper. en air. Trans. philos. 1784.
(2) Mém. de l'Instit. tom. IV.

l'agitât sur une quantité d'eau considérable ; c'est par cette action que l'air exerce sur l'acide carbonique, qu'il peut priver l'eau de celui qu'elle tient en dissolution ; d'où vient que, lorsque l'on renferme dans un vase une eau acidulée avec une certaine quantité d'air, celui-ci fait un effort pour s'échapper, il surmonte les obstacles qui s'opposent à la dilatation qu'il éprouve par l'accession de l'acide carbonique, s'ils sont trop faibles ; mais l'action de l'air est limitée par la quantité qui peut l'exercer et par l'action de l'eau qui s'accroît à mesure que la quantité d'acide carbonique diminue.

On retrouve donc dans cette action de l'air sur l'acide carbonique, toutes les circonstances qui accompagnent celle de l'affinité chimique, avec la différence qui dépend de l'élasticité, laquelle augmente relativement l'action de l'air sur l'acide carbonique, lorsqu'on en accroît l'énergie, ou par une élévation de température, ou par une diminution de compression.

Cette propriété des gaz doit être regardée comme générale, puisqu'on l'a observée dans ceux dont la pesanteur spécifique, qui s'oppose à son effet, a le plus de différence.

Vassali, qui a fait des observations intéressantes sur cet objet (1), rappelle que dix ans auparavant

_____

(1) Mém. de la Soc. Méd. d'Emul. 3e. année.

Volta lui fit voir que le gaz hydrogène descendait à travers le gaz atmosphérique, pour se répandre également dans toute sa masse et qu'il employait quelque temps pour parvenir à une diffusion égale : il fit en conséquence lui-même des expériences qui confirment cette propriété, et il constata aussi celle que l'acide carbonique possède, de se dissoudre également dans une masse d'air, avec un espace de temps suffisant.

Il faut donc reconnaître entre les gaz une action réciproque comparable à celle qui produit les dissolutions des liquides entre eux, ou des solides par les liquides ; mais elle a ses caractères particuliers.

158. Lorsqu'on mêle différents gaz dont l'action se borne à cette dissolution, on n'observe aucun changement dans la température ou dans le volume qui résulte du mélange ; de-là on doit conclure que cette action mutuelle de deux gaz ne produit aucune condensation, et qu'elle ne peut surmonter l'effort de l'élasticité ou de l'affinité du calorique, de sorte que les propriétés de chaque gaz ne se trouvent point sensiblement altérées, au lieu que dans les dissolutions mutuelles des liquides il se fait une condensation, et que dans celle des solides on observe souvent une dilatation qui est accompagnée de refroidissement, et qui est due à ce que l'affinité réciproque qui s'opposait à la combinaison du

calorique se trouve diminuée ; ainsi , quoique la dissolution et la combinaison de deux gaz soient l'une et l'autre l'effet d'une action chimique qui ne diffère que par l'intensité ; on peut établir entre elles une différence réelle , parce qu'il y a une distance bien prononcée entre les résultats ; la combinaison de deux gaz entraîne toujours une condensation de leur volume et donne naissance à des propriétés nouvelles ; dans leur dissolution les gaz n'éprouvent qu'en commun les changements dûs à la compression et à la température , et ils conservent leurs propriétés individuelles qui ne se trouvent diminuées qu'en raison de la faible action qui les tient unis.

Lorsque les liquides dissolvent un gaz , celui-ci perd considérablement de son volume et se condense , car l'eau qui dissout un volume égal d'acide carbonique change très-peu de pesanteur spécifique ; cette dissolution a donc les caractères de la combinaison ; mais lorsque par son action l'air dégage cet acide de l'eau , il reprend le volume qui convient à la température et à la pression , il reçoit pour cela le calorique que ses dimensions exigent.

Nous trouvons donc ici un résultat de l'action réciproque de deux substances qui est très-différent à cause de l'état respectif de condensation dans lequel elles sont ; comme les liquides prennent eux-mêmes les propriétés des gaz par l'action de la chaleur, et qu'ils peuvent se dissoudre dans l'air et dans les autres gaz, il faut examiner les rapports qui se trouvent entre leurs différents états et les forces qui sont mises en action pour les produire.

159. Appliquons d'abord à l'eau, qui est réduite en vapeur, les observations qui ont été faites sur l'action que le calorique exerce sur les gaz (108). Si la température est plus élevée que celle de l'ébullition, et si la compression reste la même, la vapeur de l'eau se conduit absolument comme les autres gaz, ainsi que le prouvent les expériences de Gay Lussac (108), et il n'y a aucune observation à faire qui les concerne particulièrement : lorsqu'elle n'est qu'au degré de l'ébullition à une température de 100 degrés du thermomètre centigrade et sous une pression de 28 pouces, elle a un degré d'élasticité qui correspond à cette température, et par lequel elle se maintient dans l'état gazeux ; qu'on diminue alors la compression, elle se dilate encore comme un autre gaz, et sa tension diminue en raison de sa dilatation ou du nombre des ressorts comparé à l'espace (*Note V*). Dans cet état, elle peut recevoir une addition de vapeur proportionnelle à l'augmentation de volume, jusqu'à ce qu'elle soit parvenue au degré de tension qu'elle avait d'abord; mais si l'on réduit l'espace à ses premières di-

mensions, toute la partie de la vapeur ajoutée reprend l'état liquide et la quantité de celle qui reste est la même que celle qui existait d'abord, ainsi que la tension élastique.

Si on abaisse la température, elle ne peut plus conserver l'état élastique, elle cède à la pression supposée la même, et se réduit en un liquide qui conserve cependant lui-même une tension élastique qui correspond au degré actuel de température.

Si la compression seule augmente, elle reprend encore l'état liquide, et l'eau qui est reproduite exerce un effort élastique qui répond à la tension de la vapeur qui pourrait se former sous une autre pression.

160. Comparons à présent les vapeurs avec l'état des liquides qui sont tenus en dissolution par les gaz permanents.

L'eau qui se dissout dans l'air y prend l'état élastique: Deluc avait observé (1) que l'air humide était plus léger que l'air sec; mais il regardait la vapeur élastique de l'eau comme mêlée simplement à l'air, et comme tendant à s'en séparer et à s'élever par la différence de pesanteur spécifique.

Saussure (2) prouva que l'air agissait comme

(1) Recherch. sur les mod. de l'Atm. §. 709.
(2) Essais sur l'Hygrométrie.

dissolvant, il modifia la théorie de Leroi, qui avait eu le premier cette idée, mais qui comparait cette dissolution à celle d'une substance saline; il fit voir que l'eau se réduit en fluide élastique en se dissolvant dans l'air, que le volume de celui-ci en est affecté, selon la compression et la température, jusqu'au terme de la saturation où la dissolution cesse de s'opérer; de sorte que dans l'état de saturation complète, un pied cube d'air ne peut en tenir qu'environ onze grains en dissolution, à une température de 15 degrés, que cette quantité diminue par les abaissements de température; mais relativement à l'effet de la compression sur la vapeur élastique, son opinion présente quelques incertitudes que je discuterai; après cela je déduirai des observations de ce célèbre physicien les conséquences qui me paraîtront en résulter, et enfin je tâcherai de confirmer ces conséquences par d'autres observations.

Ayant chassé, par le moyen de la pompe pneumatique, le huitième du volume contenu dans un récipient, Saussure a observé que l'hygromètre marchait au sec; ayant continué des opérations semblables, le progrès de la dessication a continué; cependant l'hygromètre n'a pas marché d'une manière uniforme, il a indiqué un excès d'humidité d'autant plus grand, que la quantité d'air diminuait, et lorsque la pompe n'a plus produit d'effet, l'hygromètre est resté fixe à 25 degrés de la sécheresse extrême.

161. Il faut distinguer ici les indications de l'hygromètre, de l'humidité réelle; lorsque Saussure a terminé son expérience, sans pouvoir amener l'hygromètre au-delà du 25e degré de sécheresse, on aurait indubitablement pu le faire passer au degré de sécheresse extrême par l'action de l'alcali que Saussure emploie pour cela, puisque tous les airs, quelque dilatés qu'ils soient, parviennent par ce moyen au degré de la plus grande sécheresse; mais si alors on eût introduit de l'eau dans le récipient, l'hygromètre eût commencé à reprendre les 25 degrés auxquels il s'était arrêté; puis il aurait continué de marcher jusqu'à l'extrême humidité; la quantité d'eau qui est nécessaire pour produire l'humidité extrême, dans une température donnée, est donc égale, soit qu'un espace soit vide, soit qu'il soit occupé par un air plus ou moins dense; ce qui n'infirme pas la différence des indications de l'hygromètre dans un air plus ou moins dense, déduites d'observations directes; il faudrait seulement en conclure que dans le vide l'hygromètre peut retenir un peu d'humidité, qui naturellement ne se réduit pas en vapeur.

D'autres observations de Saussure me paraissent prouver que lorsque l'hygromètre approche de l'humidité extrême ou du terme de son action, il suit une marche contraire, et qu'il se met difficilement en équilibre d'humidité ; de sorte que les quantités d'eau sont plus grandes que sa marche n'en indique : « ainsi, dit-il, §. 333, » quand l'hygromètre est à 70 degrés, il faut, » suivant ma table, un réfroidissement de 12 » degrés $\frac{1}{10}$ pour ramener l'air au terme de la » saturation, et cependant j'ai éprouvé qu'un » jour où l'hygromètre était à 70, et le ther- » momètre à 10, la surface extérieure d'un verre » commençait à se couvrir de rosée, lorsque » l'eau contenue dans ce verre n'était que de » 8 degrés $\frac{1}{2}$ plus froide que cet air.

Saussure donne lui-même l'explication de la dissonnance de l'hygromètre, avec l'humidité réelle de l'air peu condensé : « d'après les » lois générales, dit-il §. 146, l'air doit » attirer les particules des vapeurs avec moins » de force lorsqu'il est rare, lorsque ses molé- » cules sont en petit nombre, que quand il » est dense. Par conséquent le cheveu, auquel » la raréfaction de l'air n'ôte rien à sa force » attractive, doit avoir une force d'attraction » relativement plus grande dans un air rare que » dans un air dense ; et par cela même il doit » alors absorber une plus grande quantité de » vapeurs, et indiquer une humidité plus grande

» qu'il ne ferait, toutes choses d'ailleurs égales,
» dans un air plus dense. Ainsi lors même que
» l'air en sortant du récipient a entraîné avec
» lui une moitié des vapeurs, la moitié restante
» plus fortement attirée par le cheveu que par
» l'air raréfié qui reste., affecte ce cheveu plus
» qu'elle n'aurait fait si l'air eût conservé toute
» sa densité ; et ainsi l'hygromètre indique plus
» de vapeurs qu'il n'en reste réellement dans
» le récipient ».

Je ne saurais donc adopter la conséquence
qu'il tire des mêmes expériences, et qu'il établit
en principe pour la suite de son ouvrage , §. 148:
« qu'à mesure que l'air devient plus rare, il
» faut une quantité d'eau moins considérable
» pour le saturer. Par exemple, si jusqu'à la hau-
» teur du Saint-Bernard , 8 grains $\frac{3}{10}$ produisent
» l'effet qu'auraient produit 9 $\frac{1}{3}$ dans la plaine,
» il ne faudra , toutes choses d'ailleurs égales,
» pour saturer l'air du Saint-Bernard , que les
» $\frac{830}{933}$ de la quantité qu'il eût fallu dans la plaine.
» Et en appliquant les mêmes raisonnements
» aux mêmes expériences, on verra que si l'air
» était raréfié au point de ne soutenir que
» 2 lignes $\frac{1}{2}$ de mercure ; il ne faudrait , pour
» le saturer, que la vingtième partie de ce qu'il
» faut quand il soutient le baromètre à 27
» pouces ».

162. Il me paraît donc que les expériences même

de Saussure font voir directement que la quantité pondérale de vapeur aqueuse est la même, dans le même espace, quelle que soit la quantité de l'air avec lequel elle se trouve unie, que la température seule détermine cette quantité, qu'elle conserve sa tension indépendamment des différences de compression, comme si elle était un gaz permanent; de sorte qu'elle contribue à l'effort élastique quelque soit le volume auquel elle est réduite par la compression de l'air, comme le ferait une quantité correspondante d'air à différentes compressions.

Les expériences de Saussure ont encore prouvé que la tension de la vapeur élastique de l'eau était proportionnelle à la quantité qui se dissolvait dans un volume d'air à une température donnée; comme ces expériences sont fondamentales, je rappellerai le procédé par lequel elles ont été exécutées.

Un baromètre renfermé dans un ballon bien luté n'est plus sensible qu'à l'élasticité de l'air; sous ce rapport, Saussure l'appelle *manomètre*.

Il a donc placé dans un grand ballon un manomètre, un thermomètre et deux hygromètres pour comparer les effets de l'élasticité, de l'humidité et de la chaleur : il a introduit successivement un petit rouleau de linge humecté et pesé très-exactement; il l'a retiré quand il a eu produit un effet déterminé sur le manomètre;

de sorte qu'il a pu comparer l'effet d'un poids d'eau sur l'élasticité de l'air contenu dans le ballon. Il a suivi une marche opposée en plongeant dans un ballon rempli d'air humide, un vase qui contenait de la potasse desséchée : et en comparant l'augmentation de poids qu'elle acquérait, et la diminution de pression qu'il observait dans le manomètre, il a obtenu des résultats qui correspondaient aux précédents.

Il conclut de ses comparaisons faites avec beaucoup de soin, et en introduisant dans les résultats les corrections qu'exigeaient les variations de température qui étaient survenues, que la vapeur élastique de l'eau a une pesanteur spécifique qui est à celle de l'air, dans la même température et sous la même compression, comme 10 à 14.

163. Deluc (*Note XII*) et Volta ont aussi fait de nombreuses expériences qui prouvent que les quantités de vapeurs élastiques qui se forment dans le vide sont exactement les mêmes que celles qui occupent le même espace rempli d'air au même degré de saturation, quelle que soit sa compression : il est à desirer que ce dernier ne tarde plus à publier les expériences qu'il a faites sur cet objet, et qu'il a bien voulu me communiquer ; mais ces deux physiciens ont conclu que l'eau n'était point tenue en dissolution par l'air, qu'elle ne devait son état élastique qu'à

l'action du calorique, indépendamment de toute affinité de l'air.

Si cette opinion était fondée, il faudrait supposer qu'un liquide, qui tend à prendre l'état élastique, ne pénétrerait dans l'air qu'en raison des vides qu'il peut occuper, et que son élasticité répondrait exactement à la quantité de ces vides; il suivrait de-là que le volume de l'air ne devrait point augmenter; or, il s'accroît précisément dans le rapport du fluide élastique qui s'est formé. Peut-on dire avec Deluc (1) qu'une attraction semblable à celle qui produit l'ascension des liqueurs dans les tubes capillaires, distend les pores des corps qui s'humectent? mais une attraction qui réunit une substance à une autre, et qui surmonte la résistance de l'élasticité de ses molécules, n'a-telle pas tous les caractères de l'affinité chimique? cette opinion ne peut se concilier avec les faits qui prouvent que les gaz se dissolvent mutuellement, de manière à former un gaz uniforme, malgré la différence de pesanteur spécifique, ainsi que Volta lui-même l'a fait voir; et la même chose a lieu avec les liquides qui se dissolvent dans l'air; elle ne peut non plus se concilier avec la compression uniforme que l'atmosphère exerce sur les liquides.

(1) Trans. philos. 1791.

164. Cette compression et la dissolution mutuelle des gaz prouvent que, tandis qu'il existe
une vapeur dans un espace, il n'y a point de
vide dans le sens qu'on attache ordinairement
à ce mot; car il existe entre toutes les molécules qui s'y trouvent une action non interrompue, seulement elle s'affaiblit à proportion
de l'éloignement des molécules qui en sont le
centre et si le calorique rayonnant et la lumière
passent à travers les gaz, c'est que le mouvement qui leur est propre est plus fort que
l'action qu'ils éprouvent, et n'en est pas sensiblement affaibli.

Il me paraît donc incontestable que c'est
une véritable action chimique qui produit les
dissolutions des liquides dans les gaz et l'évaporation, ainsi que l'a établi Saussure. Mais
l'observation confirme l'opinion de Deluc et de
Volta, relativement à la quantité de vapeur
élastique qui se forme dans un espace donné et
qui est égale, soit que cet espace soit vide,
ou qu'il soit occupé par un air plus ou moins
dense, mais qui est au même degré hygrométrique et à la même température.

165. Les expériences de Saussure ont prouvé
directement que la tension de la vapeur élastique de l'eau était proportionnelle à la quantité
qui se dissolvait dans un volume d'air à une
température donnée, et qu'elle agissait alors

comme un gaz dont la pesanteur spécifique était à celle de l'air, comme 10 à 14 : d'où il suit que l'on peut juger de l'effet d'un liquide qui est réduit en fluide élastique par les tensions qu'on lui trouve à une température donnée, même dans le vide, ainsi que les observations suivantes le confirmeront ; mais pour déterminer ses rapports de quantité avec l'air, lorsqu'il est mis en dissolution par celui-ci ; il faut de plus savoir quelle est la pesanteur spécifique de la vapeur élastique qu'il forme comme l'on connaît celle de la vapeur élastique de l'eau.

La différence que produit la compression de l'air dans cette vapeur n'altère pas le rapport de sa pesanteur spécifique, de sorte que celle qui aurait occupé un espace vide avec une pression de 6 lignes, n'en occupe plus que la 54ᵉ partie, si l'air saturé de cette eau peut élever la colonne de mercure de 27 pouces, pendant que sec il ne l'aurait élevée que de 26 $\frac{1}{2}$ pouces.

Van Marum en répétant avec soin des expériences entreprises par Lavoisier et Laplace, a observé (1) que lorsqu'on introduisait dans différents tubes barométriques placés sur un bain de mercure, de l'eau, de l'ammoniaque, de l'éther ; la température étant de 10 degrés,

(1) Descriptions de quelques appareils chimiques.

l'eau faisait descendre le mercure de o pouces, 4, l'ammoniaque de 7,2, et l'éther de 12,5.

Saussure a trouvé que l'air étant saturé d'eau à 16 degrés du thermomètre de Réaumur, et par conséquent à une température plus élevée et à une pression de 27 pouces de mercure, l'eau contribuait à l'effort élastique, pour à-peu-près 6 lignes de mercure ; ces deux nombres coïncident autant qu'on pourrait s'y attendre, et correspondent aux expériences qu'a faites Deluc.

166. Lorsqu'on sature l'air d'éther à différentes températures, il acquiert aussi la même tension que dans le vide, aux températures correspondantes, ainsi que Volta s'en est assuré par des expériences délicates.

Parconséquent l'éther ayant, à une température de 10 degrés, une tension de 12,5, il doit être réduit par une pression de 15,5 dans l'état qu'il a lorsqu'il est dissous par l'air jusqu'à saturation, à 28 pouces de pression : l'air en éprouve aussi une compression dans le manomètre : nous verrons dans la section suivante les effets qui doivent résulter lorsque les deux gaz acquièrent la liberté de se dilater.

La différence qu'il y a entre la vapeur de l'éther qui est seule ou qui est dissoute par l'air, c'est que lorsque l'espace est vide, si l'on abaisse le tube dans le bain de mercure d'une quantité égale à la dilatation, ainsi que l'a fait Van Marum, tout le fluide élastique redevient liquide ; mais si l'on comprime la dissolution de l'éther par l'air, le volume de celui-ci diminue en raison de la compression, et l'éther ne reprend l'état liquide qu'en raison de la diminution de l'espace.

167. Cette dernière expérience est très-propre à rendre sensibles les effets que j'analyse : qu'on prenne une dissolution d'éther par l'air, en la comprimant sur un bain de mercure, on voit l'éther se réduire en gouttes, ou même en couche liquide, à mesure que la compression augmente; l'on fait disparaître les gouttes et l'on rétablit la transparence du tube en faisant succéder une dilatation de volume égale à la première.

Tout l'effet de la compression est alors limité à faire prendre l'état liquide à une partie du fluide élastique, et la tension de celui qui est en dissolution reste la même ; il faut donc distinguer l'effet de la compression réciproque, dans laquelle la vapeur élastique paraît se conduire comme les autres gaz, et celui de la compression qui produit une diminution de volume. Nous avons vu (Note I.) que la tension des gaz permanents ne paraissait augmentée par la compression, que parce qu'on multipliait par là le nombre des ressorts

19..

qui s'appliquent à une surface : cet effet n'a pas lieu pour la vapeur élastique, parce qu'il lui est plus facile de reprendre l'état liquide.

168. On peut donc établir comme principe, 1°. que l'air dissout les liquides évaporables par l'action de son affinité ; 2°. que dans cette dissolution, ils prennent la forme de fluide élastique, et que dans cet état ils jouissent de toutes les propriétés des fluides élastiques jusqu'au terme de la saturation.

Il suit de là que l'eau tenue en dissolution par l'air, acquiert par l'état élastique qu'il lui procure exactement les mêmes propriétés qu'elle a lorsqu'elle est réduite en vapeur par l'action seule de la chaleur ; de sorte que l'action de l'affinité de l'air consiste à maintenir l'eau dans l'état élastique, et à lui donner les propriétés d'un gaz permanent jusqu'au terme de la saturation ; ce que je dis de l'air et de l'eau doit s'appliquer aux autres dissolutions des liquides par les gaz.

La propriété par laquelle l'air maintient la vapeur de l'eau dans l'état élastique, jusqu'au terme de la saturation, peut être comparée à celle qu'a le muriate de soude, selon l'observation de Blagden, que j'ai déjà rappelée, de maintenir l'eau liquide jusqu'à un certain degré au-dessous de la congélation ordinaire ; de sorte qu'alors elle subit par le froid un décroissement progressif, comme l'eau simple fait dans un degré plus élevé ; mais lorsqu'elle parvient enfin au terme qui appartient à sa congélation, elle éprouve une dilatation pareille à celle qu'on observe dans l'eau simple qui approche de la congélation et reprend les propriétés qui lui appartiennent.

169. Il suit de là que la vapeur élastique de l'eau doit éprouver, par les élévations de température la même dilatation que les autres gaz et par conséquent avoir la densité de la vapeur de l'eau bouillante, lorsqu'elle est parvenue au 100ᵉ degré du thermomètre centigrade.

Saussure (161) a prouvé en comparant les quantités d'eau qu'il dissolvait dans l'air sec, et l'accroissement de tension qui en résultait, qu'il y avait un rapport constant entre la tension et la vapeur produite, et que cette vapeur élastique avait une pesanteur spécifique qui est à celle de l'air, comme 10 à 14, à égalité de température et de compression. Or Lavoisier a conclu de ses propres expériences que la pesanteur spécifique de l'air à 10 degrés du thermomètre, était à celle de l'eau comme 842 à 1 ; ce qui donne, en évaluant à $\frac{1}{7}$ l'augmentation de volume de la vapeur d'eau, depuis 10 degrés du thermomètre jusqu'à 80, une pesanteur spécifique de 1570.

On doit à Watt ce qu'on a de plus précis sur la pesanteur spécifique de la vapeur de l'eau au terme de l'ébullition : voici comment il s'exprime(1) : *il est connu par quelques-unes de mes expériences, et par celles du docteur Black que la vapeur de l'eau, en comptant depuis 60, ou du tempéré, est plus que deux fois le volume d'un poids egal de gaz oxigène.*

Quoique cette indication soit un peu vague, et quoiqu'on ne puisse compter sur une parfaite exactitude dans les résultats de Saussure, on trouve cependant le rapport le plus satisfaisant entre le premier résultat et celui de Watt; car, selon les déterminations de Lavoisier, la pesanteur spécifique du gaz oxigène est au 10e degré de Réaumur de 765; de sorte que l'expression de Watt fixe la légèreté spécifique de la vapeur de l'eau au-delà de 1530.

170. En établissant que l'air agit sur les liquides qu'il dissout, comme sur les autres gaz, par là même on prouve que les vapeurs élastiques doivent se trouver en même quantité dans un espace vide ou dans un espace rempli d'air, pendant que la température et la tension ou la saturation restent les mêmes ; car pour qu'il y eût un autre effet, il faudrait que l'air agît autrement par la compression qu'il ne fait

(2) Trans. philos. 1784, p. 352.

sur un gaz, qu'il exerçât sur la vapeur de l'eau une force différente que sur un autre gaz, et alors il y aurait une grande distance entre les effets.

Lors donc que la compression diminue l'espace qui contient un air saturé, une partie de la vapeur élastique doit devenir liquide pour permettre à l'autre d'occuper celui qui lui convient, et comme il lui arriverait, si l'on diminuait l'espace qu'elle occupe par l'effet de sa seule force élastique, ou comme il arriverait à la vapeur de l'eau au degré de l'ébullition. Il y a cette différence entre les liquides, qu'ils ont à une même température des tensions inégales qui sont relatives à leur élasticité, jusqu'à ce qu'ils soient parvenus à l'ébullition : alors leur tension se trouve égale à la résistance de la compression de l'atmosphère ; ils se changent en fluides élastiques, et suivent les mêmes lois de dilatation : avant ce degré de température l'affinité des gaz leur donne les propriétés des gaz permanents, mais sans produire aucun changement dans le terme de leur plus grande tension, comme l'action réciproque des gaz permanents n'influe point également sur les tensions qu'ils doivent avoir dans des circonstances données.

171. Saussure pense que l'air ne dissout l'eau que *lorsque l'action du feu l'a convertie en vapeur élastique*, §. 191. En cela je diffère de

son opinion ; l'action de l'air et celle du calorique sont simultanées ; mais c'est la première
qui détermine la seconde, la compression de
l'atmosphère s'oppose à la formation de la vapeur de tout l'excès qu'elle a sur la tension
du liquide ; ainsi dans la circonstance où s'est
faite l'expérience de Van Marum que j'ai citée,
une pression de 15 pouces de mercure suffit
pour empêcher la vapeur de l'éther de se produire, comme elle peut aussi lui rendre l'état
liquide si elle était formée.

L'action de l'affinité de l'air sur l'eau se manifeste d'une manière frappante dans la dissolution de la glace, malgré la résistance de la
force de cohésion ; Saussure a observé qu'à 2,7
degrés au-dessous du terme de la congélation,
l'hygromètre qui était à 36,70 monta dans l'air
où il avait mis un linge glacé dans une heure
de 18°, et dans trois de 49,52. Cependant il ne
parvint dans cet espace de temps qu'à 86,22,
de sorte que l'obstacle de la force de cohésion
retarde non-seulement la dissolution, mais l'empêche probablement de se compléter. Il est vrai-
semblable que l'effet diminuerait par les abaissements de température, et qu'enfin l'on parviendrait à un degré où la dissolution ne pourrait
plus s'opérer.

172. Puisque les vapeurs élastiques que les
liquides peuvent produire sont déterminées

par l'espace, et puisque la compression qu'elles éprouvent lorsqu'elles sont dans l'état de dissolution ne peut faire varier leur quantité pondérale, on conçoit d'où vient que Saussure a trouvé les mêmes propriétés hygrométriques dans le gaz hydrogène, l'air atmosphérique et l'acide carbonique. Priestley avait déjà observé que différents gaz prenaient le même accroissement de volume lorsqu'on les mettait en contact avec l'éther; j'ai répété cette expérience avec Gay Lussac sur le gaz oxigène, le gaz azote, l'hydrogène, l'air atmosphérique et l'acide carbonique, et nous avons observé qu'ils éprouvaient tous la même dilatation, excepté le gaz acide carbonique dans lequel elle a été un peu plus légère; mais il est naturel d'attribuer cette différence, qui était très-petite, à un peu d'acide carbonique qui aura pu être réduit en liquide par une portion de l'éther. On voit que l'eau doit se dissoudre également en pareille quantité dans les différents gaz, et qu'elle doit y porter une tension proportionnelle à la température et à l'état de saturation.

173. Il ne faudrait cependant pas conclure de ce qui précède, que les substances gazeuses ne contiennent point d'autre eau que celle qui est dans l'état gazeux, et sur le volume de laquelle elles n'agissent par compression que

comme elles font entre elles : je prouverai au contraire que quelques-unes peuvent en tenir en véritable combinaison ; mais ce n'est point celle-là qui produit les effets hygrométriques, parce que retenue par une plus forte affinité, elle ne contribue pas à l'humidité et à la séche-resse des corps qui se partagent l'eau de l'at-mosphère : ainsi l'argile retient une certaine quantité d'eau qu'elle n'abandonne qu'aux degrés extrêmes de la chaleur, et que les substances hygrométriques sont bien éloignées de pouvoir lui enlever.

L'affinité réciproque des molécules de l'eau qui finit par la réduire en un corps solide, lorsque la force qui lui est opposée devient trop faible, produit encore des effets entre la vapeur de l'eau et le liquide ; de là vient, comme l'a observé Gay Lussac, que lorsqu'on distille sans communication avec l'air une substance dont il se dégage des vapeurs aqueuses sans aucun gaz permanent, et en recevant ces vapeurs dans un récipient rempli d'eau, on ne peut éviter un balancement qui fait refluer l'eau dans la cornue ; mais on prévient facilement cet inconvénient en interposant entre l'eau et la cornue une petite couche de mercure.

Welter avait auparavant imaginé le moyen de se servir de la compression même de l'at-mosphère pour prévenir cet effet par les tubes de sûreté, qui depuis lors sont employés avec succès dans un si grand nombre d'opérations, et qui ont donné toute son utilité à l'appareil que l'on doit à Woulfe; mais lorsqu'on a intérêt d'éviter le mélange de l'air, le premier moyen a un grand avantage : par là même que le mercure à beaucoup moins d'affinité avec la vapeur de l'eau, que l'eau n'en a elle-même, les effets de résorption qui sont très-difficiles à éviter, n'ont plus lieu.

C'est par un effet analogue, que dans les machines à feu une petite quantité d'eau froide produit une soudaine condensation dont l'effet est secondé par la dilatation qui en résulte dans le reste de la vapeur, et par le réfroidissement qui l'accompagne, comme l'a observé Darwin (1). Cette action réciproque sert encore à expliquer l'effet de l'eau qui favorise le dégagement d'une substance gazeuse, d'où vient que l'absence de l'eau, comme l'a fait voir Vithering (2), distingue le carbonate de baryte natif, qui ne peut être décomposé par la chaleur, du carbonate arti-ciel, qui peut l'être au moyen de l'eau qu'il contient; mais le premier peut se décomposer dans un tube, en y faisant passer un courant de vapeur d'eau, comme l'a fait Priestley, ou

(1) Trans. philos. 1788.

(2) Ibid, 1784.

en y suppléant par un courant d'air, selon Clément et Désorme.

174. Lors donc que l'eau est faiblement retenue dans une combinaison, et qu'elle se réduit en vapeurs, elle sollicite et détermine une autre substance à prendre l'état gazeux par toute l'affinité qu'elle a pour le gaz qu'elle dissout. Cette propriété peut être d'une grande utilité dans plusieurs opérations de chimie.

L'affinité mutuelle des gaz peut donc produire entre eux un effet qui est plus grand que leur différence de pesanteur spécifique, mais qui est inférieur à la tension élastique qui appartient à chaque molécule des uns et des autres; de sorte que le volume n'est point altéré par cette action; les liquides qui prennent l'état élastique se conduisent dès-lors comme des gaz.

Quelques solides paraissent se dissoudre dans l'air comme les liquides; ainsi le phosphore se dissout dans l'azote en accroissant son volume, et l'observation intéressante de Gay Lussac sur le muriate d'ammoniaque (108) prouve qu'il en fait de même : il y a apparence que les corps odorants se dissolvent ainsi, puisqu'ils conservent dans leur union avec l'air, les propriétés qui les caractérisent; mais si l'affinité mutuelle des gaz est plus forte que celle qui se borne à la dissolution, et si elle peut effectuer un changement dans les dimensions respectives, il se produit d'autres phénomènes qui appartiennent à la combinaison, et qui en séparent d'un grand espace, ce que je désigne ici par dissolution, parce que par là même que les dimensions respectives diminuent, l'action réciproque s'accroît, et l'effet n'est limité que parce que cette action s'affaiblit en raison de la saturation qui s'opère.

175. On doit distinguer la dissolution de la combinaison, non-seulement parce que dans la première chacune des substances est retenue par une si faible affinité, qu'elle conserve ses dimensions; mais encore parce que toutes les propriétés qui la caractérisent, toutes ses autres tendances à la combinaison se trouvent à peine affaiblies; au lieu que dans la combinaison les propriétés antagonistes sont diminuées de toute la saturation qu'elles ont éprouvée.

Il y a donc, dans les combinaisons des gaz, une condensation qui est ordinairement plus grande que celle qu'on observe dans les liquides, parce qu'ils peuvent beaucoup plus diminuer de volume par les mêmes causes.

On observe en effet une condensation quelquefois considérable dans les combinaisons gazeuses qui se forment; ainsi la vapeur de l'eau à la chaleur de l'ébullition occupe beaucoup moins d'espace que le gaz hydrogène et le gaz oxigène qui la produisent n'en occuperaient à la même température : le gaz nitreux a une pesanteur spécifique plus grande que celle du simple mélange de ses deux éléments ; il en est de même du gaz ammoniaque.

Le rapprochement des molécules peut être tel, que l'action réciproque se trouve augmentée au point que la substance combinée prenne l'état liquide, ou même l'état solide ; ainsi le gaz ammoniaque dans lequel les éléments ont déjà subi une grande condensation en éprouve une nouvelle lorsqu'il se combine avec le gaz muriatique, et l'un et l'autre prennent l'état solide.

Le gaz hydrogène et le gaz oxigène réduits en eau, ne peuvent plus conserver l'état gazeux que sous un certain degré de pression : à une pression trop considérable, ils prennent l'état liquide, et enfin par une diminution de température, ils deviennent solides. Cette combinaison se trouve donc, par le rapprochement des molécules, dans un état intermédiaire entre celui où l'affinité réciproque ne produit aucun effet sensible, et celui où elle produit la liquidité, et enfin la solidité, et selon l'état de la température et de la compression, la force expansive ou la force de cohésion deviennent prépondérantes.

176. On retrouve donc dans les gaz qui se combinent et qui subissent une assez grande condensation, les phénomènes que j'ai observés

dans les autres combinaisons dans lesquelles la disposition à la solidité est augmentée toutes les fois que l'affinité a assez d'énergie : mais ici ils sont beaucoup plus considérables, parce que la condensation est beaucoup plus grande.

Les liquides et les solides qui se combinent avec les substances gazeuses les assujettissent à leur état, où ils prennent eux-mêmes l'état gazeux, selon l'énergie des forces qui sont en action, et quelquefois selon les proportions.

Lorsqu'un solide passe en combinaison avec un fluide élastique, il est difficile d'estimer la condensation qui résulte de la combinaison, parce que l'on ignore quel volume prendrait un solide à une température basse, si la force de cohésion cessait d'agir sur lui ; cependant cette condensation est manifeste, puisque dans la plupart des cas, le volume de la substance gazeuse est réduit par la combinaison, et que toujours la pesanteur spécifique de la combinaison est plus grande que celle qu'avait la substance gazeuse ; ainsi la pesanteur spécifique du gaz muriatique oxigéné, de l'acide sulfureux et de l'acide carbonique, est beaucoup plus grande que celle du gaz oxigène ; celle du gaz hydrogène carburé, phosphuré, sulfuré, plus grande que celle du gaz hydrogène.

177. Si dans les combinaisons qui se forment, une portion du calorique est toujours éliminée,

si l'action du calorique a toujours pour effet immédiat la dilatation des corps, et si elle augmente leur disposition à l'élasticité, il paraît d'abord difficile de concevoir comment une augmentation de calorique peut produire la combinaison de l'hydrogène et de l'oxigène dont il doit s'en éliminer une grande quantité, et comment il se fait, selon l'expression de Monge (1), *qu'en augmentant la dose du dissolvant, on diminue l'adhérence qu'il avait pour ses bases.*

J'ai emprunté de Monge lui-même une explication qui me paraît résoudre cette difficulté (2). La compression en rapprochant les molécules de deux gaz augmente leur action réciproque, elle peut être portée à un point où elle détermine la combinaison; or la partie d'un gaz qui la première reçoit la chaleur, éprouve une dilatation d'autant plus grande que la chaleur est plus intense, elle doit comprimer avec un grand effort les parties du gaz qui n'ont pas encore reçu le même degré de température, elle décide par là leur combinaison; mais le calorique qu'abandonne cette combinaison, et qui l'élève à une température beaucoup plus haute produit par la tension qui en est la suite une réaction beaucoup plus grande, de sorte que la partie

(1) Mém. de l'Acad. 1783.
(2) *Ibid*, 1788.

qui n'avait d'abord fait que se dilater, est obligée d'entrer elle-même en combinaison.

Le calorique ne ferait donc que causer par la dilatation d'une partie d'un gaz une compression sur celle qui est la moins échauffée ; mais l'effet total serait dû au rapprochement subit des molécules produit par la combinaison, comme il est dû à cette même cause dans la percussion des corps solides, et dans celle des corps qui contiennent des substances dont la combinaison n'exige qu'une petite cause, et qui se trouvent, pour ainsi dire, sur la limite de leur existence.

Trembley a fait contre cette explication des observations qui ne me paraissent fondées que sur l'obscurité avec laquelle je l'ai présentée. »Comment donc, dit-il, le calorique peut-il »produire à-la-fois l'élasticité et la compression ? »et une compression par laquelle il se chasse »lui-même des aggrégats qu'il avait formés avec »l'oxigène ? Dans le premier cas, l'on admet »un moyen nouveau et inconnu qui a été oublié »dans la théorie, et qui en prouve l'insuffi- »sance ; dans le second, on fait jouer au ca- »lorique des effets si différents et si opposés, »qu'il n'est pas possible de s'en former une »idée, et l'on retombe par là dans le défaut »qu'on a tant reproché au phlogistique (1) ».

(1) Mém. de Berlin, 1797.

I.   20

Trembley a donc établi son objection sur la supposition que le calorique augmentait à-la-fois l'élasticité, et produisait une compression par laquelle il se chassait lui-même de la combinaison qu'il formait; ce n'est pas ce que j'ai voulu dire.

La dilatation soudaine, produite dans une partie des deux gaz qui sont mêlés, ou en simple dissolution, cause, selon l'explication que j'ai cru pouvoir adopter, une compression proportionnelle dans la partie qui n'a pas encore pu partager la température, et produit par là la combinaison des deux éléments.

1°. La compression favorise la combinaison d'une substance gazeuse par le rapprochement des parties qui exercent l'action chimique; ainsi l'on augmente par son moyen la dissolution du gaz acide carbonique dans l'eau, et une compression beaucoup plus grande peut exercer une action efficace sur des combinaisons beaucoup plus difficiles à former.

2°. C'est un fait que la compression peut produire des combinaisons qui sont accompagnées de détonnation ou d'élimination du calorique; car par elle seule on fait détonner le muriate oxigéné de potasse, mêlé avec des substances inflammables, ainsi que l'argent, l'or et le mercure fulminant. Il suffit donc que la dilatation d'une partie du gaz soit un effet plus prompt que la communication de la température à l'autre partie.

3°. On ne peut douter que la détonnation ne soit un effet successif, et que par conséquent la dilatation produite dans une partie ne puisse causer la compression supposée dans une partie contiguë.

Howard a très-bien expliqué par cette circonstance les différences que présentent dans leur force la poudre ordinaire, et les autres poudres détonnantes (1).

On voit donc comment l'électricité peut produire deux effets opposés, selon les circonstances (135); elle décomposera l'eau par le moyen de l'expansion qui accompagne son action; mais cette même expansion pourra la former de nouveau lorsque l'effet se passera dans le mélange qui s'est formé de gaz hydrogène et de gaz oxigène, la dilatation produite dans une partie pourra agir par la compression sur les autres, ce qui correspond aux expériences des chimistes hollandais (2) qui ont été répétées par Silvestre et Chappe, et par Tennant.

(1). Trans. philos. 1800.
(2) Journ. de Phys. tom. XXXV.

~~~~~~

CHAPITRE II.

De l'affinité résultante.

178. LES substances élastiques éprouvent une contraction plus ou moins grande, lorsqu'elles entrent en combinaison ; mais les caractères de ces combinaisons dépendent en grande partie de l'état où les substances gazeuses s'y trouvent réduites ; elles agissent quelquefois comme une substance simple ; dans d'autres circonstances elles se décomposent , et leurs parties forment de nouvelles combinaisons, dont les propriétés dépendent encore de l'état des substances élastiques qui les composent ; de sorte que ces substances portent dans les combinaisons des dispositions qui déterminent leur constitution particulière, et qui contribuent par là plus ou moins à l'action que celles-ci peuvent exercer.

L'action chimique des substances qui ont dans leur composition quelqu'élément naturellement élastique reçoit donc par les changements de constitution, des modifications dont il faut déterminer les conditions et les différences caractéristiques avec celles des substances qui ne changent pas sensiblement de constitution : je devrai encore, dans ce chapitre, comparer les différences qui distinguent la décomposition de ces substances.

J'appelle affinité résultante, celle dont l'action procède de plusieurs affinités dans une même substance, pendant que celle-ci l'exerce collectivement, et je distingue celle des parties qui la composent, lorsqu'elles deviennent individuelles, par le nom d'affinités élémentaires; par exemple, lorsque l'acide nitrique, qui est composé d'oxigène et d'azote, se combine avec la potasse, il agit sur cet alcali par une affinité qui résulte de celle de l'oxigène et de celle de l'azote; mais si les parties élémentaires se séparent pour entrer dans d'autres combinaisons, les affinités élémentaires sont substituées à l'affinité résultante. Comme l'action chimique est réciproque, je donne également le nom d'affinité résultante à celle d'une substance simple pour une substance composée, dont elle n'altère point la composition.

179. Si l'eau dissout une combinaison saline sans changer l'état respectif de saturation, et si elle ne peut y produire de changement, quelle que soit la proportion dans laquelle on la fait agir, on peut bien dire que l'action réciproque de la substance saline est résultante; ce qui provient de ce que les parties élémentaires de

la combinaison sont encore éloignées de l'état
de saturation, de sorte que ce qui leur reste
à satisfaire de leur tendance réciproque est
encore plus considérable que l'action que l'eau
exerce sur l'une des parties élémentaires, pré-
férablement à l'autre; mais si l'eau agit sur le
sulfate de mercure oxigéné, elle produit une
séparation des parties élémentaires, elle change
l'état de la combinaison selon sa quantité
et selon la température qui la seconde; alors
il faut comparer, comme isolées, toutes les
forces qui influent sur le résultat : on ne doit
plus considérer l'eau comme un simple dissolvant.

L'espèce d'affinité résultante dont je viens de
parler, et qui appartient aux dissolvants, proprement dits, ne mérite ici aucune considération
particulière : il suffit de remarquer, si un dissolvant agit sans altérer l'état de combinaison,
ou si une action relativement plus forte ne
laisse plus subsister les mêmes rapports entre
les éléments de la combinaison : dans le premier
cas, le liquide ne change pas sensiblement l'état
des forces, il procure seulement la faculté
de les exercer en donnant la liquidité, et
dans le second, en changeant l'état de combinaison, il amène bien un autre résultat, par
la force qu'il exerce, mais sans altérer sensiblement les forces qui agissaient avant son in-

tervention : il n'en est pas de même lorsque les substances élémentaires changent d'état en passant dans d'autres combinaisons ; alors les forces qui agissent éprouvent une révolution qu'il convient de distinguer, et dont il faut considérer la cause et les effets.

180. L'action d'une substance dépend de l'énergie de son affinité, et de la quantité avec laquelle elle se trouve dans la sphère d'activité ; si donc l'élasticité qu'on lui suppose dans l'état libre est surmontée par l'action d'une autre substance, si par là elle se trouve très-condensée, et si la combinaison qu'elle vient de former est liquide, elle jouit de toutes les propriétés des liquides et elle peut agir avec une masse beaucoup plus grande.

Cependant l'effet de son affinité est diminué de toute la saturation qu'elle éprouve par la combinaison qu'elle subit ; mais cet effet est souvent beaucoup plus petit dans l'affinité résultante, que l'augmentation d'énergie qu'elle acquiert par sa condensation. D'ailleurs, si la substance avec laquelle elle s'est combinée est devenue liquide, quoique son action soit également affaiblie de toute celle qu'elle exerce sur l'élément gazeux, elle peut cependant acquérir plus par l'avantage de la liquidité qu'elle ne perd par la combinaison, et concourir avec l'action de la substance gazeuse.

On voit par là comment le soufre et le phosphore peuvent former, par la condensation de l'oxigène, des combinaisons qui ont une action si puissante sur les alcalis, et dont les propriétés dérivent particulièrement de celle de l'oxigène, tandis que dans l'état gazeux son élasticité était un obstacle à toute combinaison avec eux.

181. Il ne faudrait pas conclure de ce qui précède, que plus la condensation d'une substance gazeuse est grande, plus est considérable l'énergie qu'elle porte dans tous ses effets ; mais il y a deux conditions qu'il faut distinguer, la condensation et la diminution de l'affinité par la saturation qu'elle éprouve.

Plus la condensation est forte, plus grande est la perte qui est due à la saturation, le reste étant égal ; on doit donc retrouver dans la combinaison, d'autant moins des propriétés qui sont dues à l'affinité d'une substance gazeuse, que cette substance se trouve réduite à un plus grand état de condensation.

L'acide sulfureux contient une proportion plus petite d'oxigène, que l'acide sulfurique ; mais il est moins condensé, de là il est plus volatil, il abandonne même difficilement l'état gazeux, ce qui l'a fait regarder comme beaucoup plus faible ; cependant il possède les propriétés acides à un plus haut degré ; car si l'on expose le sulfite de potasse au gaz oxigène, il en absorbe une quantité considérable, et tout le sulfite se convertit en sulfate, sans qu'il y ait aucun changement dans l'état de saturation, et sans qu'il se fasse aucun dégagement, ainsi que je m'en suis assuré en fesant l'expérience dans un récipient rempli de gaz oxigène sur l'eau.

Je remarquerai à cette occasion, que dans les évaluations que l'on a données des proportions de l'acide et de l'alcali dans les sulfites et dans les sulfates, on est nécessairement tombé dans une erreur, lorsqu'on a établi les proportions de l'acide sulfureux dans les sulfites plus grandes que celles de l'acide sulfurique dans les sulfates. Lorsqu'on pousse au feu un sulfite, il se sublime du soufre, il se dégage même du gaz sulfureux, et le résidu se trouve changé en sulfate, ce qui m'avait fait croire qu'il restait moins de soufre dans l'acide sulfurique qui reste combiné avec la potasse (1); mais une partie de l'alcali est surabondante, et se trouve dans l'état de sulfure, de sorte que la conclusion que j'avais tirée de cette expérience n'est pas exacte.

Le nitrate de potasse dont on a dégagé une portion de l'oxigène, se dissout après cela facilement dans l'eau; la dissolution ne donne aucun indice d'alcalinité, comme l'a constaté Gay Lussac;

(1) Mém. de l'Acad. 1782.

cependant il s'en dégage beaucoup de gaz nitreux lorsqu'on y verse un acide ; mais il ne faut pas pousser l'action du feu trop loin, parce qu'alors l'acide nitreux lui-même commencerait à se décomposer, et l'alcalinité se développerait ; l'acide nitreux a donc autant d'acidité que l'acide nitrique.

Le muriate oxigéné de potasse abandonne par l'action de la chaleur tout son gaz oxigène, et cependant le résidu est encore parfaitement neutre, quoiqu'on ait avancé le contraire.

On ne peut douter que les phosphites ne se changent en phosphates, de même que les sulfites en sulfates, sans que l'état de saturation change.

182. Ces faits prouvent que la propriété acide qui consiste à saturer des quantités déterminées d'alcali, n'est point proportionnelle à la quantité d'oxigène qui se combine avec une base ; mais que plus il se trouve condensé, plus forte par conséquent est l'action qu'il éprouve, moins il donne d'acidité à quantité égale ; parce que la propriété acide qu'il communique par son affinité qui reste libre, se trouve diminuée en raison de cette action.

Mais les propriétés qu'il doit à la condensation sont beaucoup plus grandes dans l'acide sulfurique ; il acquiert une pesanteur spécifique beaucoup plus considérable, il a par conséquent beaucoup plus de puissance contre la force de cohésion (49), et il résiste beaucoup plus à sa décomposition.

On ne peut établir ce rapport de l'action entre l'acidité et la condensation de l'oxigène, que lorsque la base est la même, et non lorsque l'on en fait la comparaison dans ses différentes combinaisons, parce que les propriétés de la base concourrent elles-mêmes à l'action qu'il exerce sur les alcalis, et peut modifier ses effets jusqu'à un certain point ; le soufre et le phosphore nous en offrent un exemple : l'un et l'autre ont à-peu-près la même pesanteur spécifique ; le phosphore agit beaucoup plus puissamment que le soufre sur l'oxigène, de sorte que celui-ci s'y trouve fixé en plus grande quantité, et dans un plus grand état de condensation, et l'acide phosphorique acquiert par là plus de pesanteur spécifique, et beaucoup plus de fixité que l'acide sulfurique : cependant si les expériences qui ont été faites pour déterminer les proportions ont été exactes, on trouve que l'oxigène produit un plus grand effet acide dans l'acide phosphorique que dans le sulfurique : 100 parties d'acide sulfurique, selon les expériences de Chenevix, qui diffèrent peu des évaluations de Thenard (1), contiennent 38 parties pondérales d'oxigène, et selon celles de

(1) Bibl. Britan. tom. XVIII.

Lavoisier, 100 parties d'acide phosphorique en ont 60 d'oxigène. Or, 100 parties d'acide sulfurique, ou 38 d'oxigène, neutralisent 70 parties de chaux (1), tandis que 100 parties d'acide phosphorique, ou 60 parties d'oxigène, en neutralisent 174 (2); cependant il me paraît probable qu'une circonstance peut en imposer : j'ai remarqué que le phosphate de chaux prenait en se précipitant un excès de chaux; de sorte qu'il est possible que le phosphate que Vauquelin a obtenu, eût une portion de chaux qui excédait l'état neutre, et si l'on fesait l'expérience sur un phosphate exactement neutre, on pourrait trouver que l'oxigène communique en moindre proportion les propriétés acides dans sa combinaison avec le phosphore, que dans celle avec le soufre.

183. En appliquant les principes que ces observations paraissent confirmer aux différentes combinaisons que forment les substances élastiques, on peut juger par les propriétés de ces combinaisons de l'état de saturation qu'elles éprouvent; ainsi l'eau ne laissant appercevoir aucune propriété de l'oxigène, ni de l'hydrogène, on peut en conclure que ces deux substances se trouvent combinées au terme où l'af-

(1) Syst. des Conn. Chim. tom. III.

(2) *Ibid.*

finité réciproque exerce le plus grand effet, et qu'elles sont dans un état comparable à celui d'un sel neutre dans lequel les propriétés acides et alcalines sont également devenues latentes : elles ont éprouvé par leur combinaison une condensation par laquelle leur volume a été réduit à $\frac{1}{2000}$. Dans les acides, les qualités de l'oxigène restent dominantes ; dans les liquides inflammables, ce sont celles de l'hydrogène qui le sont ; de sorte que dans les premières combinaisons, l'oxigène éprouve un degré de saturation plus petit que dans l'eau, et dans les dernières, c'est l'hydrogène qui est dans ce cas.

Ces observations nous font reconnaître dans les combinaisons gazeuses, des propriétés analogues à celles que nous avons observées dans les combinaisons des acides avec les alcalis : la saturation rend latentes les propriétés caractéristiques des deux gaz ; mais celles qui appartiennent à l'un des deux peuvent n'être pas neutralisées, comme dans les sels acidules et alcalinules ; alors la combinaison conserve les propriétés distinctives de l'un des éléments ; c'est ce qui arrive dans les acides qui doivent leur acidité à l'oxigène. Son influence est d'autant plus grande, qu'il éprouve moins de saturation : de là vient qu'il conserve autant de capacité de saturation dans l'acide sulfureux que dans l'acide sulfurique, quoiqu'il y soit en plus petite pro-

portion ; cependant il faut pour cela qu'il ait
acquis assez de solubilité dans l'eau pour pouvoir agir dans un degré de concentration assez
considérable; car s'il ne pouvait être suffisamment condensé, il perdrait, par l'état de dilatation, ce qu'il aurait gagné par la faiblesse de
la combinaison, comme on l'observe dans l'acide
muriatique oxigéné. Enfin il faut distinguer dans
les combinaisons gazeuses, comme dans celles
des acides et des alcalis, les effets qui dépendent
de la condensation de ceux qui proviennent
de la saturation.

184. Après ces considérations générales sur
les combinaisons des substances gazeuses, nous
allons examiner l'action résultante de ces combinaisons, et les modifications qu'elle éprouve.

Pendant qu'une substance agit par une force
résultante, l'état respectif de ses parties élémentaires ne change pas, de sorte qu'il ne faut
pas considérer, par exemple, un mélange d'acide
nitrique et d'acide sulfurique dans l'eau, comme
une dissolution d'oxigène, d'azote et de soufre,
ainsi qu'on doit le faire relativement à des substances qui, par leur combinaison, ne changent
pas sensiblement de constitution; mais il faut
regarder dans ce mélange l'acide nitrique et
l'acide sulfurique comme deux substances simples, pendant qu'ils conservent leur constitution.

Lorsque la substance composée, en agissant

par une force résultante, entre dans une combinaison, l'union des parties élémentaires se trouve affermie de toute la saturation qu'elle éprouve par là ; ainsi le fer qui pourrait décomposer facilement l'acide nitrique, ne le peut plus, dès que celui-ci est combiné avec la potasse ; et l'acide muriatique oxigéné, qui cède si facilement son oxigène, le retient beaucoup plus dans le muriate oxigéné de potasse.

Le contraire a lieu, lorsqu'au lieu d'une substance saturante qui sert d'appui à l'affinité résultante, on en ajoute une qui tend à former une combinaison où doit entrer l'une des parties élémentaires ; par exemple, lorsqu'on ajoute de l'acide sulfurique au mélange de l'eau et du fer, cet acide favorise la décomposition de l'eau, parce qu'il tend, ainsi que l'oxigène, à se combiner avec le métal, et la décomposition de l'eau est décidée par la réunion de leurs forces : c'est dans cette réunion de forces que consistent les effets de l'affinité qu'on a appelée *prédisposante*.

Le calorique qui tend à rendre l'élasticité aux substances condensées, affaiblit par là même, ou détruit l'union de laquelle dépendait l'affinité résultante, et lui fait succéder les affinités élémentaires, ou par l'effet seul de son action ou par le concours d'autres affinités ; ainsi le nitrate de potasse étant exposé à une forte chaleur, l'acide nitrique est réduit en gaz oxi-

gène et en gaz azote, et mis en contact à un
degré beaucoup moindre de chaleur, avec le
fer, le soufre ou le charbon ; il se détruit, et
les affinités de l'oxigène remplacent les siennes
dans les combinaisons qui se forment. On voit
donc que la chaleur qui se dégage dans beaucoup d'opérations, par exemple, dans le simple
mélange de l'eau et de l'acide sulfurique peut
intervenir efficacement dans les phénomènes
qui se produisent.

185. Lorsqu'une substance étrangère exerce
sur l'une des substances élémentaires une action
plus forte que la tendance à la combinaison qui
tient celle-ci dans un composé, elle en produit
la séparation ; mais comme son action s'affaiblit
par la saturation qu'elle éprouve, et comme
au contraire la substance qui tend à retenir
celle qui est l'objet d'un effort opposé, agit
avec d'autant plus de force, que la proportion
de la dernière diminue, ces deux actions contraires peuvent parvenir à un état d'équilibre
qui ne sera changé qu'en fesant varier les masses,
ou en changeant la température ; mais une
circonstance qui doit encore être remarquée,
c'est que l'action chimique ne s'épuise quelquefois
qu'après un temps considérable ; or si une combinaison qui résulte de certaines proportions
prend l'état gazeux, elle se soustrait avant que
la substance opposée ait épuisé l'action qu'elle

exerce sur l'une des substances élémentaires ; de sorte qu'on prendrait une idée fausse des forces qui sont opposées, si l'on regardait les deux combinaisons qui se séparent comme le terme fixe des puissances qui les produisent.

186. Pendant que les affinités élémentaires substituent leur action à celle de l'affinité résultante, il arrive souvent qu'une partie de la substance composée agit sur un résultat de la décomposition par une affinité résultante ; de sorte que par la combinaison qu'elle tend à former, elle favorise d'une part la décomposition, et d'un autre côté elle est préservée de sa propre décomposition. C'est ainsi que dans la plupart des occasions où un métal agit sur l'acide nitrique ; il n'y en a qu'une partie qui se décompose, pendant que l'autre entre en combinaison avec l'oxide ; il y a apparence que la distance cause cette différence d'action, et que la partie de l'acide qui est la plus voisine du métal, se décompose, pendant que celle qui est plus éloignée se combine avec l'oxide.

On voit donc que les quantités des substances qui peuvent agir, que la température initiale et celle qui peut s'établir successivement, que l'action résultante d'une partie de la substance composée, que la constitution qui est attachée à certaines proportions qui entrent en combinaison, peuvent faire varier indéfiniment les

résultats de l'action de deux substances, lors
même qu'une seule est composée, comme on
peut l'observer dans l'action mutuelle de l'acide
nitrique, et d'un métal qui donne naissance
à des gaz, des oxides, des nitrates très-différents, et encore à l'ammoniaque qui vient modifier diversement tous les produits.

187. Les observations précédentes prouvent
combien l'action chimique est plus mobile dans
les substances qui reçoivent dans leur composition des éléments gazeux, que dans celles qui
sont composées d'éléments fixes, combien l'on
perd pour la connaissance des propriétés chimiques et des phénomènes auxquels elles concourrent, lorsqu'on se borne à la détermination
de leurs parties élémentaires, et même de leurs
proportions.

188. Pour bien concevoir la différence qui
existe dans l'action des substances, suivant leur
constitution, comparons les propriétés qu'elles
présentent dans différents états.

Pendant que les molécules du soufre sont soumises à la force de cohésion, cette substance
ne peut vaincre la résistance de l'élasticité du
gaz oxigène ; mais si elle perd sa cohésion par
le moyen d'un alcali, elle peut alors exercer
une action beaucoup plus puissante ; elle se
trouve dans le même cas que si la chaleur eût
détruit l'effet de sa cohésion ; elle peut donc

se combiner avec l'oxigène jusqu'au terme où la résistance de celui-ci est égale à ce qui lui reste d'action : l'alcali affaiblit, à la vérité, sa tendance à la combinaison avec l'oxigène, de toute la quantité par laquelle il agit sur lui ; mais il apporte lui-même une disposition à se combiner avec l'oxigène : cette disposition ne produisait point d'effet, pendant qu'il était seul, parce qu'il ne pouvait surmonter la résistance de l'élasticité : le résultat est un effet pareil à celui qu'aurait produit un degré de température assez élevé pour changer le soufre en acide sulfurique.

Le soufre, dans cette circonstance, n'a fait que recouvrer l'exercice de l'affinité qui était rendue latente par la force de cohésion, il n'en est pas de même du fluide élastique.

Si l'on dissout l'acide carbonique par l'eau, son volume se trouve très-condensé, comme le fait voir la pesanteur spécifique de cette eau, et sur-tout celle qu'il a dans les carbonates alcalins, selon les expériences de Kirwan, et quoiqu'il perde par là cette partie de son affinité qui répond à la saturation qu'il éprouve, il n'est pas surprenant qu'il puisse alors produire des effets beaucoup plus énergiques que dans l'état élastique ; aussi l'eau imprégnée d'acide carbonique dissout le carbonate de chaux qui n'a plus d'action sur l'acide carbonique libre, et qui a une grande force de cohésion, et elle peut elle-même, au moyen de ce carbonate, absorber une beaucoup plus grande quantité d'acide carbonique ; cependant ce même acide n'aurait pu se combiner, même avec la chaux, sans le concours de l'eau ; mais une fois condensé par la chaux, son affinité a acquis une telle énergie, qu'il ne peut plus en être séparé que par le concours de l'eau qui agit alors elle-même par l'élasticité qu'elle reçoit de la chaleur.

Le soufre a acquis une énergie d'action par la destruction de la force de cohésion, et l'acide carbonique par la condensation de son volume. Cette dernière condition pouvant varier indéfiniment dans les combinaisons qui fixent l'acide carbonique, il en résulte que l'action de son affinité peut s'y trouver très-différente.

L'action de l'eau est très-faible dans la plupart des circonstances, si on la compare à celle de l'acide nitrique ; cependant c'est elle qui procure la plus grande énergie à cet acide, qui sans elle resterait dans l'état gazeux, et ne serait que de la vapeur nitreuse ; ses éléments qu'elle rapproche, acquièrent une grande puissance, et dès qu'il est entré en combinaison avec une base, l'eau est devenue inutile, elle peut être chassée sans que l'acide cesse de conserver le nouvel état qu'il doit à cette combinaison, jusqu'à ce que la chaleur ait enfin produit une dilatation qui contrebalance l'action mutuelle de ses éléments , et celle de la base avec laquelle ils étaient réunis.

189. L'oxigène en se combinant peut donc acquérir une grande énergie à la faveur de sa condensation; mais cette énergie dépend encore du degré de saturation qu'il éprouve, et du concours de la substance avec laquelle il s'est combiné.

Si la saturation est faible , l'avantage produit par la condensation peut être tel , que l'on n'ait pas besoin de détruire les effets de la saturation par la chaleur, pour qu'une combinaison qui ne pouvait s'opérer avec la substance pendant qu'elle était dans l'état élastique , ne se fasse immédiatement ; c'est ce que l'on observe dans l'acide muriatique oxigéné , qui décompose l'ammoniaque ; l'oxigène et l'hydrogène se réunissent , quoiqu'ils fussent l'un et l'autre en combinaison ; mais si l'une des deux substances éprouve une nouvelle saturation , si par exemple l'ammoniaque est combinée avec l'acide muriatique, la combinaison de l'oxigène avec l'hydrogène ne peut plus avoir lieu dans la même circonstance ; au contraire lorsqu'une substance tend à se combiner avec l'un des éléments , elle agit en sens opposé à la force résultante , elle tend à la détruire , et concourt par là avec l'action de la chaleur ; alors celle-ci n'a pas besoin d'être aussi forte pour effectuer cette destruction.

C'est en augmentant l'action réciproque des éléments par la nouvelle condensation qu'une combinaison produit, qu'elle affermit l'union de ces éléments, et c'est au contraire par la dilatation que la chaleur affaiblit cette action réciproque, et finit par en détruire l'effet.

C'est ainsi qu'une substance accélère, par son concours avec la chaleur, la décomposition d'une combinaison qui contient un élément élastique; par exemple, lorsque le charbon détonne avec le nitrate de potasse, celui-ci n'a pas besoin d'une température si élevée pour la séparation de ses éléments que s'il était seul ; l'affinité du charbon pour l'oxigène concourt avec l'action de la chaleur pour séparer l'oxigène de l'azote; mais dès que cette séparation s'opère, l'oxigène qui entre en combinaison avec les parties du charbon, est soumis aux mêmes conditions que si le gaz oxigène se fût combiné immédiatement; tout ce qui lui est superflu en calorique est éliminé dans l'une et l'autre circonstance ; l'acide carbonique se trouve revêtu des mêmes propriétés ; les affinités élémentaires ont succédé à l'affinité résultante ; ou bien il s'est établi une nouvelle affinité résultante.

Une substance inflammable hâtera d'autant plus la décomposition de celle qui est oxigénée, qu'elle aura une plus grande tendance à se combiner avec l'oxigène, et que celui-ci sera plus faiblement retenu dans sa combinaison : elle produira donc cet effet plus facilement avec le muriate suroxigéné qu'avec le nitrate de potasse; un métal très-oxidable exigera moins de chaleur que celui qui l'est peu; et enfin par la réunion des conditions favorables, la compression suffira pour produire la décomposition.

190. Si l'on ne distingue pas la différence qui existe dans l'action d'une même substance, selon la constitution dont elle jouit dans la circonstance où elle l'exerce, on peut tirer de l'observation des conséquences très-opposées sur les lois de l'affinité; ainsi on trouve, en considérant l'action des liquides et des solides, que plus est grande la quantité d'une substance qui se combine avec une autre, plus son action diminue; mais si l'on porte son attention sur l'acide sulfureux, comparé à l'acide sulfurique, on observe que quoique le soufre se trouve en plus grande proportion dans le premier, et que par conséquent il devrait, conformément à la théorie générale, retenir l'oxigène avec plus de force que le dernier, c'est cependant le contraire qui a lieu; car le gaz hydrogène sulfuré, le fer et plusieurs autres métaux décomposent l'acide sulfureux en lui enlevant l'oxigène, pendant qu'ils n'ont pas d'action sur l'acide sulfurique, dans les mêmes circonstances de liquidité; de même le gaz nitreux cède plus

facilement son oxigène aux substances métalliques que l'acide nitrique (1).

Lorsque des substances élastiques passent de
l'état de condensation à un état de dilatation
plus ou moins grande, selon les combinaisons
qu'elles forment, elles portent d'autres dispositions dans ces combinaisons. Leur état produit
des effets opposés à ceux qui sont dus à la
condensation; de là naissent des combinaisons
déterminées par les circonstances, et qui diffèrent pour l'état de condensation et pour les
proportions des parties élémentaires : ces différentes combinaisons exercent en conséquence de
leur constitution une action qui est aussi différente
de la précédente, que si elles avaient d'autres
parties constituantes; ainsi à part les circonstances où l'acide sulfureux et l'acide sulfurique
peuvent être transformés, ils présentent dans
leurs combinaisons et dans leurs modes, autant
de différences que deux acides qui ont d'autres
parties élémentaires.

191. Ces phénomènes divers se rangent sous
les lois générales, si l'on fait entrer dans les
causes qui concourrent à les produire les effets
de l'élasticité qui s'oppose aux combinaisons,
qui diminue la quantité qui peut se trouver
dans la sphère d'activité relativement aux liquides

_____

(1) Système des Conn. Chim. tom. VI, p. 350.

et aux solides, lesquels sous un même volume agissent en beaucoup plus grande quantité, et si l'on distingue les propriétés qu'une substance acquiert par la condensation de ses éléments gazeux, de la saturation que ces éléments éprouvent.

C'est pour n'avoir pas considéré ces effets de l'élasticité et de la disposition à l'élasticité, qu'ils ont été confondus avec ceux de l'affinité indépendante des circonstances qui la modifient, et que l'on a prononcé que les acides, naturellement élastiques, possédaient une affinité plus faible qne ceux qui sont plus fixes; c'est également pour n'avoir pas distingué les effets dûs à la condensation et à la capacité de saturation qui est la mesure de l'action des acides sur les alcalis, que l'on a regardé l'acide sulfureux comme un acide beaucoup plus faible que l'acide sulfurique, pendant qu'à quantité égale il peut saturer une plus grande quantité de base alcaline; enfin en négligeant les considérations de la théorie, on a souvent tiré de quelques observations des conséquences qui se contredisent, avec celles qui ont été déduites d'autres observations.

Ainsi quoique plusieurs faits soient une preuve d'une plus grande disposition de l'hydrogène, que du carbone à se combiner avec l'oxigène, à toutes les températures, quoique à poids égal il produise une plus grande saturation d'une plus grande quantité d'oxigène, comme l'on a vu que lorsque l'on expose à l'action de la chaleur l'eau qui passe en vapeur sur le charbon, celle-ci se décompose, on en a conclu que le carbone a plus d'affinité avec l'oxigène que l'hydrogène. Il y a ici un concours de circonstances qui participent au résultat : l'hydrogène se dégage pour se combiner avec le carbone; de sorte que c'est de l'hydrogène carburé qui se forme, et non de l'hydrogène qui est éliminé; et en même temps l'oxigène se combine avec une autre partie du carbone, mais l'hydrogène carburé et l'acide carbonique ont l'un et l'autre une grande disposition à l'élasticité qui s'accroît d'autant plus que la température est plus élevée, et la somme de la dilatation à laquelle ils parviennent, est beaucoup plus grande que celle de l'eau.

Le phosphore décompose l'acide sulfurique, mais il ne décompose pas l'acide sulfureux; l'on en conclut qu'il ne peut décomposer l'acide sulfurique que jusqu'à un certain terme, que l'action du soufre, devenue plus puissante à mesure que l'oxigène diminue, contrebalance alors l'affinité du phosphore pour l'oxigène, et que par conséquent l'affinité du premier est plus grande; mais l'on a perdu de vue les observations que j'ai rapportées (190), et qui prouvent que l'oxigène abandonne plus facilement le soufre dans l'acide sulfureux que dans l'acide sulfurique. Ce n'est donc que par des circonstances qui dépendent de la force de cohésion du phosphore et de la volatilité de l'acide sulfureux que le phosphore agit moins sur l'acide sulfureux que sur l'acide sulfurique, quoique l'oxigène tienne beaucoup plus à ce dernier ; la chaleur requise pour diminuer la force de cohésion du phosphore accroît l'élasticité de l'acide sulfureux ; de sorte qu'il se soustrait à l'action du phosphore, pendant que d'autres substances qui exercent une action beaucoup plus faible, peuvent le décomposer.

192. Ainsi les substances naturellement élastiques ont une disposition qui apporte de grandes différences dans leur action, selon les circonstances dans lesquelles elles l'exercent ; pendant qu'elles sont retenues dans une combinaison, et qu'elles n'éprouvent qu'une condensation commune aux autres substances, elles doivent être considérées comme elles, et les changements de dimension n'influent sur elles que par la disposition plus ou moins grande à l'état solide ; mais dès que leur élasticité change la constitution de la substance, leur action se modifie proportionnellement : la chaleur diminue par là leur action résultante ; les substances qui agissent sur elles par une force résultante

contribuent à maintenir leur état, celles qui portent leur action sur l'un des éléments de la combinaison, plutôt que sur l'autre, concourrent avec la chaleur à le détruire ; dans cet effet les affinités élémentaires se substituent à l'affinité résultante.

~~~~~~~~~~~~~~~~~~~~~~~~~~~~

NOTES DE LA IVe SECTION.

NOTE XII.

LES expériences que Deluc a faites (1) prouvent incontestablement que la quantité de vapeur qui se forme dans un espace vide, est la même que si cet espace est rempli d'air.

Le thermomètre étant à 65 degrés de Fahr, le maximum de l'évaporation dans le vide élève le mercure d'un petit manomètre de 0,5 pouces, comme il résulte de la moyenne de plusieurs expériences, à la même température : le récipient étant rempli d'air sec, et ensuite porté à l'humidité extrême, le baromètre, considéré comme manomètre, recevra également une élévation de 0,5 pouces.

Il conclut d'un grand nombre d'expériences faites avec l'exactitude qu'on lui connait, que *le produit de l'évaporation est toujours de la même nature, c'est-à-dire un*

_____

(1) Trans. philos. 1793.

fluide élastique qui, soit seul, soit mêlé avec l'air affecte le manomètre par la pression, et l'hygromètre par l'humidité, sans aucune différence qui soit produite par la présence ou l'absence de l'air, au moins d'une manière sensible jusqu'à présent.

Il fait voir de plus que l'hygromètre à cheveu est un indice trompeur pour les degrés qui approchent de l'humidité extrême : ce qui confirme les observations que je me suis permises sur cet objet.

La correspondance qui existe entre la température et l'évaporation, fait conclure à Deluc que la dernière n'est due qu'à l'action de la chaleur; la différence qu'il y a, selon lui, entre l'évaporation et la vaporisation, c'est que dans celle-ci la vapeur doit surmonter la pression que l'atmosphère exerce sur l'eau, et que dans la première la vapeur se forme à la surface de l'eau à toute température, parce qu'elle n'y trouve qu'une résistance qu'elle peut toujours vaincre; elle ne fait que se mêler avec l'air, et se dilater en proportion de sa quantité, comme si c'était une nouvelle quantité d'air.

SECTION V.

CHAPITRE PREMIER.

Des proportions des éléments dans les combinaisons.

193. J'ai examiné les causes qui produisent la séparation et l'isolement des combinaisons, et je les ai trouvées dans les effets de la solidité et de l'élasticité ; il reste un problème intéressant à résoudre ; c'est de déterminer quelles sont les dispositions et les circonstances qui décident des proportions fixes dans certaines combinaisons, pendant que d'autres se font en toutes proportions, et quels rapports il y a à cet égard entre les combinaisons qui se forment par le moyen de la solidité et celles qui sont produites sans perdre l'état élastique, et qui conservent leurs propriétés et leurs proportions au milieu des autres fluides élastiques, pendant qu'il y en a également qui peuvent recevoir des proportions variables ; mais à l'égard de ces

combinaisons fixes, il convient encore d'examiner ce qu'il y a de constant, ou ce qui peut se trouver d'exagéré dans cette propriété qu'on leur attribue.

Parmi les résultats de l'action chimique, il n'y en a point dont la cause ait été plus négligée que celle de la détermination des proportions qu'on observe dans quelques circonstances, pendant que dans d'autres occasions les combinaisons se font en toutes proportions, et celle de la différence qui peut se trouver à cet égard entre les solides, les liquides et les fluides élastiques.

De ce qu'on a trouvé une composition plus ou moins fixe dans un certain nombre de combinaisons, on a regardé comme un attribut des affinités électives de déterminer par la différente énergie de leur action les proportions des combinaisons qu'elles formaient, et l'on n'a plus cherché à reconnaître ce qu'il y avait de positif dans la constance des proportions, jusqu'où s'étendait réellement cette propriété, et ce qui distinguait l'action chimique des corps qui la possèdent, de celle des substances qui en sont privées.

Cependant on a observé que les effets de la tendance à la combinaison ne sont pas toujours limités à ces proportions, même dans les substances salines dans lesquelles se manifeste l'action d'une affinité énergique; alors pour ne pas s'écarter des idées que l'on avait adoptées, on a supposé qu'il y avait alors différents termes de saturation; deux, par exemple, dans les sels qui peuvent cristalliser dans l'état neutre, ou qui peuvent être acidules; mais l'on a vu que des combinaisons se formaient en proportions très-variées, et à l'égard de celles-ci, on n'a pas méconnu entièrement la loi que suit l'action chimique dont l'effet est d'autant plus grand, que la quantité de la substance qui l'exerce est plus considérable : quelquefois on a distingué une affinité physique qui agit en raison de la quantité des substances, de l'affinité chimique à laquelle on a attribué une faculté élective pour former les combinaisons de substances qui se choisissent ou s'excluent indépendamment des quantités qui sont en action.

Enfin dans ces derniers temps, on a trouvé que la forme des molécules d'une substance ou des parties intégrantes d'une combinaison déterminait toutes les formes secondaires qu'elles pouvaient produire par leur réunion, et l'on a conclu que cette forme primitive déterminait les combinaisons elles-mêmes, et par conséquent les proportions de leurs éléments.

Je vais tâcher de trouver l'explication des différents états de combinaison dans les circonstances qui font varier l'effet de l'affinité qui produit une saturation réciproque des tendances à la combinaison, et d'établir une ligne de démarcation plus prononcée que je ne l'ai fait entre ses effets immédiats, et ceux de l'action réciproque à laquelle est due la solidité.

194. Si nous reportons notre attention sur les phénomènes que présentent les combinaisons faibles qui produisent la dissolution, nous observons qu'un corps solide, un sel, par exemple, se dissout en toute proportion dans l'eau, jusqu'au terme extrême qui donne la saturation, et auquel la force dissolvante se trouve plus faible que la force de cohésion qui lui est opposée, mais que le degré de saturation varie selon la température qui diminue la résistance de la cohésion : un degré de température trop élevé donne une telle tension élastique à l'eau, qu'elle abandonne le sel qu'elle tenait en dissolution.

Les métaux qui s'allient se dissolvent en toute proportion, lorsque la différence de pesanteur spécifique et de fusibilité ne vient pas interrompre cette dissolution mutuelle.

Les substances qui se vitrifient, se combinent aussi en toute proportion, jusqu'au terme où l'insolubilité de quelques-unes et le degré de température mettent un obstacle à cette dissolution qui est uniforme et transparente, et qui par conséquent a tous les caractères d'une combinaison chimique où toutes les propriétés sont devenues communes.

La dissolution d'une substance élastique par l'eau, nous présente des phénomènes analogues; plus la quantité d'eau est considérable, plus est grande la proportion de la substance élastique qui se dissout; mais la chaleur qui pouvait favoriser la dissolution du sel, en diminuant la résistance de la cohésion produit ici un effet contraire, parce qu'elle accroît l'élasticité qui est l'obstacle à la combinaison.

Si nous mettons à présent en opposition deux combinaisons, nous observons que les séparations qui peuvent se produire sont encore un effet qui dépend des quantités qui agissent, et de la résistance qu'opposent, ou la force de cohésion, ou l'élasticité : que l'eau soit très-saturée d'acide carbonique, l'air lui en enlèvera plus ou moins, selon sa quantité, et selon la température qui réglera l'effort élastique de l'acide carbonique : si au contraire l'air tient en dissolution beaucoup d'acide carbonique, l'eau qui en est dépourvue, et qui par conséquent possède toute sa puissance, lui en prendra jusqu'à une certaine limite : lorsque son action cessera d'être efficace, l'eau de chaux pourra enlever à l'air la portion qu'il avait pu défendre contre la force de l'eau.

Que l'on expose de l'éther à l'action de l'air,

il y en a une partie qui prend l'état élastique,
et qui correspond au volume que l'air occupait, et à la température ; mais si alors on
le met en contact avec l'eau, celle-ci rend l'état
liquide à la vapeur éthérée : elle agit en raison
de sa quantité, et sa puissance diminue par la
saturation ; car lorsqu'elle est parvenue à un
degré avancé de saturation, c'est l'air qui lui en
enlève, et le partage se fait selon l'état des forces,
et par conséquent selon le degré d'élasticité déterminé par la température.

Dans ces phénomènes simples dont il serait
inutile d'accumuler un plus grand nombre, c'est
l'affinité qui produit des combinaisons qui ne
diffèrent que par l'intensité de celles qu'on regarde spécialement comme chimiques : la marche
qu'elle suit se montre sans obscurité, et si lorsqu'elle agit avec plus d'énergie les phénomènes
n'ont plus la même régularité, c'est sans doute
parce que les circonstances qui l'accompagnent
alors changent l'état des forces qui produisent
le résultat.

195. J'ai assez multiplié les preuves qui font
voir qu'il est de l'essence de l'action chimique
de croître en raison des quantités des substances
qui l'exercent, et de produire des combinaisons
dont les proportions sont graduelles depuis le
premier jusqu'au dernier terme de saturation ;
mais dans un grand nombre de combinaisons

les proportions ne suivent point cette progression, et il se fait des séparations dues à des
partages déterminés des éléments de ces combinaisons. La force de cohésion ou l'élasticité
deviennent prépondérantes pour produire ces
séparations ; mais il ne suffit pas de recueillir
ces résultats de l'observation dans chaque cas
particulier ; il faut examiner les dispositions
et les circonstances dont ces propriétés peuvent dépendre, et qui quelquefois en rendent
l'effet constant, pendant que dans d'autres occasions on ne l'observe point, où il ne paraît assu-
jetti à aucune régularité.

Kirwan a examiné les pesanteurs spécifiques
de l'acide sulfurique et de l'acide nitrique,
mêlés avec différentes proportions d'eau, et il
a observé que non-seulement ces pesanteurs
étaient plus grandes que celles qui résulteraient
des pesanteurs spécifiques des deux liquides
séparés ; mais qu'il y avait une proportion dans
laquelle elle était plus grande que dans les
autres.

L'expérience fait donc voir qu'il y a dans les
combinaisons une proportion des substances qui
les forment, dans laquelle leur action a le plus
grand effet, et où l'affinité mutuelle s'exerce
avec le plus d'avantage, relativement à la condensation ; l'on apperçoit déjà que c'est dans
ces proportions que la force de cohésion doit

acquérir l'accroissement le plus considérable , et que les combinaisons élastiques doivent recevoir le plus de densité ; mais cette conclusion suppose une égalité de dispositions dans les substances qui subissent la condensation.

On observe même, lorsque l'action se passe entre deux liquides qui ne font qu'éprouver un certain degré de condensation qui ne produit aucune séparation , deux termes auxquels l'effet de la condensation est le plus grand ; l'un, dans lequel l'un des deux liquides domine par sa quantité, et l'autre dans lequel c'est le second liquide qui se trouve en plus grande proportion ; c'est ce qu'indiquent les observations de Blagden sur les mélanges de l'alcool et de l'eau , dans la vue de reconnaître, par les pesanteurs spécifiques , les proportions des deux liquides qui se trouvent dsns une eau-de-vie (1) : il résulte de ses expériences faites avec un grand soin sur des proportions croissantes d'alcool avec cent parties d'eau , et sur des proportions d'eau mêlées successivement à cent parties d'alcool, que c'est à-peu-près dans le mélange de 15 à 20 parties de l'un des liquides avec cent parties de l'autre , que le plus grand effet de condensation est produit par l'addition d'un liquide à l'autre.

Ainsi la théorie que j'ai exposée sur la force de l'affinité qui croît en raison de la quantité

(1) Trans. philos. 1792.

avec laquelle une substance peut agir, doit être
modifiée relativement à la condensation, parce
que cet effet ne dépend pas seulement de l'action
qu'elle exerce, mais de celle qu'elle éprouve elle-
même, et c'est dans certaines proportions, très-
variables selon les dispositions des deux substances qui exercent une action mutuelle, que cet
effet est le plus grand : pour les liquides qui ne
changent pas d'état par cette action, il y a deux
termes où la plus grande condensation a lieu ;
cependant il faudrait supposer une égalité parfaite dans les dispositions de chacun des liquides, pour que la quantité de la condensation
fût la même dans l'un et l'autre ; de sorte que
l'on peut établir en général, que dans l'action
chimique de deux substances liquides, il y a
une proportion dans laquelle se trouve le plus
grand effet de la condensation.

Ce terme de la plus grande condensation
qu'éprouvent les liquides, doit être celui où
ils sont le plus disposés à se congeler, où à
prendre l'état solide, puisque la solidité est
elle-même l'effet d'une condensation des molécules, qui exercent alors leur action réciproque
avec plus d'énergie ; on peut expliquer par là
quelques observations de Cawendish et de Keiv.

Cawendish a observé que lorsqu'on soumettait
au grand froid un mélange d'acide et d'eau,
si celle-ci était en trop grande proportion,

il s'en congelait une partie qui se separait; que lorsque cette séparation était parvenue à un certain degré, c'était le mélange lui-même qui restait en congélation; de sorte qu'il a distingué la congélation aqueuse et la congélation spiritueuse : il a remarqué que cette dernière avait plus facilement lieu dans certaines proportions d'eau, que dans d'autres; de sorte que ce n'est pas au plus grand point de concentration d'un acide que se trouve sa plus grande disposition à se congeler.

Keiv a confirmé les observations de Cawendish (1), il a fait voir qu'il y a dans l'acide sulfurique un terme de concentration où il possède au plus haut point la propriété de se congeler, et que ce terme est à-peu-près celui où sa pesanteur spécifique est 1800; de sorte qu'en deça et au delà de cette pesanteur, la congélation exige un plus grand froid.

Cependant la condensation qui appartient aux proportions ne peut avoir qu'une part plus ou moins grande dans les faits précédents; parce que la disposition à la congélation peut être très-inégale dans les deux liquides qui sont mêlés, et que leur combinaison est trop faible pour contrebalancer l'effet de l'abaissement de température; de sorte que la congélation pourra

(1) Trans. philos. 1787.

séparer, par exemple, une partie de l'eau mêlée avec l'alcool, qui dépassera de beaucoup la proportion où la condensation est la plus grande, lorsque l'eau domine ; elle pourra peut-être passer encore la proportion où l'alcool dominant produit la plus grande condensation ; parce qu'à ce terme l'effet se compose encore de celui que le froid produit sur l'alcool, et de celui qu'il produit sur l'eau ; il n'en est pas de même avec l'acide sulfurique qui a une disposition assez grande à se congeler : la séparation de l'eau passera encore le premier terme ; mais il est probable qu'elle s'arrêtera à-peu-près au dernier.

Les effets de la condensation se compliquent donc dans les substances qui ne sont retenues que par une faible combinaison, et qui peuvent céder à une cause peu efficace pour se séparer ; mais ils doivent être beaucoup plus constants lorsque la combinaison est plus énergique, et qu'il ne se produit par la condensation aucun changement dans l'état de saturation.

196. Si l'on observe dans les liquides qui n'exercent qu'une faible action réciproque, que la condensation qui en résulte, est plus grande dans certaines proportions que dans d'autres, cet effet doit sur-tout avoir lieu dans les combinaisons qui sont produites par une forte affi-

nité, telles que les combinaisons salines; mais les dispositions qui se trouvent dans chacun des éléments de la combinaison doivent contribuer inégalement à la séparation qu'une plus grande condensation doit produire; de sorte que ce n'est pas seulement la plus grande condensation qui doit déterminer les séparations spontanées des combinaisons; mais que cet effet doit dépendre aussi des dispositions de leurs éléments, et des circonstances qui donnent plus d'influence à une cause qu'à l'autre.

Si la condensation accroît la force de cohésion, ou l'action réciproque des molécules, la combinaison qui se sépare par cette raison, résiste à une action contraire, de toute l'augmentation de force produite par le rapprochement des parties; de sorte qu'il s'introduit une espèce d'interruption dans les progrès de l'action chimique, comme, dans un sens opposé, on en trouve une dans les effets thermométriques du calorique, pendant qu'il s'accumule dans un corps qui passe de l'état solide à l'état liquide, ou de celui-ci à l'état élastique. Cette résistance sera d'autant plus considérable, que la force de cohésion acquise sera plus grande; mais dès qu'elle sera vaincue, les lois de l'action chimique reprendront leur entier effet, c'est-à-dire que l'action de toutes les substances sera proportionnelle à leur masse.

La cause qui produit la séparation d'une substance qui acquiert l'état solide, est donc celle même des proportions avec lesquelles elle se sépare; ces proportions sont celles avec lesquelles la force de cohésion a l'énergie suffisante pour produire la séparation; elles doivent être constantes lorsque les circonstances sont les mêmes, ou lorsque l'effet de la condensation l'emporte sur celui qu'elles peuvent produire, comme l'eau se congèle à-peu-près au même degré de température, lorsque l'action chimique de quelque substance ne s'y oppose pas; dans cet état, la combinaison résiste à l'action chimique jusqu'à ce qu'elle ait acquis un accroissement qui soit plus considérable que l'effet de la condensation. La loi générale de l'affinité ne paraît donc interrompue que parce qu'un obstacle qui naît de son action même s'oppose à la progression de ses effets, jusqu'à ce qu'elle ait acquis assez de force pour le surmonter.

197. De ce que la force par laquelle une combinaison est formée produit une condensation et augmente par là les effets de l'action réciproque, il doit en résulter que ces effets doivent avoir lieu particulièrement au terme de saturation où les deux éléments de la combinaison exercent le plus haut degré de leur puissance, si l'un et l'autre possèdent une égale

disposition à la solidité, ou si une même cause produit un effet équivalent sur l'un et sur l'autre; mais si l'un des deux avait naturellement une plus grande disposition à la solidité que l'autre, c'est un excès de celui-là qui devrait entraîner la séparation du combiné. Dans les combinaisons dont les éléments paraissent avoir des dispositions à-peu-près égales à la solidité, tels que les sels à base de soude, de potasse, et d'ammoniaque, et qui ont pour acides, l'acide muriatique, le nitrique, et l'acétique, le plus grand degré de concentration doit être conséquemment au terme de la neutralisation; et ce qui le confirme, c'est le dégagement de la chaleur, qui est un effet de cette condensation; car si l'on dissout ces sels neutres dans un excès d'acide, quoique privés d'eau de cristallisation, ou il se produit du froid comme avec le muriate d'ammoniaque, ou il ne se dégage que très-peu de chaleur, et incomparablement moins que lorsqu'on arrête la combinaison à l'état de neutralisation; de sorte que la liquéfaction produit une dilatation de volume qui l'emporte sur l'effet de la conden. tion qui est due à la combinaison, et qui fait voir que passé l'état neutre, cette condensation est beaucoup plus faible.

C'est donc dans l'état neutre que les combinaisons, dont les éléments ont à-peu-près une

égale disposition, se séparent par la cristallisation, parce que c'est à ce terme que la condensation est la plus grande; mais l'insolubilité
sera d'autant plus considérable, l'action réciproque étant supposée peu différente, que les
éléments de la combinaison auront une plus
grande disposition à cette propriété; ainsi l'acide
phosphorique, l'oxalique, le tartareux, le sulfurique doivent produire facilement des sels
insolubles avec les bases terreuses; au contraire,
le muriatique, le nitrique, l'acétique en doivent
former de beaucoup plus solubles; cependant
l'influence de la capacité de saturation peut se
faire appercevoir dans ces effets : ainsi la magnésie et la chaux qui diffèrent beaucoup plus
à cet égard de la baryte et de la strontiane,
que l'acide muriatique et l'acide nitrique ne
diffèrent entre eux ; doivent agir beaucoup
moins par leur disposition à la solidité que la
baryte et la strontiane : il n'est pas même surprenant qu'elles forment des sels déliquescents
avec ces deux premiers acides, pendant que la
potasse même et la soude produisent des sels
qui cristallisent, puisqu'il entre moins de ces
terres dans la combinaison.

Ainsi nous trouvons dans les propriétés des
sels que forment les bases alcalines avec les
acides, une correspondance exacte avec la supposition que leur insolubilité dépend de la dis-

position naturelle de leurs éléments, accrue par la condensation qui est due à l'affinité qui les réunit; nous n'avons besoin de faire intervenir quelques explications, qui peuvent paraître douteuses, que pour la formation de quelques sels déliquescents qui ont néanmoins une base terreuse douée d'une grande solidité ; mais ces explications se fortifient par la considération des précipités que ces combinaisons mêmes donnent, dès que l'action de leur acide vient à diminuer.

198. La force de cohésion propre aux éléments de la combinaison doit être considérée comme une propriété latente qui conserve sensiblement son influence, ou qui la reprend dès que la force qui l'a fait disparaître vient à diminuer, ainsi que nous l'avons vu dans l'action réciproque de l'acidité et de l'alcalinité, et même avec une énergie nouvelle qui est due à la condensation; en effet les alcalis terreux qui sont peu solubles par eux-mêmes, forment facilement des combinaisons peu solubles, ou, lorsque par l'influence de l'acide et de sa quantité, leurs combinaisons se trouvent solubles, elles perdent leur solubilité, si l'on vient à diminuer la quantité de l'acide, ou ce qui revient au même, à affaiblir son action en la divisant : de là viennent les précipités qui ont lieu lorsqu'une autre base alcaline vient partager leur action sur l'acide qui les rendait solubles.

Ces précipités doivent donc être considérés comme des combinaisons qui ont un excès d'alcali, parce que l'insolubilité propre à ces alcalis a produit leur séparation, lorsqu'elle est devenue prépondérante; il est rare que l'on puisse produire immédiatement ces espèces de combinaisons, à cause de la force de cohésion qui apporte un trop grand obstacle: je vais cependant en donner un exemple, et si l'observation se dirige sur cet objet, on en découvrira sans doute quelques autres; d'ailleurs les sels métalliques présentent plusieurs faits de cette espèce.

Bucholz avait obtenu de beaux cristaux, en fesant bouillir de la chaux avec son muriate; Tromesdorff a vérifié ce fait (1): il prescrit, pour obtenir ces cristaux, de faire bouillir une quantité de muriate de chaux avec un quart ou même moins de chaux caustique: il faut débarrasser par l'alcool les cristaux longs et fins qui se sont formés.

J'ai répété cette expérience, et j'ai constaté que ces cristaux n'étaient point de la chaux, comme on l'a annoncé; mais un muriate de chaux avec excès de chaux; si on traite ces cristaux avec l'eau, il s'établit d'autres proportions, la partie qui se dissout est du muriate qui ne retient qu'un peu d'excès de chaux,

(1) Journ. de Chim. de Van Mons. n°. 2.

et la portion qui ne se dissout pas retient un plus grand excès de chaux : on peut obtenir des séparations successives par des additions d'eau, et les proportions qui s'établissent dépendent du rapport de la force dissolvante à la résistance de la cohésion.

199. Les acides qui ont une force de cohésion considérable, présentent des phénomènes analogues, ou qui n'annoncent d'autre différence que celle qui provient de leur plus grande solubilité, c'est de cette qualité que dépend la propriété qu'ont les acides tartareux et oxalique de former, avec des bases qui ont beaucoup de solubilité, des combinaisons avec excès d'acide qui sont beaucoup moins solubles que leurs combinaisons neutres, et qui doivent leur existence à cette insolubilité, pendant qu'avec des bases peu solubles elles forment immédiatement des combinaisons neutres; dans ce cas, l'insolubilité est attachée à un excès d'acide, comme dans la circonstance précédente elle l'est à un excès d'alcali : par l'addition d'un alcali soluble, on augmente la solubilité, et l'on obtient, par la cristallisation, un sel qui en a une plus grande; mais un alcali peu soluble produit un effet contraire, et forme un précipité.

On voit par là pourquoi l'on ne forme des sels acidules qu'avec les acides qui annoncent une force de cohésion considérable; aussi peut-on remarquer que cette propriété se trouve unie à celle de former des sels insolubles avec les bases alcalines qui ont elles - mêmes peu de solubilité, et que l'on désigne comme terreuses. Les acides qui ont par eux-mêmes peu de disposition à la cohésion, tendent donc à former des combinaisons solubles; il en est de même des alcalis; les uns et les autres produisent des combinaisons insolubles lorsqu'ils ont une grande disposition à la solidité; mais les effets de ces dispositions se combinent lorsque l'acide et l'alcali se réunissent.

L'ammoniaque en effet ne produit point de sel insoluble, lorsqu'elle est en assez grande quantité pour donner seule l'état neutre à un acide; il en est de même de la soude et de la potasse; mais ce sont la chaux, la baryte et la strontiane qui ont sur-tout la propriété de former des sels insolubles.

La théorie des précipitations se trouve par-là ramenée à celle de la détermination des proportions dans les combinaisons; lorsque l'on forme un précipité, on ne fait que changer les proportions, et que rendre dominante l'insolubilité d'une substance qui était déguisée par l'action d'une autre qui était suffisante pour produire cet effet, mais qui cesse de l'être.

Le degré de solubilité propre aux acides ne correspond pas exactement à la propriété qu'ils ont de devenir solides par l'évaporation ou par la congélation, parce que l'affinité qu'ils ont avec l'eau peut diminuer l'effet de leur disposition à prendre l'état solide ; ainsi l'acide phosphorique qui perd facilement l'eau qu'il contient pour passer à l'état solide, annonce cependant dans quelques combinaisons une disposition à la solidité, qui est même inférieure à celle de l'acide sulfurique ; c'est donc plutôt par les propriétés que les acides portent dans leurs combinaisons, que l'on peut juger de leur disposition à la solidité.

Je suis bien loin de prétendre que dans la comparaison des phénomènes que j'analyse, on n'en trouve pas quelques-uns qui ne correspondent point aux conditions que je viens d'assigner ; mais dans l'explication des phénomènes auxquels un grand nombre de propriétés concourrent, on ne peut se flatter de déterminer toutes les causes qui agissent, et qui peuvent apporter quelques modifications dans les résultats ; le nombre et l'accord de ces résultats peuvent cependant être assez grands pour reconnaître les principes dont ils dérivent, sur-tout lorsqu'ils sont établis sur des propriétés générales qui ne peuvent plus être contestées, et qu'ils ont l'avantage de lier à ces propriétés générales des phénomènes qui paraissaient en être indépendants.

Ce n'est qu'en séparant ainsi les propriétés

qui concourrent aux mêmes phénomènes, que l'on parvient à distinguer les effets du calorique et des autres causes physiques, et à établir une théorie qui doit être fondée sur leur dépendance mutuelle.

200. Si les observations précédentes prouvent que la force de cohésion détermine les proportions de plusieurs combinaisons au degré de neutralisation où l'action mutuelle produit son plus grand effet ou dans un autre degré de saturation, selon les dispositions plus grandes de l'une des parties constituantes, il ne faudrait pas en conclure que hors de ces proportions, il ne peut exister des combinaisons des mêmes éléments, qui soient engagées à se séparer par un degré inférieur de force de cohésion, ou que si cela arrivait, ce serait encore avec des proportions fixes, de sorte qu'il ne pourrait y avoir de séparation ou de cristallisation que dans l'une ou l'autre proportion. Cette opinion que l'on applique à plusieurs combinaisons, et dont on a presque fait une loi générale, a été sur-tout établie sur la considération du sulfate acidule de potasse, et du phosphate acidule de chaux; je vais examiner ce qui a rapport à ces sels et à quelques autres, en attendant que l'observation se dirige sur un plus grand nombre de combinaisons analogues.

Bergman avait expliqué la décomposition du

sulfate de potasse par l'acide nitrique , observée d'abord par Beaumé, en regardant ce sulfate comme composé de deux parties , l'une qui avait les proportions du sulfate acidule, et l'autre qui était la portion de potasse qui réduisait le sulfate acidule en sulfate neutre : l'acide n'exerçait qu'une partie de sa force sur cette dernière, parce que le reste était consommé par le sulfate acidule ; de sorte qu'un acide beaucoup plus faible que le sulfurique pouvait enlever la portion de potasse à moitié libre , en la séparant du sulfate acidule ; mais c'était la limite de la décomposition possible , et le sel passait immédiatement de l'un à l'autre terme de saturation , et ne pouvait recevoir d'autres proportions. En prouvant dans mes recherches sur les lois de l'affinité, qu'il était contraire à l'observation de prétendre que l'action de l'acide sulfurique fût bornée au terme qui forme le sulfate acidule, et qu'elle se prolongeait indéfiniment en perdant progressivement de son intensité , j'avais conservé le préjugé que ce sulfate acidule était une combinaison constante et décidée par une force de cohésion propre à la figure que je supposais appartenir à certaines proportions.

201. J'ai rappelé cet objet à un nouvel examen, et j'ai observé que le sulfate acidule de potasse pouvait recevoir différentes proportions

d'acide en excès depuis l'état neutre, jusqu'à celui où la solubilité qui devient de plus en plus grande, ne lui permet plus de se séparer du liquide acide dans lequel il doit se former; de sorte que je me suis convaincu que la supposition que j'admettais doit être rejetée, et que l'explication ingénieuse de Bergman n'est qu'un jeu de l'imagination.

Un sulfate acidule de potasse a été dissous dans une certaine quantité d'eau, puis soumis à la cristallisation après une évaporation convenable; il s'est formé de nouveaux cristaux un peu moins solubles que les premiers; ensuite on a évaporé le liquide; un sulfate plus acide et plus soluble a cristallisé : on a fait plusieurs cristallisations successives, et dans chaque opération il s'est fait un partage; le sel qui cristallisait le premier avait un peu moins d'acide que celui dont il provenait; celui au contraire qui restait en dissolution, donnait par l'évaporation un autre sel qui avait un plus grand excès d'acide, et les propriétés qui appartiennent à ces proportions : chaque dissolution se séparait par une évaporation convenable en deux combinaisons. On est parvenu à n'avoir plus que le sulfate parfaitement neutre; mais les états intermédiaires entre celui-ci et le premier sulfate acidule ne dépendent que des circonstances de chaque cristallisation. On a

comparé les proportions d'acide de quatre sulfates acidules obtenus par la première cristallisation des quatre dernières opérations, en en
décomposant des quantités égales par l'acétite
de plomb; le précipité obtenu de celui qui
s'était réduit à un état parfaitement neutre, a
pesé 30,2, celui qui le précédait immédiatement 32,4, le troisième dans cet ordre 33,3,
et le quatrième près de 35.

La forme des cristaux subit plusieurs variations; cependant ses changements ne suivent
pas ceux de la proportion de l'acide; ainsi le
sel reprend la forme du sulfate, quoiqu'il conserve encore un certain excès d'acide.

Le sulfate acidule de soude a présenté des
propriétés analogues : il forme de gros cristaux
parfaitement semblables à ceux du sulfate neutre, quoiqu'il contienne un excès assez considérable d'acide; ces cristaux sont tombés en
efflorescence, mais moins promptement que
ceux du sulfate neutre : avec un plus grand
excès d'acide, les cristaux prennent une forme
différente, et ils se conservent à l'air sans tomber
en efflorescence : le sel neutre ne contenait que
la moitié de l'acide qu'avait le sel qui avait
retenu le plus d'acide, et qui se maintenait sans
déliquescence et sans efflorescence.

202. On avait remarqué qu'après avoir décomposé la matière osseuse par l'acide phos-

phorique, il se formait par l'évaporation un dépôt que l'on avait confondu avec le sulfate de chaux. Bonvoisin prouva (1) que c'était un phosphate de chaux, mais Fourcroy et Vauquelin ont fait voir (2) que cette substance était un phosphate acidule : ils l'ont regardé comme une combinaison dont les proportions n'étaient pas variables, puisqu'ils les ont déterminées à 54 d'acide et 46 de chaux, et celles du phosphate neutre à 41 d'acide et 59 de chaux.

On a formé ce phosphate acidule pour lui faire subir un examen semblable à celui des sulfates acidules.

L'eau n'a pas dissout ce phosphate acidule comme l'annoncent mes savants collègues; mais elle a produit une séparation : il s'est dissous un phosphate plus acide, et le résidu a été insoluble, mais avec une moindre proportion d'acide ; par quelques lotions qui ont encore produit de semblables séparations, il n'a plus conservé aucun excès d'acide. Comme le phosphate acidule de chaux peut contenir, ainsi que cette expérience le prouve, différentes proportions d'acide, il y a apparence que celui qui a servi à mes essais contenait moins d'acide que celui qui a été analysé par Fourcroy et Vauquelin. (*Note XIII.*)

(1) Mém. de Turin, 1785.
(2) Mém. de l'Instit. tom. II.

L'alcool a séparé du phosphate acidule la plus grande partie de l'excès d'acide qui ne retenait qu'un peu de chaux ; mais il n'a pu le priver entièrement de cet excès ; l'eau a ensuite achevé cette séparation.

Si l'on met à-la-fois une grande proportion d'alcool sur le phosphate acidule de chaux, il prend de l'acide phosphorique qui ne retient que peu de chaux ; mais si l'on n'emploie qu'une petite proportion d'alcool, alors il se dissout beaucoup plus de chaux, parce que l'acide plus concentré peut agir plus efficacement sur cette base.

Il est donc constaté que le phosphate acidule de chaux contient un excès d'acide différent selon les circonstances : en effet, Fourcroy et Vauquelin disent eux-mêmes qu'ayant versé de l'acide sulfurique sur une dissolution de phosphate acidule de chaux obtenu des os par l'acide muriatique ou l'acide nitrique, il s'est précipité du sulfate de chaux, d'où ils concluent que l'acide sulfurique peut enlever à l'acide phosphorique une plus grande quantité de chaux que les deux autres acides. Un grand nombre d'autres circonstances peuvent également faire varier les proportions qui s'établissent dans le phosphate acidule, qu'il ne faut regarder par conséquent que comme le résultat variable d'une affinité qui se mesure avec celles qui lui sont opposées.

Le phosphate acidule de chaux a donc des propriétés parfaitement analogues à celles des sulfates acidules de potasse et de soude, et la différence qui existe entre ces sels ne consiste que dans l'insolubilité qui devient proportionnellement plus grande dans le phosphate acidule de chaux, que dans les sulfates acidules ; de sorte qu'il suffit de lui faire subir des lotions suffisantes pour faire une division des combinaisons plus ou moins acides, pendant qu'avec les sulfates on n'obtient cet effet que par des cristallisations successives.

203. On voit par là à quoi se réduit cette théorie des deux termes de combinaison dans l'un desquels un sel est neutre, et dans l'autre il a une autre proportion d'acide, mais également fixe ; bien loin que ces deux termes soient les seuls, tous les degrés intermédiaires entre eux peuvent exister, et les propriétés, sur-tout la solubilité, suivent ces proportions ; plus l'on s'éloigne de l'état neutre, plus la solubilité diminue, parce que c'est dans cet état que l'effet de l'affinité est le plus grand ; mais dans le phosphate acidule, deux causes concourent à augmenter l'insolubilité : la force de l'affinité de la chaux qui augmente à mesure que la quantité de l'acide phosphorique diminue, et la prépondérance de sa force de cohésion qui s'accroît par la même raison.

Le sulfate de baryte présente encore des propriétés semblables. Withering avait observé que lorsqu'on en fesait une dissolution dans l'acide sulfurique très-concentré, et au moyen de l'ébullition, il se formait des cristaux en laissant cette dissolution exposée à l'air (1); j'ai répété cette expérience, et j'ai vu la cristallisation se former à mesure que l'acide attirait l'humidité : on a décanté le liquide, et l'on a lavé les cristaux un peu confus avec des quantités successives d'alcool; on les a même soumis à l'ébullition avec ce liquide qui, éprouvé ensuite avec une dissolution de nitrate de baryte, n'a donné que de faibles indices d'acide sulfurique; mais l'eau avec laquelle on l'a traité alors, a donné un précipité abondant avec cette même dissolution. Ces cristaux étaient donc un sulfate acidule de baryte : l'alcool n'a pu leur enlever qu'une partie de l'acide sulfurique; mais l'eau a agi avec plus d'énergie : je me suis assuré que l'acide sulfurique qu'elle avait pris ne retenait point de baryte; mais je n'ai pas éprouvé s'il fallait plusieurs lotions pour réduire ce sulfate acidule à l'état neutre, ou plutôt s'il fallait une grande quantité d'eau pour produire cet effet.

204. Ces observations doivent mettre les analystes en garde contre les erreurs qui peuvent

(1) Trans. philos. 1784.

résulter des différentes proportions, soit dans les précipités, soit même dans les sels qu'ils obtiennent par la cristallisation.

Nous venons de voir que le sulfate de baryte même peut avoir un excès d'acide, mais le sulfate de potasse et de soude peuvent en retenir beaucoup plus facilement en excès dans leur cristallisation, sans même que leur forme en soit altérée; ces différences dans les proportions se remarquent sur-tout dans les combinaisons de l'acide phosphorique; ce qui me paraît dépendre de sa grande capacité de saturation, et par conséquent de la forte action qu'il exerce, comme la propriété que l'ammoniaque et la magnésie ont de former facilement des sels triples, me paraît aussi dépendre de cette cause: Klaproth a fait voir que le phosphate de soude pouvait cristalliser avec un excès d'acide; cependant il tend à avoir un excès de base, et Thénard (1) a prouvé qu'il pouvait cristalliser dans cet état, au milieu d'un liquide légèrement acide : lorsque l'on précipite, par le moyen de l'ammoniaque, un phosphate de chaux tenu en dissolution par un excès d'acide, le sel qu'on obtient par la cristallisation, est un sel triple qui contient une certaine proportion de chaux; mais si l'on se sert pour la précipitation d'un

(1) Ann. de Chim. Fruct. an 9.

carbonate d'ammoniaque; on a un phosphate qui a une plus petite proportion de chaux, et ces sels, sur-tout le dernier, ne peuvent point se distinguer par la forme des cristaux, et par les autres apparences, de celui qui n'est composé que d'ammoniaque et d'acide phosphorique.

205. Nous n'avons considéré que les effets qui sont dûs à la contraction du volume des éléments d'une combinaison, qui produisent dans le combiné une force de cohésion plus grande que celle des éléments; mais nous avons remarqué (30) que l'action mutuelle des sels augmentait leur solubilité; quelques combinaisons sont plus disposées à la liquidité que les substances qui les composent ne le sont séparément, telles que le soufre et le phosphore, qui par leur union acquièrent beaucoup de fusibilité, ainsi que l'a fait voir Pelletier (1) : ces faits pourraient paraître contradictoires.

Il faut distinguer ici, comme je l'ai fait pour le calorique qui se dégage des combinaisons, deux causes dont l'une domine quelquefois sur l'autre; lorsque deux substances agissent l'une sur l'autre, leur action réciproque diminue de toute la force qu'elle exerce l'effet de l'affinité mutuelle des molécules de chacune des substances; de sorte qu'elle rendrait toutes les combinaisons plus solubles qu'elles ne le sont naturelle-

(1) Mém. de Chim. tom. I.

inent, si la condensation, qui est une suite nécessaire de la combinaison même, n'anéantissait cet effet et n'en produisait un contraire; lorsque cette seconde cause n'a pas assez d'énergie, ce sont les effets de la première qui dominent; ainsi c'est dans les faibles combinaisons, telles que celles qui sont dues à l'action mutuelle des sels qu'on doit trouver une augmentation de solubilité.

L'effet qui est dû à la plus grande condensation doit disparaître dès que l'action du calorique introduit une distance suffisante entre les molécules, et c'est ce que l'observation confirme : lorsqu'une combinaison s'est séparée d'un liquide par la force de cohésion qu'elle a acquise, elle montre, si on élève la température, une disposition à la liquidité plus grande que la moyenne des liquidités des substances élémentaires séparées; ainsi le muriate d'argent qui s'est précipité d'un liquide, entre en fusion à une chaleur peu élevée, quoiqu'il ne contienne qu'une petite proportion d'acide : le sulfate de baryte qui ne se vitrifie qu'à une haute température, acquiert une fusibilité beaucoup plus grande par l'action du muriate de chaux dont il s'était séparé dans l'état liquide : de même le sulfate de soude favorise considérablement la liquéfaction du carbonate de chaux. (*Note I.*)

C'est parce que les effets de l'affinité réciproque qui produit la force de cohésion, se trouvent ainsi diminués par l'action des molécules d'une autre substance, que les alliages métalliques acquièrent une fusibilité plus grande que celle des métaux dont ils sont composés, quoiqu'ils fussent et plus durs et plus élastiques, à la température ordinaire, propriété qui était due à la condensation, mais qui fait place à une plus grande fusibilité, dès que la cause en est détruite; c'est par la même raison que les terres infusibles par elles-mêmes acquièrent la fusibilité par leur mélange, et que les fondants agissent non-seulement en communiquant une partie proportionnelle de leur fusibilité, mais sur-tout en diminuant l'action réciproque des molécules de la substance dont ils accélèrent la fusion.

Ce n'est donc que par une exception qui est due à la faiblesse de leur action, que quelques substances peuvent augmenter la solubilité moyenne à une basse température; elles agissent alors comme les dissolvants qui accroissent les dimensions qu'avaient les sels dans l'état de cristal, en fesant disparaître l'effet de l'affinité réciproque de leurs parties intégrantes; mais dès que l'elévation de température tend à détruire l'effet qui est dû au rapprochement des parties, l'affinité mutuelle concourt avec l'action du calorique et en accroît l'effet; c'est ainsi

qu'un liquide dissout un sel en plus grande
quantité par le secours de la chaleur.

206. Les effets de l'action réciproque qui produit les combinaisons sont plus considérables
dans des substances gazeuses que dans les autres,
parce que les changements de dimensions produits par une même force y sont beaucoup plus
grands. Examinons, relativement aux proportions des éléments, à la constance et aux caractères distinctifs des combinaisons qu'ils forment,
cette propriété que nous avons déjà considérée
sous d'autres aspects.

Nous avons vu que les fluides élastiques exer-
çaient une action réciproque, même lorsque
leur force était insuffisante pour apporter quelque changement dans leurs dimensions (157),
qu'alors elle ne produisait qu'une faible combinaison que nous avons désignée comme une
dissolution ; mais lorsqu'ils peuvent agir sur
leurs dimensions respectives, ils forment une
combinaison, et pendant qu'elle se conserve,
ils exercent une affinité résultante.

La quantité de la condensation, quoiqu'elle
ne puisse pas être regardée comme une mesure
de l'action chimique, doit cependant en être un
indice, et doit produire des propriétés différentes
dans les combinaisons.

Lorsque les circonstances accroissent l'action
mutuelle des substances élastiques et que leur

combinaison se décide, elles doivent se réunir dans les proportions où leur action a le plus de force (197); elles doivent donc prendre des proportions plus uniformes que les autres combinaisons, parce que la contraction qui est beaucoup plus grande dans les fluides élastiques que dans les substances liquides, doit apporter un beaucoup plus grand obstacle à l'établissement d'autres proportions : nous ne devons donc pas trouver dans les combinaisons élastiques qui sont accompagnées d'une grande condensation, ces combinaisons progressives, telles que les sels acidules que nous avons examinés ; mais l'on doit tout-à-coup passer à des combinaisons dont les proportions sont constantes, ou du moins ne reçoivent que de petites variations.

La condensation produit ici le même effet que l'accroissement de force de cohésion dans les combinaisons liquides : plus la condensation est grande, plus elle isole la combinaison, comme le fait la force de cohésion dans les précipitations ; et lorsque la combinaison est formée, elle se maintient jusqu'à ce que les forces qui lui sont opposées l'emportent sur l'affinité qui a produit la condensation (196).

197. On voit donc comment l'oxigène et l'hydrogène, qui pendant qu'ils étaient en simple dissolution, et que par conséquent ils conservaient leur même volume, possédaient en même

temps leurs propriétés isolées, passent tout de
suite à l'état d'eau, dès qu'ils entrent en combinaison, et qu'ils éprouvent par là une diminution dans leurs dimensions, en se séparant
de ce qui est superflu aux proportions où ils
exercent la plus grande action, ou du moins
en ne prenant de l'un ou de l'autre élément
qu'une petite quantité qui peut être assujettie
par l'action de l'eau; mais qui n'éprouvant pas
la même condensation, peut être séparée par
une cause beaucoup plus faible.

La condensation des éléments est telle, que
le mélange de gaz oxigène et de gaz hydrogène
dont la pesanteur spécifique serait 19,47, celle
de l'air étant 46, forme une vapeur élastique
qui a 33 pour pesanteur spécifique; mais cet
état de vapeur n'est dû qu'à une action si
peu énergique du calorique, qu'il ne produit
qu'une faible tension élastique, et il l'abandonne
par une légère pression; de sorte que la pesanteur spécifique de cette substance gazeuse devient
mille fois plus petite à une même température.

L'ammoniaque est encore composée de deux
éléments élastiques qui ont subi une grande
condensaticn; car lorsque l'on décompose le
gaz ammoniacal par le moyen de l'étincelle
électrique, il prend des dimensions presque
doubles : aussi l'ammoniaque a des proportions
constantes.

Au contraire, le gaz nitreux, dans lequel les éléments n'ont subi qu'une faible contraction, peut facilement former d'autres combinaisons ; au simple contact il se combine avec le gaz oxigène qui tend à s'unir à lui dans les proportions où l'action respective produit le plus d'effet ; mais il éprouve une contraction beaucoup plus grande par le concours de l'eau, et par son moyen se forme l'acide nitrique.

Quoique le gaz nitreux soit composé d'éléments peu condensés, qu'il forme très-facilement d'autres combinaisons, et qu'il cède son oxigène à des substances peu énergiques, il résiste cependant à l'action de la chaleur qui tend à séparer ses éléments, et il paraît que la faible contraction de ses éléments sert à maintenir sa combinaison, parce que la chaleur ne produit que très-peu de différence dans l'effort élastique qui tend à les séparer.

208. Je vais appliquer ces considérations aux propriétés d'une combinaison dans laquelle une substance gazeuse se trouve condensée, et une substance solide a pris l'état élastique : toutes les autres présentent des propriétés analogues.

Le soufre à une température peu élevée se combine avec l'oxigène, jusqu'au terme où dans l'état fixe il n'a plus assez d'action pour vaincre la force de l'élasticité. Jusque là il paraît en prendre des proportions qui peuvent augmenter progressivement, parce que la condensation qu'il éprouve est si faible, qu'elle ne change pas sensiblement l'état de son action, et qu'il n'y a également pas de différence dans l'état de condensation de l'oxigène qui se fixe.

Si au lieu de laisser le soufre à la température où cette combinaison peut s'opérer, on le réduit en vapeur, il passe tout de suite à ce degré de saturation qui forme l'acide sulfureux, dont les éléments éprouvent déjà un degré de condensation considérable relativement à l'expansion qui leur était propre dans cette température : dans cet état ils opposent une résistance assez grande aux changements, par conséquent à l'action même du gaz oxigène ; si la température ne s'élève pas davantage, il faut vaincre tout l'effet de cette condensation pour qu'ils puissent passer à un autre état de combinaison ; mais si la température est assez élevée pour l'emporter tout de suite sur l'effet de cette condensation, l'affinité réciproque de l'oxigène et du soufre continuera à recevoir son effet, et elle produira l'acide sulfurique avec les proportions de l'un et de l'autre où cet effet a le plus d'intensité ; mais au-delà elle s'affaiblit, et elle ne peut plus équivaloir à la résistance de l'élasticité du gaz oxigène, qui continue à croître par la haute température qui est nécessaire.

C'est donc au terme où l'action réciproque a

le plus d'effet que l'acide sulfurique est formé ; c'est à ce terme que la condensation est la plus grande relativement à la température, et que la combinaison est la plus énergique ; ce qui le prouve, c'est que c'est dans cet état qu'il retient l'oxigène avec le plus de force

Un plus haut degré de chaleur qui compenserait par la dilatation l'effet de cette condensation, détruirait l'acide par l'accroissement qu'il donnerait à l'élasticité de l'oxigène comparée à celle du soufre.

Si l'oxigène a subi une condensation dans une combinaison qui ne le retient cependant que par une faible affinité, et si le soufre de son côté ne lui oppose pas une résistance de cohésion comme dans les sulfures, l'oxigène peut compléter à une température basse, l'état où s'exerce la plus forte action, sans que le soufre passe par la gradation de l'acide sulfureux.

Lorsque l'on expose à l'action du feu un sulfite, on détruit l'effet de la condensation qui maintient l'acide sulfureux, celui-ci passe au degré de combinaison où la plus grande action s'exerce, et le sulfite devient sulfate.

209. Je ne fais qu'appliquer ici ce que l'observation nous fait voir plus distinctement dans la cristallisation des sels qui peuvent être acidules ; ils prennent un excès d'acide dans une circonstance ; ils cristallisent dans un état neutre,

24..

lorsque la plus forte action que puissent exercer leurs éléments n'éprouve pas une résistance qui s'oppose à cet effet : ici l'oxigène se combine au terme de la plus forte action, si l'état du soufre et l'état où lui-même se trouve le permettent; il forme une autre combinaison, lorsqu'il ne peut compléter celle-là ; mais comme il y a des sels dont la force de cohésion est telle, qu'ils se séparent avec des proportions à-peu-près uniformes, il y a aussi des combinaisons élastiques dont les proportions sont constantes.

Si donc la chaleur favorise la combinaison d'une substance solide avec un fluide élastique, en diminuant la résistance de la cohésion (156); elle produit des effets différents relativement aux proportions, selon son intensité et selon l'état de la vapeur qu'elle peut produire.

Que dans les circonstances où la chaleur produit des combinaisons avec les substances élastiques qui ne peuvent se former à une température plus basse, elle n'agisse qu'en mettant les substances dans la condition où elles peuvent exercer la plus forte affinité, on ne peut en douter, si l'on considère qu'il suffit de détruire la force de cohésion pour que la même combinaison s'opère à une basse température : il faut une chaleur très-élevée pour combiner l'argent avec le cuivre; mais si l'on prend du muriate d'argent, on l'allie avec le cuivre par le moyen d'un léger frottement ; cependant la combinaison qu'il formait avec l'oxigène et l'acide muriatique était un obstacle à une autre combinaison ; mais l'isolement de ses parties l'emporte sur l'effet de cette combinaison, et il s'allie avec le cuivre sans le secours de la chaleur.

Bien plus, la chaleur doit nuire dans la combinaison des substances élastiques de toute la tension qu'elle communique à ses éléments ; mais l'effet qu'elle produit par les dispositions qu'elle donne aux substances qui doivent se combiner entre elles, l'emporte sur cette cause de séparation ; cependant elle décompose, par une trop grande intensité, les combinaisons dont elle a décidé la production, et c'est ainsi qu'elle détruit l'affinité résultante, et que par là les affinités élémentaires lui succèdent (184).

210. Pour résumer ce que j'ai exposé dans ce chapitre, il faut distinguer ce qui est commun à toutes les combinaisons, et ce qui appartient aux combinaisons solides, liquides ou élastiques, et enfin ce qui est propre au passage d'un état à l'autre.

1°. Les combinaisons qui éprouvent peu de condensation, peuvent se faire en toute proportion, elles ne sont limitées que par la saturation, c'est-à-dire par la diminution qu'éprouve l'action qui doit vaincre ou la force de

cohésion, ou la différence de pesanteur spécifique, ou toute autre force opposée; aussi les
alliages, les verres, les combinaisons minérales
se font en des proportions très-variées, et dans
lesquelles on apperçoit rarement les interrup-
tions qui proviennent d'une résistance due à
la condensation : les sels s'unissent à l'eau en
toute proportion, jusqu'au point de la saturation.

2°. Lorsqu'un obstacle s'oppose à la progression continue de la combinaison, et exige qu'il
se fasse une accumulation de force, au moment
où il est vaincu, la combinaison prend tout-
à-coup toute la quantité et les propriétés qu'elle
aurait acquises si la progression eût été continue,
ainsi que l'eau prend par l'ébullition tout le
calorique qui convient à l'état de vapeur.

Dans les combinaisons qui se séparent, parce
qu'elles sont insolubles, cet obstacle est dans la
force de cohésion; mais elles ne prennent pas
toujours les proportions qui auraient la plus
grande insolubilité; elles peuvent avoir un excès
de l'un ou de l'autre élément, selon les quantités qui peuvent exercer leur action; de sorte
qu'il n'y a qu'un petit nombre de combinaisons insolubles dont les proportions soient constantes.

3°. La force de cohésion qni est due à l'action
réciproque, doit être plus grande pour pro-

duire une séparation, que la diminution de cohésion propre à chaque élément qui résulte de cette même action réciproque; mais l'effet de la condensation cesse d'avoir lieu par l'éloignement des molécules qui est causé par le calorique, de sorte que les combinaisons qui s'étaient séparées par insolubilité, deviennent ensuite plus solubles, au moyen de l'action réciproque de leurs éléments. C'est parce que l'affinité de l'eau l'emporte sur l'affinité réciproque des molécules d'un sel, lorsqu'il se dissout et que la concentration produite par cette combinaison est plus faible que celle qui existait dans le corps solide, qu'il se fait une augmentation de volume dans la dissolution, et qu'elle est accompagnée de réfroidissement; mais cet effet ne peut avoir lieu que dans les combinaisons faibles.

Il faut donc distinguer dans une combinaison faible, l'effet de la condensation de celui qui est dû à l'affinité réciproque de deux substances; le premier accroît la force de cohésion, le second diminue celle qui appartenait aux éléments de la substance avant la combinaison : si le premier est faible, c'est le second qui l'emporte, et de là viennent les combinaisons dont la solubilité est plus grande que celle des substances isolées.

4°. Dans l'action réciproque des substances

élastiques, les effets de la condensation peuvent être beaucoup plus considérables : de là vient qu'ils forment souvent des combinaisons dont les proportions sont constantes. Cependant lorsque l'action réciproque n'est pas forte, et qu'elle ne produit pas une différence trop grande de condensation, ces proportions peuvent varier considérablement ; ainsi les gaz hydrogènes carburés, les oxicarburés, les hydrogènes sulfurés, les hydrogènes phosphurés peuvent recevoir des proportions très-différentes.

211. Lorsqu'un fluide élastique se trouve condensé dans une combinaison, il forme alors une substance particulière qui agit comme une substance simple ; pendant que les causes qui ont produit la combinaison ne sont pas détruites ; ainsi cette combinaison peut être tenue en dissolution ou se surcomposer, soit avec des fluides élastiques, soit avec des liquides, soit avec des solides.

Les combinaisons d'un fluide élastique peuvent donc comme les autres, ou se faire en toute proportion, ou rencontrer des obstacles qui les limitent plus ou moins ; si c'est une combinaison de deux gaz qui se forme, et s'ils exercent une action réciproque assez puissante pour changer leurs dimensions respectives, elle prend les proportions qui sont déterminées par le terme où l'action est la plus forte ; si c'est la combinaison d'un gaz avec un liquide, il paraît que les proportions ne sont bornées que par la résistance de l'élasticité, parce qu'en se dissolvant le fluide élastique est réduit à un état à-peu-près uniforme; également si un liquide est dissous par un fluide élastique, il n'y a de limité que celle de la constitution du liquide qui a pris la forme élastique, parce que dans cet état un autre gaz ne peut changer ses dimensions que par la compression commune. Lorsqu'un fluide élastique passe en combinaison avec une substance solide, il est d'autant plus condensé que l'action qu'il éprouve est plus forte, et cette différence peut quelquefois être assez grande pour établir des points fixes de saturation; tel est le cas de quelques oxides métalliques, ainsi que je le remarquerai plus particulièrement en traitant des oxides, mais en général les solides paraissent prendre des proportions successives des fluides élastiques jusqu'à ce qu'ils ne puissent vaincre la force de cohésion; ainsi le soufre, le phosphore et le charbon se combinent avec une proportion variable d'oxigène, jusqu'à ce qu'ils soient parvenus dans une température donnée à toute la quantité dont ils peuvent surmonter l'élasticité.

Les proportions qui s'établissent dans les combinaisons qui se séparent et s'isolent, ne sont qu'une conséquence de l'effet par lequel l'action chimique produit une condensation ; mais elles ne s'établissent que lorsque la condensation est assez grande pour changer l'action chimique qu'elles exercent en une affinité résultante : elles sont rarement fixes ; mais elles peuvent varier avec une certaine latitude qui dépend du degré de condensation, et alors les propriétés de la combinaison sont modifiées, ou par la surabondance de l'un des éléments, comme dans les sels acidules et alcalinules, ou par le concours de l'action d'une autre substance qui diminue celle de l'un des éléments, comme dans les précipitations.

212. Toutes ces observations concourent à prouver, 1°. que la même force qui étant accrue par le froid ou par la diminution du calorique, produit la congélation et la séparation de la glace d'avec l'eau, et qui étant plus considérable dans les combinaisons, détermine la cristallisation et les précipitations, est encore la cause qui fixe les proportions des éléments qui s'établissent dans les combinaisons, et de la stabilité de ces combinaisons ; 2°. que la cause de la réduction des vapeurs en liquides et en solides, est encore celle qui dans des circonstances où la même force a beaucoup plus d'énergie, produit la condensation des fluides élastiques dans les combinaisons, et les pro-

portions qui sont déterminées principalement
par le degré le plus élevé de l'action réciproque;
et toutes me paraissent confirmer que lorsque
les causes qui augmentent les effets de l'action
réciproque des molécules, ne sont pas assez
puissantes pour les isoler par la force de cohésion ou par la contraction, toutes les substances
qui sont en présence exercent une action chimique en raison composée de leur quantité et
de leur affinité.

213. J'ai distingué les effets de l'affinité qui
produit les combinaisons et la saturation mutuelle des propriétés des substances ou de
leurs tendances à la combinaison, de ceux de
l'affinité réciproque des molécules d'une substance ou d'une combinaison (43); mais je n'ai point
indiqué encore le point de séparation qui doit se
trouver entre ces deux résultats d'une même cause.

Les fluides élastiques n'exercent aucune action réciproque que l'on puisse comparer à la
force qui produit la cohésion dans les solides,
cependant ils se dissolvent mutuellement, et
quelques-uns exercent une affinité si puissante
qu'elle exclut une grande quantité du calorique
que chacun contenait, et qu'ils forment ensemble une combinaison nouvelle dans laquelle
leur élasticité se trouve considérablement diminuée, et leurs propriétés ont éprouvé une saturation plus ou moins complète.

Les liquides eux-mêmes ne présentent que de faibles indices de cette force qui produit la cohésion : l'on n'a qu'à diminuer la compression qu'ils éprouvent, et ils prennent d'eux-mêmes l'état élastique ; cependant ils possèdent toute l'activité de l'affinité qui produit les combinaisons.

Je conclus de là que l'affinité, comme principe de la combinaison, a une étendue d'action beaucoup plus grande que la force de cohésion, que l'action réciproque des molécules qui produit celle-ci, n'est dans les combinaisons qu'une conséquence de la première, qu'elle ne peut y avoir qu'une faible influence, et que par conséquent la figure de ces molécules est presque étrangère aux effets de l'affinité qui les produit.

Pourrait-on croire, en supposant que les molécules du gaz oxigéné et du gaz hydrogène jouissent d'une figure qui leur est propre, qu'elle a quelqu'influence sur la formation de l'eau, pendant que dans celle-ci même, qui est près de deux mille fois plus condensée, la forme des molécules ne commence à se manifester et à produire des effets sensibles, que lorsqu'elle a éprouvé une nouvelle condensation.

Ce n'est que lorsque les parties intégrantes d'une combinaison ont éprouvé un rapprochement assez grand, qu'elles commencent à exercer une action mutuelle dont l'effet augmente à mesure que le rapprochement devient plus grand; ainsi la gravitation affecte tous les corps, et il n'y a que des masses très-considérables qui puissent en modifier sensiblement l'effet dans les petits corps qui en sont voisins.

Il y a même apparence que lorsque les molécules se trouvent très-éloignées, elles n'ont point de figure déterminée; mais qu'obéissant à l'action expansive du calorique, elles prennent celle qui résulte d'un effort qui agit en tout sens : aussi n'observe-t-on point dans les fluides élastiques et rarement dans les liquides de phénomènes que l'on puisse attribuer à une figure particulière des molécules. Il paraît qu'elles ne prennent une forme déterminée que lorsque par un effet de l'affinité, elles subissent une condensation, ou sans changer d'état de saturation, elles sont sollicitées par l'effort qui les rapproche et par la résistance de leur calorique qui s'oppose à son effet.

La forme que les molécules intégrantes reçoivent alors ne peut contribuer aux propriétés chimiques qu'autant qu'elle accroît ou diminue la pesanteur spécifique ou même la cohésion : lorsqu'il se forme un précipité dans une dissolution terreuse ou métallique, la quantité et les propriétés de ce précipité sont indépendantes des circonstances qui pourraient favoriser l'action mutuelle des molécules, en raison de leur formę : la force de cohésion est produite, mais la figure n'a point encore eu d'influence sur les propriétés des molécules intégrantes isolées; ce n'est que lorsqu'elles peuvent exercer mutuellement une action tranquille et lente, que cette figure peut déterminer celle, des groupes qui se forment. Là commencent les phénomènes de la cristallisation.

Newton a indiqué avec la profondeur que l'on trouve dans toutes ses vues, la distinction des phénomènes qui sont dûs à l'affinité qui produit les combinaisons, et à celle par laquelle leurs molécules prennent l'arrangement symétrique de la cristallisation.

Après avoir décrit les effets de l'affinité qui produit plusieurs combinaisons, il passe ainsi à ceux de la cristallisation (1). « Lorsqu'une liqueur saturée de sel s'est évaporée
» jusqu'à pellicule, et suffisamment réfroidie,
» le sel se forme en cristaux réguliers. Avant
» d'être rassemblées, les particules salines flot-
» taient dans la liqueur, également distantes
» les unes des autres ; elles agissaient donc
» mutuellement sur elles-mêmes, avec une force
» qui était égale à distances égales, et inégale
» à distances inégales; ainsi en vertu de cette
» force, elles doivent se ranger d'une manière

(1) Opt. Liv. III.

» uniforme, et sans cette force elles ne peuvent
» que flotter sans ordre dans la liqueur, ou
» s'y unir fort irrégulièrement ».

Ce n'est que lorsque cette action mutuelle
peut produire des effets sensibles que la forme
des molécules commence à contribuer aux
effets ; alors les molécules prennent l'arrangement selon lequel l'affinité qui tend toujours à les réunir s'exerce avec le plus d'a-
vantage. Ce n'est qu'au degré qui précède la
congélation que l'on apperçoit dans l'eau un
effet qui dépend de la figure que ses molécules
tendent à prendre, et si la congélation est trop
soudaine, leur arrangement n'a plus de symétrie ;
cependant tous les autres effets de la force de
cohésion n'éprouvent aucune altération.

La forme que l'on peut supposer dans un
métal malléable, ne peut se conserver ou change
entièrement de rapports, lorsqu'on fait subir la
malléation à ce métal, ou qu'il passe dans une
filière ; cependant ses propriétés restent absolument les mêmes, ou elles n'éprouvent que le
changement qui doit naturellement résulter du
rapprochement de ses parties.

Les phénomènes de la cristallisation ne sont
donc qu'une conséquence de la faiblesse même
de l'action chimique qui la produit, et du calme
qui la met à l'abri des perturbations ; mais elle
ne détermine point les combinaisons, ou si elle

peut y avoir dans quelques circonstances une petite influence, il faut se garder dans l'explication des phénomènes chimiques de lui en attribuer une étrangère, et sur-tout d'en faire dépendre l'état des combinaisons. Si l'on voulait prêter une action à la forme des molécules, comment ferait-on plier les différentes figures supposées dans cinq à six acides confondus dans l'eau, et celles des éléments de chaque acide et de l'eau, en sorte cependant que le tout puisse former un liquide homogène et qui permet la transmission des rayons lumineux.

Si l'on prétendait que le sulfate d'ammoniaque, a dans ses molécules intégrantes une forme qui détermine non-seulement sa cristallisation, mais sa combinaison, il faudrait dériver cette forme de celle des molécules de l'oxigène et du soufre qui ont produit une première combinaison, et ensuite de celle de l'hydrogène et de l'azote. Mais le sulfate d'ammoniaque peut former plusieurs surcompositions qui varient par leur cristallisation : des éléments si nombreux qui devraient contribuer chacun par les propriétés géométriques d'une figure particulière, peuvent-ils être assujettis à des résultats réguliers et circonscrits ?

214. Il me parait donc qu'il faut séparer les phénomènes de la cristallisation, qui sont dûs à une action faible et secondaire, dans laquelle

par là même l'eau peut produire beaucoup de modifications, quoiqu'elle n'exerce qu'une faible affinité sur les parties intégrantes des cristaux (35); qu'il faut séparer, dis-je, ces phénomènes de ceux qui sont dûs à l'affinité qui produit les combinaisons et la force de cohésion qui modifie leurs propriétés. (*Note XIV.*) Ils ne doivent être considérés que comme une conséquence de la force de cohésion qui vient de naître et qui s'exerce avec assez de lenteur et de modération, pour que la forme qu'ont prise les aggrégats puisse affecter leur réunion; mais elle n'est point entrée dans les forces qui ont produit la combinaison; elle n'a pu qu'apporter quelque modification à la force de cohésion. On ne peut donc la regarder comme une cause des combinaisons qui se forment, et des proportions qu'elles reçoivent. Cela est si vrai, que quoique l'on fasse disparaître la cohésion par la dissolution, les propriétés d'un sel qui dépendent de son état de saturation ne sont point altérées, à part l'inertie de la cohésion dont j'ai décrit les effets.

Si les combinaisons sont rarement constantes dans leurs proportions, si la forme des cristaux n'est qu'un indice incertain de leur état, il ne faut pas accorder moins de latitude, aux indications de la nomenclature, que l'observation n'oblige d'en donner aux proportions des combinaisons elles-mêmes.

L'on ne peut s'assurer de la constance des proportions dans les combinaisons que lorsqu'elles sont dans un degré correspondant de saturation, ce qu'il est difficile de reconnaître, si ce n'est par l'état neutre, pour les combinaisons des acides et des alcalis, et par l'uniformité des propriétés caractéristiques telles que celles de l'eau. Le plus grand nombre des combinaisons n'a que deux degrés de saturation qui puissent être regardés comme fixes, le terme de la plus grande et celui de la moindre saturation.

Les noms qui expriment la composition d'une substance ne doivent pas recevoir une interprétation moins étendue ; mais lorsqu'ils doivent désigner les propriétés caractéristiques d'une substance et sa composition, désignation sur laquelle est fondée la principale utilité de la nomenclature, il est important que l'on puisse prendre une idée juste de l'acception que l'on doit leur donner, et il est à desirer que tous les chimistes puissent s'accorder à suivre les mêmes conventions : pour les expressions par lesquelles on indique les substances simples, ou que l'on adopte pour d'autres convenances, elles peuvent varier avec beaucoup moins d'inconvénient. (*Note XV.*)

CHAPITRE II.

De l'action des dissolvants.

215. En traitant de la dissolution (*Chap. II*, *Sect. I.*) je n'ai considéré que les effets qui résultaient de l'action mutuelle des deux substances qui prenaient un état uniforme de liquidité ou de gazéité, selon l'énergie relative de l'une et de l'autre; j'ai ensuite examiné les séparations des combinaisons qui avaient lieu en raison de leur solubilité. Dans ces circonstances, l'eau que je prends ici pour représenter les dissolvants, ne change point sensiblement l'état de saturation des substances qui sont en combinaison; les effets qu'elle produit se bornent à modifier ceux de l'action réciproque des parties intégrantes des combinaisons, de sorte qu'elle peut n'être considérée que comme antagoniste de la solidité.

Cependant les propriétés de la dissolution, soit des substances solides dans les liquides (14), soit de deux liquides (20), soit enfin d'un fluide élastique par un liquide (153), font voir non-seulement qu'elle est l'effet de la tendance à la com-

25..

binaison qui produit une saturation de propriétés, et qui ne diffère que par l'intensité de
celle qui forme les combinaisons salines, mais
que c'est dans les phénomènes qu'elle présente,
que l'on reconnaît les lois des combinaisons avec
le moins de déguisement.

Ce n'est donc que parce qu'un dissolvant
ne produit qu'un effet inférieur à celui qui
réunit les éléments d'une combinaison, que l'on
se borne à considérer les effets de solubilité
qui en dépendent ; mais il exerce dans la réalité
une même force que l'affinité qui produit la
combinaison, et dont l'effet se trouve limité
dans la dissolution d'un solide par la force de
cohésion, dans la dissolution d'un liquide par
la différence de pesanteur spécifique, dans l'action
d'un liquide sur un gaz par l'élasticité, et dans
celle d'un gaz sur un liquide par son volume
et par la température.

L'action des dissolvants ne se borne pas toujours à cet effet sur les combinaisons chimiques ; mais selon l'action réciproque de leurs
éléments, elle peut altérer l'état de saturation,
et alors elle doit être comptée parmi les forces
qui servent à produire les combinaisons.

Je m'occuperai particulièrement, dans ce chapitre, des changements qui peuvent résulter dans
l'état des combinaisons, sur-tout dans les proportions dont j'ai établi les causes, dans le cha-

pitre précédent, de cette action des substances qu'on emploie comme dissolvants, et dont on néglige le plus souvent de comprendre l'effet dans l'explication des résultats de l'action chimique.

Je tâcherai de distinguer les circonstances où leur action doit être négligée, et celles où elle doit être comptée parmi les causes des phénomènes dont on donne l'explication : pour cela il est nécessaire de rappeler des propriétés que j'ai déjà examinées sous d'autres rapports.

219. L'action de l'eau sur les acides et sur les alcalis est ordinairement si faible, relativement à la force qui produit leur combinaison mutuelle, qu'elle doit être entièrement négligée, quoique dans la réalité, la tendance mutuelle à la combinaison soit affaiblie de toute la force par laquelle chaque partie élémentaire est retenue par un dissolvant, moins celle qu'il conserve pour tenir en dissolution la combinaison formée : ainsi lorsqu'un acide agit sur une base alcaline, l'action de l'eau ne produit ordinairement aucun changement sensible dans leur saturation mutuelle ; seulement elle diminue l'énergie de l'acide opposé à la force de cohésion, parce qu'elle diminue sa concentration en raison de sa quantité ; mais lorsque le liquide agit sur une combinaison faible, et lorsque l'action qu'il exerce sur chacune des substances qui la composent est très-différente, le résultat dépend

du rapport de ces forces; le liquide peut produire alors un changement qui dénature la combinaison; et qui en change les proportions;
c'est ainsi que l'eau agit sur le sulfate de mercure; employée en petite quantité, elle ne fait
que le dissoudre; mais si elle est plus abondante, son action s'accroît en proportion de sa
quantité, et il s'établit de nouvelles combinaisons, dont les proportions dépendent de l'état
des forces respectives : dans ce cas le liquide ne
doit plus être considéré comme un simple dissolvant, son action est l'une des forces qui doivent
être évaluées dans le changement qui s'opère, et
il devient l'un des éléments des combinaisons qui
se forment.

Il se présente un grand nombre de circonstances pareilles, où l'eau ne produit pas simplement une séparation de combinaisons, sans
changer leur saturation comparative; mais où elle
détermine d'autres proportions dans les combinaisons qui se séparent : nous avons vu que
le phosphate acidule de chaux était amené par
l'action de l'eau à l'état de phosphate neutre(202):
elle ne produit cet effet qu'en déterminant successivement deux combinaisons, dont l'une est
plus acide et dont l'autre a une plus grande
proportion de base, jusqu'à ce qu'on soit parvenu à une insolubilité et à un état de combinaison qui résistent enfin à toute son action :

lorsqu'on décompose le sulfate acidule de potasse par des cristallisations successives , on forme à chaque cristallisation par l'action de l'eau deux combinaisons dont l'une est plus acide , et dont l'autre approche plus de l'état neutre ; et enfin lorsqu'on est parvenu à celui - ci , l'action réciproqne des élémens a acquis une énergie qui ne permet plus à l'eau d'altérer leurs proportions. Si donc l'action de l'eau n'apporte aucun changement dans l'état de saturation d'une combinaison, ce ne peut être que parce qu'elle est inférieure à ce qu'il reste de tendance mutuelle à satisfaire dans les élémens de cette combinaison (40).

217. Ainsi l'action chimique d'un dissolvant doit être négligée relativement à l'état des combinaisons , lorsque d'autres affinités, beaucoup plus puissantes , produisent ces combinaisons ; mais elle prend de l'importance à mesure que ces affinités sont plus faibles, et enfin dans quelques circonstances , elle décide par sa force relative les composés qui se forment ; l'action d'un liquide sur un solide est non-seulement limitée par la force de cohésion ; mais si ce solide est un composé qui n'ait pas une grande énergie, il peut s'établir deux nouvelles combinaisons , dont la quantité et les proportions des élémens dépendent de la quantité de l'eau et de la chaleur, et le concours de ces agens diminue la combinaison qui doit rester dans l'état solide :

en employant des quantités d'eau successives, on produit une série de combinaisons entre les deux extrêmes.

Lors même que l'eau ne change pas l'état respectif de saturation, et qu'elle paraît diviser simplement les combinaisons, son affinité concourt réellement à la réunion d'une base avec un acide, et de l'autre base avec l'autre acide; c'est elle qui détermine la combinaison la plus soluble, c'est-à-dire, celle qui lui oppose moins d'obstacle, celle sur laquelle son action est plus forte, à se former, et à se séparer de l'autre; mais ces effets sont représentés sans inconvénient par la solubilité d'une combinaison, ou par la force de cohésion de l'autre, ainsi que je l'ai fait lorsque j'ai considéré l'action des deux acides sur une base, et celle de deux acides et de deux bases. (*Sect. II.*)

Il résulte de là que la seule distinction réelle qu'il y ait à faire relativement à l'action de l'eau, c'est de considérer si elle produit quelque changement dans l'état de saturation, ou si elle opère des séparations et détermine des combinaisons dont la saturation reste la même.

218. Les observations que j'ai présentées sur les effets de l'eau, lorsqu'elle agit comme force antagoniste de la cohésion ou comme principe de combinaison, doivent s'appliquer aux autres dissolvants; mais comme leur force et leurs

autres propriétés varient, il en doit résulter des effets différents qu'il faut tâcher d'évaluer ; je ne considérerai, sous ce rapport, que l'alcool, dont on fait le plus d'usage après l'eau.

Il faut se rappeler que lorsque j'exprime les effets de l'insolubilité par la force de cohésion, je n'entends par là que le rapport de solubilité dans le dissolvant qui produit les phénomènes pour lesquels je me sers de cette expression, car la force de cohésion absolue ne répond pas exactement à l'effet du dissolvant. Elle est beaucoup mieux représentée par la fusibilité ou par l'effet que produit la chaleur. La baryte et la chaux, par exemple, qui résistent complètement à la chaleur, se dissolvent cependant en assez grande proportion dans l'eau. Il faut donc que l'affinité de l'eau ait pu surmonter une grande partie de la force de cohésion absolue de ces substances ; mais ce premier effet étant produit par l'affinité, il paraît que ce n'est que la solubilité accrue par l'action du calorique, comme elle le serait sans la présence du dissolvant, qui augmente dans la dissolution les proportions de la substance naturellement solide, et que l'on peut alors considérer la dissolution comme l'effet d'un double dissolvant du liquide et du calorique, » à-peu-près comme l'a fait Lavoisier : « On peut » distinguer (1) plusieurs cas différents, suivant

(1) De la Solut. des Sels par le Calor. Trait. Elém. tom. II.

» la nature et la manière d'être de chaque sel.
» Si par exemple un sel est très-peu soluble par
» l'eau, et qu'il le soit beaucoup par le calo-
» rique, il est clair que ce sel sera très-peu
» soluble à l'eau froide, et qu'il le sera beau-
» coup au contraire, à l'eau chaude ; tel est
» le nitrate de potasse, et sur-tout le muriate
» oxigéné de potasse. Si un autre sel, au con-
» traire, est à-la-fois peu soluble dans l'eau,
» et peu soluble dans le calorique, il sera peu
» soluble dans l'eau froide comme dans l'eau
» chaude ; et la différence ne sera pas très-
» considérable ; c'est ce qui arrive au sulfate de
» chaux.

» On voit donc qu'il y a une relation néces-
» saire entre ces trois choses, solubilité d'un
» sel dans l'eau froide, solubilité du même sel
» dans l'eau bouillante, degré auquel ce même
» sel se liquéfie par le calorique seul, et sans
» le secours de l'eau ; que la solubilité d'un sel
» à chaud et à froid est d'autant plus grande
» qu'il est plus soluble par le calorique ; ou,
» ce qui revient au même, qu'il est suscep-
» tible de se liquéfier à un degré plus inférieur
» de l'échelle du thermomètre ».

L'alcool paraît conserver les mêmes rapports
que l'eau avec un grand nombre de substances, et
particulièrement avec les acides, les alcalis et les
combinaisons salines, et la différence qui existe

entre ces deux dissolvants, consiste principalement en ce que l'action de l'alcool est plus faible, de sorte que la force de cohésion lui oppose une résistance dont l'effet est plus grand : de là vient que les acides qui ont une force de cohésion considérable, tels que l'acide oxalique et l'acide sédatif, ne se dissolvent pas dans l'alcool; il en est de même des alcalis; ceux qui ont peu de solubilité dans l'eau, comme la chaux, la strontiane, la baryte, ne se dissolvent pas dans l'alcool; mais ceux qui sont très-solubles dans l'eau, tels que la potasse, et en général les sels déliquescents peuvent cristalliser, ou cristallisent beaucoup plus facilement avec l'alcool qu'avec l'eau.

La différence de l'action de l'eau et de l'alcool ne se borne pas à ces séparations, qui ne sont dues qu'au plus grand effet de la force de cohésion opposée à l'alcool; il peut résulter encore de cette différence d'action des changements de proportions, dont la véritable cause peut échapper, et qui ont pu souvent conduire à de fausses conséquences.

219. On se sert quelquefois de différents dissolvants, et même successivement, pour opérer, par leur moyen, la séparation de différentes substances; mais il faut distinguer les circonstances où il n'y a qu'un mélange de ces substances, et celles où il existait une combinaison.

C'est dans cette dernière circonstance qu'il arrive souvent que le dissolvant qu'on emploie intervient pour produire des combinaisons qui n'existaient pas, pendant que l'on croit n'opérer qu'une simple séparation ; et c'est la faiblesse même de son action qui détermine les combinaisons qui se forment , parce qu'avec plus d'énergie toute la dissolution pourrait s'opérer, et la combinaison se conserverait dans son intégrité. L'alcool agit alors sur les combinaisons qui se maintiennent dans l'eau , comme nous avons vu que l'eau le fesait relativement aux sulfates et aux phosphates acidules, en les séparant en deux combinaisons qui diffèrent non-seulement par leur solubilité , mais même par leur état de saturation.

220. Que l'on ait un résidu incristallisable composé de potasse , d'acide nitrique , d'acide muriatique et de chaux , l'action mutuelle de ces substances et celle de l'eau qu'elles retiennent, empêchent que la potasse ne puisse cristalliser avec les deux acides, ou avec celui des deux qui doit l'emporter, en raison de sa quantité (58) : on mêle de l'alcool à ce liquide : celui-ci prend la combinaison de la chaux avec les acides, et celle que forme la potasse se précipite : on ne sépare pas simplement le nitrate ou le muriate de potasse, du nitrate ou muriate de chaux ; car ces substances produisaient une seule com-

binaison, dans laquelle chacune exerçait son action. C'est l'alcool qui détermine la formation et la séparation de ces sels, en concourant par sa disposition à s'unir au sel à base terreuse, avec la force de cohésion qui appartient au nitrate et au muriate de potasse, et qui s'oppose à leur dissolution dans l'alcool avec plus d'efficacité qu'à leur dissolution dans l'eau.

Cette séparation n'est pas rigoureuse, il se dissout dans l'alcool une petite portion du sel cristallisable par l'effet de l'action du sel à base de chaux qui la rend un peu soluble dans ce dissolvant.

Quand il y a dans un liquide incristallisable un excès d'acide ou d'alcali qui est soluble par l'alcool, on change les conditions du liquide en séparant cet excès ; de sorte que, si l'on veut juger de l'état dans lequel il était, par les résultats qu'on obtient au moyen de cette séparation, on s'en fait une idée fausse ; ainsi lorsqu'on enlève un excès de potasse qui s'opposait à la cristallisation du sulfate de potasse, une combinaison réelle avec excès de potasse est détruite, et il se forme deux combinaisons qui se séparent, l'une est l'alcool de potasse, et l'autre est le sulfate de potasse ; mais le premier retient une petite portion de sulfate de potasse, qui est rendu soluble dans l'alcool par l'action de la potasse, et dont on ne la prive que par la cristallisation, et le second retient un petit excès de potasse ; la cristallisation même ne suffit pas toujours pour obtenir une combinaison constante ; par exemple, on obtient le carbonate de potasse dans l'état cristallisé, en traitant la potasse ordinaire avec l'alcool, qui dissout la plus grande partie de l'excès de potasse ; mais les cristaux en retiennent assez pour être déliquescents à l'air.

Je viens de supposer un excès d'alcali dans le carbonate de potasse ; cependant c'est une combinaison aussi exacte que celle du carbonate neutre, mais l'alcali qui se trouve en excès relativement à l'état neutre, et qui produisait une plus grande solubilité, peut être séparé plus facilement, parce que l'action chimique s'affaiblit par la saturation. L'action de l'alcool change donc la combinaison qui existait, et lui en substitue deux nouvelles ; le sel qui cristallise retient un excès d'alcali, parce que la force de cohésion qui cause la cristallisation n'appartient pas à des proportions déterminées, mais qu'elle commence à avoir de l'énergie avant que de parvenir à la plus grande intensité.

On produit un effet semblable par le moyen des autres substances qui peuvent également former avec la potasse une combinaison plus soluble que le carbonate de potasse ; ainsi Lowitz a fait voir qu'on pouvait obtenir le carbonate

de potasse par une petite quantité d'acide acétique dont la combinaison soluble permet au
carbonate de potasse de cristalliser, ou par l'addition d'un peu de soufre qui forme aussi un
sulfure hydrogéné très-soluble (1) ; enfin l'acide
muriatique oxigéné produit le même effet lorsqu'il
n'est pas employé en quantité suffisante pour
former le muriate oxigéné de potasse : si la
dissolution de potasse mi-carbonatée est assez rapprochée, il se forme des cristaux de carbonate
de potasse au commencement de l'opération.

221. On voit que les dissolvants doivent être
considérés sous deux rapports, ou comme opposés à la force de cohésion, ou comme partie
constituante des combinaisons elles-mêmes, et
qu'il faut leur appliquer sous ces deux rapports
les principes qui ont été exposés sur l'action
chimique, mais un dissolvant peut être employé
dans la vue seulement de favoriser ou de mo-
dérer l'action d'un acide sur un corps solide,
alors sa quantité peut affecter d'une double
manière cette action, et parce qu'elle en exerce
une sur lui en affaiblissant proportionnellement
son énergie, et parce qu'elle diminue la concentration sous laquelle il se trouve dans la
sphère d'activité.

Les dissolvants affaiblissent ainsi l'énergie des

(1) Journ. de Chim. par Van Mons. n°. 3.

acides ou des alcalis, lors même qu'ils ne peuvent produire aucun effet sensible sur leur saturation respective, et si l'on jugeait alors de l'affinité d'une substance par l'effet qu'elle produit sur une autre, on en prendrait une idée très - fausse. On pourrait la regarder comme inactive et comme très-inférieure à celle qui lui est opposée, pendant qu'en diminuant seulement la quantité du dissolvant, on aura un effet tout différent ; c'est ainsi que la potasse ne peut attaquer le sulfate de baryte et le phosphate de chaux, si elle est étendue d'une certaine quantité d'eau ; mais si on la fait bouillir avec ces sels, et la quantité d'eau qui est seulement nécessaire à la liquidité de l'alcali, elle les décompose en partie.

Ces effets des dissolvants qui dépendent de la différence de leur énergie contre la force de cohésion ont été négligés, lorsque l'on a établi l'ordre des affinités électives auxquelles seules on a voulu attribuer la formation des combinaisons ; ainsi Bergman ayant dissous du phosphate de potasse par l'acide arsénique, et ayant ajouté à cette dissolution, de l'alcool, qui par la dissolution de l'acide arsénique concourait avec la force de cohésion du phosphate de potasse, et qui par là devait opérer la séparation du dernier, attribue cet effet à une plus forte affinité élective de la potasse pour l'acide phosphorique que pour l'acide arsénique, et c'est souvent par un semblable moyen que l'on a déterminé les affinités électives.

Si l'on ajoute de l'alcool à une dissolution assez étendue de chaux par l'acide muriatique à laquelle on a mêlé de l'acide sulfureux, il se précipite du sulfite de chaux : il faudrait également en conclure que l'acide sulfureux a plus d'affinité avec la chaux que l'acide muriatique ; cependant lorsqu'on verse de l'acide muriatique concentré sur le sulfite de chaux, il s'exhale de l'acide sulfureux : les mêmes principes conduiraient donc à une conséquence contradictoire. De plus, l'alcool produit les mêmes précipités lorsqu'un sel est rendu soluble par un excès de son propre acide ; ainsi l'alcool précipite de la solution du phosphate acidule de chaux, un phosphate moins acidule.

222. Les considérations exposées dans ce chapitre font voir que les dissolvants exercent réellement une action chimique, qui ne diffère que par l'intensité de celle qui produit les plus fortes combinaisons ; mais comme elle varie en elle-même, et sur-tout par le rapport qu'elle a avec les forces qui produisent d'autres combinaisons, il y a des cas où elle peut être négligée, parce qu'elle n'apporte aucun changement sensible dans la saturation, et il y en a d'autres où elle intervient comme principe de combinaison. Lorsqu'elle ne change pas l'état respectif de

saturation, son effet est borné à la solubilité des combinaisons, et l'on ne doit la regarder que comme une force antagoniste de la solidité : elle affaiblit, en raison de sa quantité qui excède celle qui est nécessaire à la liquidité, l'action des autres substances contre la solidité, en diminuant la quantité de ces substances qui peut l'exercer, et en occupant une partie de leur énergie : elle sépare une combinaison unique en deux combinaisons, dont l'une est plus soluble, et dont l'autre s'isole par la force de cohésion qu'elle peut lui opposer.

Souvent les dissolvants exercent les deux actions, et contribuent par l'une aux séparations qui se font, et par l'autre aux proportions des éléments qui s'établissent.

De la différente intensité de l'action de deux dissolvants, tels que l'eau et l'alcool, peuvent résulter des différences considérables dans les combinaisons qui se séparent : une plus forte action s'oppose à une cristallisation qui a lieu dans le dissolvant plus faible, et par là même celle-ci peut produire des séparations et des proportions de combinaisons qui restent confondues dans l'état liquide, lorsque le dissolvant a plus d'énergie.

On trouve ici un exemple frappant de l'influence que les mots peuvent avoir sur les idées que l'on se forme, et sur les résultats mêmes de l'observation. On commence par regarder un dissolvant comme un agent qui ne fait que disposer les autres substances à former des combinaisons, parce qu'effectivement il ne produit aucun autre effet sensible, lorsqu'il ne se fait pas de séparation, et l'on néglige en conséquence son action dans les autres circonstances, parce qu'il s'y trouve sous le nom de dissolvant.

Il est difficile d'atteindre par le langage à une précision qui prévienne toute confusion; mais il faut toujours se rappeler que toutes les substances qui sont en présence exercent une action, et que s'il est des circonstances où elle doive être négligée, il peut s'en trouver d'autres où elle contribue efficacement au résultat.

CHAPITRE III.

De l'efflorescence.

223. QUELQUES substances salines, et particulièrement le carbonate de soude, ont la propriété de se séparer des substances avec lesquelles elles se trouvent en combinaison dans un certain degré d'humidité; Schéele est le

26..

premier qui ait apperçu que cette propriété pouvait produire des changements dans les combinaisons (1).

Cette force par laquelle les molécules se réunissent dans les proportions convenables pour former une combinaison constante, et se séparent des autres substances qui ont une action sur elles, a beaucoup d'analogie avec celle qui produit la cristallisation dans un liquide, quoique par la différence des circonstances l'effet soit opposé; il paraît que par ces circonstances une combinaison qui serait promptement détruite, si son action était en concurrence avec celle des substances qui sont contenues dans un liquide, se sépare continuellement et par très-petites parties à la surface; par là ses molécules sont soustraites successivement, et alors leur action réciproque les groupe, de même que dans la cristallisation; mais quelle que soit la cause de la différence qui existe entre cet effet, et celui de la cristallisation ordinaire, je vais tâcher d'en indiquer les conséquences dans les phénomènes auxquels elle contribue, en la désignant sous le nom d'efflorescence, et en la considérant principalement comme une qualité qui appartient à quelques substances.

224. Si le muriate de soude se trouve en con-

_____

(1) Mém. de Chim. tom. II,

currence avec la chaux dans un degré convenable d'humidité, l'action de la soude sur l'acide muriatique est affaiblie par là; elle partage celle de la chaux sur l'acide carbonique qui se trouve dans l'air atmosphérique; mais diminuée par la saturation, elle serait bientôt insuffisante contre la force de cohésion du carbonate de chaux, s'il ne se faisait une séparation décidée par l'effloréscence : la décomposition du muriate de soude continue donc jusqu'à ce qu'il se soit formé assez de muriate de chaux, parce que l'acide muriatique devant se partager entre les deux bases en raison de leur action, il arrive un terme où leurs forces se balancent.

La petite quantité d'acide carbonique qui se combine d'abord dans la masse totale, ne produit pas une force de cohésion qui puisse l'emporter sur les forces opposées (77); seulement elle suffit pour déterminer successivement l'efflorescence; mais si l'on met en dissolution tout-à-coup la quantité de carbonate qui s'est séparée, la force de cohésion a alors assez d'intensité pour précipiter le carbonate de chaux, et l'on obtient des combinaisons opposées par cette seule condition des quantités.

L'efflorescence produit de même une séparation de carbonate de soude, lorsque celui-ci se trouve en contact avec le carbonate de chaux dans un degré d'humidité convenable; alors il se fait

une très petite dissolution du carbonate de chaux,
au moyen de l'action qu'exerce sur lui le muriate de soude ; mais la combinaison de l'acide
carbonique avec la soude, et sa séparation simul-
tanée sont décidées par la disposition à l'efflorescence, et le phénomène se continue. Les circonstances qui peuvent favoriser l'efflorescence
sont un mélange convenable de muriate de soude
et de carbonate de chaux, et une humidité sou-
tenue à une température élevée ; le voisinage
d'un corps poreux favorise encore la décomposition du muriate de soude, en facilitant l'efflorescence et la séparation du carbonate de
soude ; mais quoiqu'il y ait peu de différence
entre les conditions de cette décomposition, et
celle qu'on obtient par la chaux, il paraît que
la première exige un intervalle de temps beaucoup
plus grand, et peut-être quelques circonstances
plus favorables, telles qu'une température plus
élevée ; d'où vient, probablement, que Schéele
n'a pas obtenu cette décomposition en se ser-
vant du carbonate de chaux.

225. C'est par ces circonstances, que j'ai observées sur les bords du lac Natron, que j'ai cru
pouvoir expliquer la formation continuelle d'une
immense quantité de carbonate de soude (1),
et il est probable que c'est à des circonstances

_____

(1) Mém. sur l'Egypte.

semblables ou peu différentes, qu'est due la production du carbonate de soude qu'on observe dans d'autres déserts, ainsi que sur la surface de quelques voûtes et de quelques murs.

C'est encore à une cause semblable qu'il faut rapporter la décomposition du muriate de soude par des lames de fer tenues dans un lieu humide : le carbonate de soude effleurit à leur surface, et il se décompose, si on le plonge dans les gouttes du muriate de fer qui se forme en même temps.

Schéele auquel on doit les principales observations sur cet objet, a éprouvé que les décompositions avaient également lieu avec le sulfate et le nitrate de soude, mais non avec les mêmes sels à base de potasse, et il attribue fort bien cette différence à la propriété efflorescente du carbonate de soude.

C'est probablement par la même raison que plusieurs plantes sur les bords de la mer peuvent décomposer le muriate de soude dans les circonstances favorables, c'est-à-dire lorsqu'elles ne croissent pas dans l'eau ; car alors elles ne contiennent que le muriate de soude qui n'éprouve pas de décomposition ; le carbonate ne se forme que lorsqu'elles végètent sur les bords, et dans un terrain imprégné de muriate de soude, et qui n'a que l'humidité qu'exige l'efflorescence, tandis que cette décomposition n'a pas lieu dans les plantes qui ne contiennent que des sels à base de potasse.

226. Quoique l'efflorescence soit une propriété plus énergique dans le carbonate de dans les autres sels, plusieurs de ceux-ci n'en sont pas dépourvus ; c'est elle qui me paraît être cause que dans les plâtras imprégnés de salpêtre, le nitrate de potasse se sépare des sels à base terreuse, et se trouve principalement dans les parties les plus élevées, pendant que celles qui sont voisines du sol contiennent sur-tout du sel à base de chaux.

C'est à la même propriété que me paraît due la formation du sulfate d'alumine qui a lieu à la surface des granites, des porphires qu'on tient pendant long-temps humectés d'acide sulfurique, comme l'a fait Bayen (1), lequel s'en est servi avantageusement pour l'analyse de ces pierres.

Enfin par la propriété efflorescente que possède le sulfate acidule de potasse, il s'élève et forme des arborisations au-dessus d'une combinaison qui retient un excès d'acide plus grand qu'il ne convient à la constitution de ce sel, ce qui fait voir que dans ce phénomène, tandis qu'une nouvelle combinaison tend à se séparer par efflorescence, une autre tend à conserver l'excès de l'élément qui s'oppose à cet effet.

(1) Journ. de Phys. 1779.

Quoique l'efflorescence ne produise qu'un petit nombre d'effets, elle ne doit cependant pas être négligée, puisqu'elle sert à expliquer la production de quelques combinaisons qui sont opposées à celles qui se forment dans les circonstances ordinaires, et qu'elle peut devenir d'une application utile dans les arts.

On retrouve ici un exemple frappant de combinaisons qui sont décidées par une légère circonstance dans un ordre inverse à celui que l'on attribue aux affinités électives.

CHAPITRE IV.

De la propagation de l'action chimique.

227. L'ACTION chimique s'exerce plus ou moins rapidement, et cette circonstance a souvent une grande influence sur ses résultats; l'action du calorique présente, avec cette propriété des autres substances, des rapports qu'il est utile d'examiner.

Des combinaisons qui paraissent constantes dans leurs proportions, se détruisent par une action plus lente que celle qui les a produites; d'autres proportions s'établissent, et font place à leur tour à de nouvelles combinaisons ; par là les conclusions que l'on tire de l'observation varient selon l'instant où elle se fait : l'on prend pour le dernier résultat de l'action chimique, celui qui précède d'autres changements que l'on néglige, et l'on attribue à l'élection de l'affinité un état qui n'est que transitoire.

Quelquefois donc l'action chimique paraît instantanée, quelquefois ses effets sont très-lents, et il faut un espace de temps considérable pour que les forces qui sont en présence parviennent à un état d'équilibre. Quelles sont les dispositions dans les substances qui produisent cette différence ? quelles sont les circonstances qui favorisent ou atténuent cet effet ?

228. On peut d'abord remarquer, qu'indépendamment de toute autre circonstance, l'action chimique est beaucoup plus lente lorsqu'elle est faible, que lorsqu'elle est vive ; et comme l'action d'une substance s'affaiblit à mesure que sa saturation fait des progrès, ce sont les derniers termes de cette saturation qu'elle ne peut parcourir que dans un intervalle de temps beaucoup plus considérable que celui qui est nécessaire pour y parvenir ; ainsi dans les effets mécaniques une forte impulsion fait parcourir à un corps le même espace, dans un temps beaucoup plus court qu'une impulsion beaucoup plus faible.

C'est donc sur-tout dans les combinaisons faibles qu'on peut observer cette résistance à la saturation; telles sont les dissolutions des sels par l'eau, comparées à la combinaison des acides avec les alcalis, et l'on remarque encore une grande différence entre le commencement de la dissolution et sa fin; ce n'est qu'avec peine que l'eau achève de se saturer au point où le permettent son action et la résistance qu'elle doit vaincre.

La combinaison d'un acide par un alcali qui s'opère par une force beaucoup plus grande que celle qui produit la dissolution d'un sel par l'eau, est aussi beaucoup plus prompte, jusqu'à ce qu'elle approche de l'état de saturation; mais alors sa progression devient lente, et l'on arrive à un terme où les papiers qui nous servent d'indices annoncent souvent en même temps l'acidité et l'alcalinité; ce n'est qu'après un espace de temps assez considérable qu'on peut reconnaître celle des deux qui domine réellement.

L'agitation accélère beaucoup le complément d'une dissolution ou d'une combinaison : son effet dépend précisément de la différence qu'il y a entre l'action d'une substance lorsqu'elle est éloignée de l'état de saturation, ou lorsqu'elle est voisine de cet état: on substitue par là une action forte et prompte à une action faible et lente.

Lorsque l'eau agit sur un sel pour le dissoudre, la couche qui est contiguë au sel est
d'abord dans un état de saturation plus avancé
que celle qui lui est superposée, et ainsi de
suite, jusqu'à la surface; il n'y a donc qu'une
légère différence de saturation entre chaque
couche, et elles se trouvent, les unes respectivement aux autres, dans cet état de saturation
où l'action est la plus faible et la plus lente,
et la différence de pesanteur spécifique peut
encore avoir une influence marquée sur l'effet
d'une faible tendance à la combinaison; mais
si je mets en contact les parties du liquide les
plus saturées avec celles qui sont le plus éloignées de la saturation, j'établis une action
beaucoup plus vive, j'en accélère les effets;
l'agitation doit donc servir à rendre une dissolution beaucoup plus promptement uniforme; ce qui doit s'appliquer aux combinaisons mêmes les plus fortes, lorsque l'action
des substances qui les forment, approche de
l'état d'équilibre.

On peut obtenir cet effet de la pesanteur spécifique qui s'établit d'elle-même entre les couches
d'un liquide, par la dissolution d'un sel, si cette
dissolution s'opère à la surface du liquide; de
sorte que cette seule circonstance peut produire
une dissolution beaucoup plus prompte; alors
à mesure que l'eau dissout les molécules salines, .

elle descend par la pesanteur spécifique qu'elle acquiert, et la partie du liquide qui était au fond s'élève à la surface par sa légèreté spécifique. Il s'établit par là une circulation qu'il est facile de rendre sensible en plongeant un tube rempli d'acide sulfurique sur une soucoupe remplie d'eau ; ce courant assez rapide entraîne les petits corps insolubles que l'on a pu ajouter au liquide.

Il me paraît que c'est le citoyen Beaumé qui a le premier fait attention à la circulation qui s'établit en conséquence du changement de pesanteur spécifique, lorsqu'un sel est dissous à la surface de l'eau, et qui en a fait en même temps une application utile pour dissoudre les résidus salins qui se trouvent au fond d'un vase : en effet, lorsqu'on plonge à la surface de l'eau le col d'un vase qui contient un sel durci en masse, on voit l'eau, qui a opéré une dissolution, descendre en formant un courant, et l'eau pure ou moins saturée former un courant opposé en venant la remplacer ; d'où il suit que la dissolution du sel s'opère beaucoup plus promptement au moyen du renouvellement continuel d'une eau dont l'action est moins affaiblie par la saturation, que si l'on fesait séjourner sur ce sel une quantité d'eau dont les différentes couches auraient peu de différence de saturation. Velter a fait depuis long-temps une application de cette propriété à toutes les substances solides qui se dissolvent plus promptement lorsqu'on les tient à la partie supérieure du dissolvant, et j'en ai indiqué, d'après lui, un exemple pour la dissolution de la potasse commune destinée aux lessives dans l'art du blanchiment par l'acide muriatique oxigéné (1), pendant que, par une raison contraire, on doit opérer la dissolution des substances gazeuses dans le fond du liquide. Ces considérations sont devenues familières aux chimistes.

229. Il y a apparence qu'indépendamment de la lenteur de l'action qui dépend de la faiblesse de l'affinité, les substances sont distinguées par une propriété que l'on peut comparer à la propriété conductrice de la chaleur que je vais examiner ; de sorte que dans quelques-unes l'action a une lenteur particulière qui est indépendante de son énergie; ainsi quoique l'acide sulfurique exerce d'abord une action vive sur l'eau, quoiqu'il la retienne fortement, il parvient cependant difficilement à une dissolution uniforme, de manière à ne pas laisser appercevoir de stries, lorsqu'on interpose le liquide entre l'œil et la lumière : il en est de même de l'alcool, pendant que l'acide muriatique et l'acide acétique acquièrent beaucoup plus promptement l'uniformité de dissolution.

(1) Journ. des Manufactures et des Arts.

Les effets hygrométriques sont dûs, ainsi que la dissolution d'un sel, à la tendance à la combinaison d'une substance pour l'eau qui est tenue en dissolution par l'air. On observe également que l'action des substances hygrométriques se rallentit à mesure qu'elle approche du terme extrême, et quelques-unes de ces substances parcourent les différents degrés avec beaucoup plus de rapidité que d'autres; ainsi le cheveu a un effet plus prompt que la baleine : cette différence ne dépend pas de la faiblesse de la puissance hygrométrique; car la chaux qui l'exerce, au moins avec autant d'énergie que le muriate de chaux, produit cependant son effet beaucoup plus lentement; il faut donc qu'elle soit due à une faculté plus ou moins grande de propagation qui distingue les substances, et qui est indépendante de l'énergie de l'affinité

La lenteur de l'action des fluides élastiques est très-grande, lorsque la force qui tend à en produire la combinaison est faible; ainsi le gaz oxigène ne dissout que lentement l'acide carbonique, ce n'est que dans un espace de temps très-long qu'il épuise son action sur le fer ; quoique les sulfures d'alcali exercent une action assez vive sur l'oxigène, ce n'est cependant qu'avec lenteur qu'ils l'absorbent, l'air acquiert difficilement le degré extrême d'humidité, et cependant la vapeur de l'eau parvient promptement dans le vide au degré de tension que peut lui donner la température : quelques substances odorantes au contraire se dissolvent et se disséminent rapidement dans un espace étendu de l'atmosphère.

On accélère également l'action des fluides élastiques par l'agitation qui rapproche les parties les moins saturées, et il est probable qu'il peut s'établir, par les différences de pesanteur spécifique, des courants qui accélèrent l'équilibre de saturation, comme dans les liquides ; mais ces effets doivent également varier selon la position de la substance qui se dissout ou qui entre en combinaison, et ils doivent se compliquer avec ceux de la température.

230. La faculté de se combiner plus promptement avec une substance qu'avec une autre, produit quelquefois des précipitations que l'on peut regarder comme accidentelles, et qui n'ont pas lieu si les circonstances rendent l'action plus lente. Bergman observe que si l'on verse de l'acide sulfurique concentré sur les solutions saturées de sulfate de potasse, d'alun, de sulfate de fer, de muriate mercuriel corrosif ou d'autres sels que l'eau dissout difficilement, ces sels se précipitent subitement ; mais si l'on ne verse l'acide sulfurique que par petites portions et en agitant le liquide ; ces précipitations n'ont pas lieu. On observe le même phénomène en mêlant tout-à-coup une dissolution aqueuse

de muriate de baryte avec l'acide muriatique concentré, et dans un grand nombre d'autres circonstances où l'on voit un précipité se former dans le premier moment du mélange, et ensuite se redissoudre lentement ou plus promptement par le secours de l'agitation ou de la chaleur.

Si l'affinité exige un temps plus ou moins long pour produire des combinaisons, cet effet n'est pas moins marqué dans l'action réciproque des molécules, par lesquelles elles adhèrent et forment des cristallisations; mais si le mouvement qu'on leur imprime peut accélérer la formation des cristaux en amenant les positions des molécules qui lui sont le plus favorables, il faut qu'il soit assez modéré pour déterminer seulement la première formation des cristaux, qui doivent ensuite se compléter au milieu du calme pour que la cristallisation puisse être régulière.

Il paraît que l'action par laquelle les molécules d'un solide adhèrent mutuellement, se prolonge fort au-delà du moment où elles entrent en contact; car l'on éprouve souvent qu'un précipité qui s'est formé récemment dans un liquide, acquiert peu-à-peu une dureté considérable, sans qu'on puisse l'attribuer à une autre cause, et que différents corps se durcissent par la vétusté depuis même que leur évaporation a cessé.

231. Les corps présentent, relativement à la

communication de la chaleur, une propriété analogue à celle que je viens d'observer ; pendant que la différence de température entre deux corps est grande, la communication est prompte ; mais elle se ralentit lorsque ces corps approchent d'une saturation uniforme ; ainsi lorsqu'on plonge un thermomètre dans un liquide beaucoup plus chaud ou beaucoup plus froid, son ascension ou son abaissement est d'abord rapide, puis sa marche se ralentit en approchant de l'équilibre de température.

Newton a supposé avec beaucoup de probabilité que les quantités de chaleur qu'un corps perd dans des petits espaces de temps, sont proportionnelles à l'excès de sa température sur celle du milieu ambiant ; ainsi lorsqu'un corps a une chaleur qui surpasse celle de l'atmosphère de 180 degrés, la quantité de chaleur qu'il perdrait dans un moment donné sera double de celle qu'il perdrait dans un espace égal de temps, si sa température ne surpassait celle de l'atmosphère que de 90 degrés, d'où il suit que si les temps étaient en proportion arithmétique, les décroissements de chaleur seraient en progression géométrique, et que la chaleur qui resterait, considérée comme différence entre la température du corps et celle de l'air extérieur, suivrait aussi la même loi (1).

(1) Crawford on animal heal.

Indépendamment de cette cause générale de ralentissement dans les changements de température, les corps diffèrent par la propriété de communiquer plus ou moins facilement la chaleur, d'être plus ou moins bons conducteurs.

La communication inégale de la chaleur à des corps qui parviennent cependant à une température uniforme, est remarquable dans une observation que rapporte Deluc : il avait fait pour ses hygromètres une monture dans laquelle, par une combinaison du verre et du cuivre, les effets de la chaleur sur ces deux substances se compensaient, pourvu que les changements de température fussent lents : mais s'ils étaient brusques en passant du chaud au froid, l'échauffement plus prompt du cuivre produisait un racourcissement dans la substance hygroscopique qu'il servait à fixer, et ce racourcissement était suivi d'un effet contraire produit par la dilatation plus lente du verre (1).

Cette propriété a sur-tout été observée entre les solides qui la présentent, sans qu'une cause étrangère en altère les résultats ; mais les liquides la possèdent également, et de là vient que les thermomètres à l'alcool ont une marche plus lente que ceux à mercure, comme l'a observé Crawford ; mais dans les liquides il faut distinguer les effets qui sont dûs à la locomotion

(1) Trans. philos. 1791.

de leurs parties, de ceux qui dépendent de la faculté conductrice.

· L'agitation produit dans la communication de la chaleur un effet semblable à celui que nous avons remarqué pour la dissolution ; en rapprochant les parties les plus distantes par la température, elle accroît leur action réciproque et accélère l'équilibre de température : il s'établit aussi par la différence de pesanteur spécifique une circulation qui éloigne du point où la chaleur est communiquée, la partie la plus échauffée, et y conduit la partie la moins dilatée ; mais ces effets qui sont dûs à une même cause suivent une marche opposée, parce que la pesanteur spécifique diminue dans un cas et augmente dans l'autre ; de sorte qu'il faut appliquer à la chaleur qui est communiquée à la partie inférieure d'un liquide, ce que j'ai observé sur la dissolution d'un sel qui s'opère à la surface (228).

· Il résulte de là que l'on doit observer une grande différence dans la communication de la chaleur, selon qu'elle se fait par la partie inférieure ou par la partie supérieure d'un liquide ; la dernière doit être beaucoup plus lente, puisqu'il y a un effort constant des molécules à se tenir dans des couches séparées qui n'ont qu'une différence graduelle et légère de température, pendant que dans la première la différence de

pesanteur spécifique tend à rapprocher continuellement les parties les moins échauffées du
centre d'où part la chaleur.

Une autre cause vient encore augmenter cet
effet : pendant que la chaleur pénètre difficilement des couches supérieures aux inférieures,
il se forme à la surface, des vapeurs qui re-
froidies ensuite par le corps qu'elles rencontrent,
font place à celles qui les suivent ; de sorte
que le liquide perd peu-à-peu sa température,
par les parois qui le contiennent, et sur-tout
à la surface : par là, la communication de la
chaleur entre les différentes couches devient de
plus en plus lente et difficile.

Ces différents effets doivent être distingués
avec soin, lorsque l'on considère les phénomènes
que présente la communication de la chaleur
entre des corps qui se trouvent dans différents
états.

La résistance qu'oppose la différence dans la
faculté conductrice, produit quelquefois, soit
dans les liquides, soit dans les solides, une distribution de chaleur dans laquelle une substance
paraît la prendre presque en entier, pendant
qu'une autre éprouve peu de changement dans
sa température ; ainsi lorsqu'une substance peu
conductrice se trouve en concurrence avec d'autres
corps, la chaleur qui pourrait se communiquer
lentement à cette substance, et la porter à l'uni-

formité de température, si elle était contenue au
milieu d'une atmosphère dont elle recevrait peu-
à-peu la chaleur, passe beaucoup plus rapidement
aux autres corps, pendant qu'elle se communique d'une couche peu conductrice à la suivante ; elle se trouve donc promptement affaiblie et comme l'effet s'accroît à mesure que la
température baisse, cette substance prend à peine
une chaleur sensible à une petite distance du
centre de l'émanation du calorique.

232. La propagation de l'action chimique a
sur-tout un caractère particulier dans les substances composées, selon qu'elles agissent par
une affinité résultante, ou par leurs affinités
élémentaires.

Si une substance agit par l'affinité résultante,
elle produit, plus ou moins promptement son
effet, qui ne se ralentit sensiblement que lorsque son action se trouve très-affaiblie ; elle se
comporte comme les substances simples ; mais
si elle agit par ses affinités élémentaires, à moins
que l'action ne soit très-vive, elle prend une
lenteur beaucoup plus grande que celle qui
ne provient que de la faiblesse de l'action ; ainsi
lorsqu'on mêle de l'acide nitrique avec une base
alcaline, on parvient promptement à l'amener
à l'état de neutralisation, même lorsque l'acidité et l'alcalinité sont très-affaiblies par une
grande quantité d'eau ; mais lorsqu'on mêle

l'acide nitrique et l'acide muriatique, quoiqu'on emploie une agitation suffisante, l'oxigène se sépare lentement de l'azote pour se combiner avec l'acide muriatique, et s'exhaler avec lui en acide muriatique oxigéné; l'acide nitrique dissout insensiblement d'un autre côté le gaz nitreux pour rester combiné avec une autre portion de l'acide muriatique, dans l'état d'acide nitro-muriatique. Ce n'est qu'au bout d'un long espace de temps que les forces qui peuvent agir parviennent à un état d'équilibre.

De là vient que souvent une substance commence à agir par une affinité résultante, et qu'ensuite elle agit lentement par ses affinités élémentaires; ainsi une dissolution métallique par l'acide nitrique, change souvent de nature lorsqu'on la conserve; elle perd l'état de saturation qu'elle avait d'abord, le métal s'oxide de plus en plus, et quelquefois il se forme une quantité de plus en plus grande d'ammoniaque, quoique la température et les autres circonstances n'ayent pas été favorables à ce changement.

Plus les affinités élémentaires perdent leur force par de nouvelles combinaisons qui produisent un plus haut degré de saturation, plus leur action immédiate est diminuée (184); plus elle prend de lenteur. Lorsque l'on verse de l'acide muriatique oxigéné sur une dissolution de fer peu oxidé, ce métal s'oxide bientôt complétement, parce que l'affinité résultante de l'acide muriatique oxigéné est très-faible, et que par conséquent elle apporte peu d'obstacle à l'action du fer ; si l'on emploie une dissolution de muriate oxigéné de potasse, dans lequel l'oxigène se trouve en plus grande proportion , mais retenu par une plus forte affinité résultante , le même effet ne se manifeste qu'après un espace de temps beaucoup plus considérable , et se prolonge davantage. L'action du calorique , qui diminue la force résultante, accélère aussi celle des affinités élémentaires ; de sorte que dans l'expérience précédente on peut obtenir, par son moyen , un effet très-prompt.

Lorsque le fer décompose l'acide nitrique et en dégage le gaz nitreux , son action est quelquefois très-lente dans le commencement , et même si l'acide a trop peu de concentration , et si la température est trop basse , elle a de la peine à s'établir ; l'action devient ensuite vive et tumultueuse, quoique l'état des proportions lui devienne de plus en plus défavorable ; c'est que la chaleur qui se dégage diminue proportionnellement l'effet de l'affinité résultante ; elle agit aussi sur le fer, en diminuant sa force de cohésion ; mais dans cette circonstance cet effet est très-petit relativement à l'autre.

Cette lenteur d'action dans l'affinité résultante

se remarque dans les dissolutions métalliques que l'on mêle, et dans lesquelles les métaux se trouvent à différents termes d'oxidation : ce n'est qu'après un temps plus ou moins long qu'ils parviennent à une oxidation uniforme, et qu'ils prennent les proportions d'acide qui conviennent à leur état, soit pour rester en combinaison liquide, soit pour former des précipités ; mais comme mon opinion diffère, relativement à ces derniers phénomènes, de celle qui est le plus généralement adoptée, j'en renvoie la discussion à une autre partie de cet ouvrage.

233. Les considérations que j'ai présentées dans ce chapitre font voir combien il est important, pour estimer les effets de l'action chimique, de porter son attention sur sa propagation et sur les circonstances qui peuvent la modifier, et combien l'on pourrait se tromper si l'on posait pour limites de l'affinité d'une substance, les combinaisons qu'elle peut produire dans les premiers moments où elle agit.

Lorsque l'action chimique est faible, sa propagation est lente ; de sorte qu'il est facile d'être induit en erreur si l'on se hâte trop d'en saisir le résultat : l'on a vu ainsi beaucoup de combinaisons, que l'on ne regardait pas comme possibles, se réaliser en employant le temps nécessaire : je choisirai deux exemples dans le grand nombre qui se présentent.

On regardait le gaz hydrogène comme une substance que son élasticité garantissait de l'action de l'acide muriatique oxigéné, cependant Cruickshank a observé qu'en laissant pendant vingt-quatre heures le gaz hydrogène en contact avec le gaz muriatique oxigéné, il se fesait une décomposition complète de l'acide muriatique oxigéné, qui revenait à l'état d'acide muriatique, pendant que l'hydrogène formait de l'eau : la décomposition lente du gaz hydrogène carburé a eu également lieu avec le gaz muriatique oxigéné (1), et il en est résulté de l'eau et de l'acide carbonique. C'est par le moyen d'une action très-lente que le gaz hydrogène s'est changé dans la germination en gaz oxicarburé dans les observations de Sennebier et de son intéressant coopérateur Huber (2); il paraît même qu'ils ont apperçu que lorsque l'on abandonne long-temps sur l'eau un mélange de gaz oxicarburé et de gaz oxigène, il se forme peu-à-peu de l'acide carbonique.

La lenteur de la propagation de l'action chimique est diminuée par les moyens qui rapprochent les parties dont l'état de saturation est le plus éloigné; c'est ainsi que l'agitation produit un équilibre plus prompt de saturation dans les liquides et dans les fluides élastiques.

(1) Bibl. Britan. tom. XVIII.
(1) Mém. sur la Germination.

La différence de pesanteur spécifique qui tend à tenir dans l'éloignement les couches d'un liquide, qui sont distantes par la saturation, lorsque l'eau dissout un sel auquel elle est superposée, produit un effet différent lorsque la dissolution s'établit à la surface ; il s'établit alors un courant qui apporte le liquide le moins saturé à la surface du sel qu'il doit dissoudre, et l'effet de cette circulation est le même que celui de l'agitation : il met en contact les parties dont la saturation a le plus de différence, et il accélère l'action réciproque.

Indépendamment de l'énergie de leur action, les substances paraissent avoir une disposition différente à produire plus ou moins promptement les combinaisons qu'elles forment : elles sont plus ou moins conductrices de l'action chimique, et lorsque cette propriété varie à un certain degré, elle peut occasionner d'abord des combinaisons auxquelles une action plus lente en substitue d'autres jusqu'à ce que l'équilibre d'affinité soit parvenu à s'établir.

Les corps ont, relativement à la chaleur, une propriété analogue à la précédente ; ils en sont plus ou moins conducteurs : la propagation de la chaleur est aussi beaucoup plus rapide lorsqu'il se trouve une grande distance dans les températures ; en sorte que dans les liquides et dans les fluides élastiques, l'agitation ou la circulation qui s'établit en raison des différences de pesanteur spécifique, y produit les mêmes effets que l'on observe dans la dissolution des sels : il faut donc faire entrer dans l'explication des phénomènes dûs à la communication de la chaleur dans les liquides et les fluides élastiques, leur propriété conductrice, la distance des températures et les effets de la pesanteur spécifique qui fait varier la position de leurs molécules. (*Note XVI.*) La chaleur intervient dans les dissolutions, et par le mouvement qu'elle occasionne en changeant les pesanteurs spécifiques, et par la diminution qu'elle apporte dans la résistance de la cohésion, elle établit par là une plus grande différence entre les forces opposées.

L'analogie que j'ai indiquée entre les combinaisons du calorique et les autres combinaisons chimiques, vient se réunir ici à celle que nous observons entre la propagation de l'action chimique qui produit les dissolutions et celle de la chaleur qui tend à se mettre en équilibre dans les corps qui diffèrent par la température.

Dans les substances composées, sur-tout lorsqu'elles contiennent des éléments naturellement gazeux, l'affinité résultante est beaucoup plus prompte dans son action que les affinités élémentaires, même lorsque les forces qui lui sont opposées suffisent pour la détruire, à moins qu'elles n'aient une grande prépondérance, d'où il résulte que l'on voit souvent une combinaison se former par une affinité résultante, et faire place peu-à-peu à l'action des affinités élémentaires.

~~~~~~

NOTES DE LA Ve SECTION.

———————

NOTE XIII.

APRÈS avoir établi que l'acide phosphorique que l'on obtient en dissolvant les os calcinés dans l'acide sulfurique, ne retient pas de quantité sensible du dernier, et qu'on en sépare tout le sulfate de chaux par la cristallisation, pourvu qu'on n'ait pas employé une trop grande proportion d'acide sulfurique, qu'il restreint pour cette raison à quatre parties sur six d'os calcinés; Bonvoisin fait voir, ainsi que je l'ai dit, que l'acide phosphorique retient une portion de chaux : il a prouvé qu'en le saturant avec l'ammoniaque, on produisait un précipité qui était un phosphate de chaux, comme l'avait déjà observé Bergman, et qu'une partie seulement de la chaux était précipitée par l'ammoniaque; de sorte que le liquide saturé ne donnerait qu'un phosphate d'ammoniaque et de chaux analogue au phosphate de magnésie et d'ammoniaque, que Fourcroy a fait connaître; il a observé qu'après la fin de la précipitation par l'ammoniaque, on obtenait, par le moyen du carbonate, un nouveau précipité, qui était du carbonate de chaux, et que l'on pouvait précipiter ainsi en carbonate de chaux toute la chaux tenue en dissolution par l'acide phosphorique ; de sorte qu'il a conseillé d'employer ce procédé en fesant évaporer et cristalliser le phosphate d'ammoniaque après la précipitation, pour faire la préparation du phosphore et tirer de l'acide phosphorique tout l'avantage possible : il a même prétendu que l'on pouvait, par ce moyen simple, se procurer un acide phosphorique parfaitement pur, en chassant l'ammoniaque par la chaleur dans un vase d'argent. Ces expériences m'ont paru exactes, si ce n'est que le précipité par le carbonate d'ammoniaque n'est pas dépourvu de phosphate de chaux, et que le phosphate d'ammoniaque retient encore une portion assez considérable de chaux que l'on peut y rendre sensible, en mêlant à sa dissolution du carbonate de potasse ou de soude ; de sorte que ce sel est très-convenable pour l'opération du phosphore, mais que l'acide phosphorique qu'on en obtient n'est pas aussi pur que celui que donne la combustion du phosphore qu'on sature ensuite d'oxigène, en le traitant avec l'acide nitrique.

Gay Lussac a trouvé le moyen d'obtenir immédiatement l'acide phosphorique encore plus dépouillé de chaux que par le procédé précédent. Ce moyen consiste à ajouter de l'acide oxalique à l'acide phosphorique, épaissi et débarrassé de sulfate de chaux ; alors il mêle une quantité considérable d'alcool qui dissout l'acide phosphorique, et laisse l'oxalate de chaux ; cependant il est resté encore dans les épreuves une très-petite proportion de chaux unie à l'acide phosphorique. On a cru que l'alcool ne dissolvait pas l'acide phosphorique, et Bouelle qui fit dans le temps des observations intéressantes sur le procédé que l'on venait de faire connaître sous le nom de Schéele [1],

<hr>

[1] Journ. de Médecine, octobre 1777.

on servit pour précipiter l'acide phosphorique des os qui avaient été dissous dans l'acide nitrique, après avoir séparé une partie de la chaux par le moyen de l'acide sulfurique; mais le précipité que l'on obtient est un phosphate acidule de chaux, et par des lotions répétées on le réduirait en phosphate de chaux.

La propriété de former un verre transparent et déliquescent, n'est pas une preuve que l'acide phosphorique ne retient point de chaux; car Bonvoisin a obtenu un verre pareil d'un acide phosphorique qu'il avait saturé d'ammoniaque, et de celui pour lequel il avait employé le carbonate d'ammoniaque; or, le premier contenait encore une proportion considérable de chaux, ainsi qu'il résulte de ses propres expériences, et le dernier en retenait encore une portion.

Fourcroy et Vauquelin prétendent que le carbonate d'ammoniaque n'a pas la propriété de décomposer le phosphate de chaux, et de précipiter du carbonate de chaux; il faut qu'ils aient fait l'expérience sur un phosphate de chaux calciné, dont la force de cohésion sera devenue un obstacle à l'action du carbonate d'ammoniaque; mais ce n'est pas dans ce cas que Bonvoisin a fait cette décomposition.

Je ne suis pas encore d'accord, avec mes savants collègues, sur l'emploi de l'acide oxalique pour précipiter la chaux de l'acide phosphorique, et par le moyen duquel ils ont cherché à déterminer la proportion de chaux qui est dans l'émail des dents : je suis à cet égard de l'opinion de Bonvoisin, qui prouve par ses expériences que l'acide oxalique ne précipite qu'une partie de la chaux qui est tenue en dissolution par un acide, et cet effet est d'autant plus petit, que l'excès d'acide qui s'oppose à la formation de l'oxalate de chaux est plus grand, puisque l'oxalate de chaux est soluble dans les acides. A l'égard du procédé pour la préparation du phosphore, c'est à l'expérience à décider par la comparaison des frais, entre celui de Bonvoisin, et celui conseillé par Giobert, Fourcroy et Vauquelin, et qui consiste à précipiter l'acide phosphorique par le nitrate ou l'acétite de plomb pour se servir ensuite de ce précipité; cependant ce qui me donnerait quelque préjugé contre ce dernier procédé, c'est que le phosphate de plomb est soluble dans les acides; de sorte qu'une partie peut rester en dissolution; Trommsdorff affirme de plus que le plomb réduit qui reste dans la cornue qui a servi à l'opération du phosphore, est du phosphure de ce métal (1).

Il faut qu'il y ait une grande différence entre le phosphate acidule dont j'ai fait usage, et celui qu'ont employé Fourcroy et Vauquelin, puisqu'ils disent qu'il est *dissoluble dans l'eau avec absorption de calorique*, pendant que le mien, quoique préparé de différentes manières, n'a jamais été dissoluble qu'en partie, et en se partageant en deux combinaisons différentes, ainsi que je l'ai exposé. D'un autre côté Bonvoisin dit que ce sel est *insoluble dans l'eau*.

Dans le savant mémoire dans lequel Vollaston a décrit les substances et les combinaisons que l'on trouve dans les calculs humains (2), et qui sont l'acide lithique, soit qu'on doive le regarder comme un acide, ou selon l'opinion de Pearson, comme un oxide; l'oxalate de chaux qui caractérise le calcul mural, le phosphate ammoniaco-magnésien, et le phosphate calcaire qui donnent à quelques espèces de calcul une apparence cristalline, il trouve une différence entre ce phosphate de chaux et celui qui entre dans la composition des os, et il paraît regarder ce dernier comme un phosphate avec excès de chaux; cependant cet excès n'est dû qu'au carbonate de chaux que Fourcroy

(1) Ann. de Chim. tom. XXXIV.

(2) Trans. philos. 1797.

a indiqué, et dont Hattchet a prouvé directement l'existence : en effet, la chaux ne pourrait se conserver en
excès au milieu d'autres substances qui ont une assez forte
tendance à se combiner avec elle.

NOTE XIV.

Si les observations que j'ai présentées ne me font pas
illusion, lorsque l'affinité produit une combinaison, les
propriétés particulières des éléments de cette combinaison
éprouvent une saturation plus ou moins grande, et ainsi
modifiées, elles donnent naissance à celles de la combinaison : il s'établit sur-tout, dans les substances qui n'étaient
pas dans l'état élastique, des proportions très-variables,
selon les quantités de celles qui exercent une action mutuelle, et selon les causes qui la favorisent ou qui lui
sont opposées ; la figure des éléments ne paraît avoir qu'une
faible influence sur la formation de la combinaison, sur ses
proportions et sur ses propriétés chimiques. La forme des
molécules intégrantes de la combinaison étant un résultat
de l'action réciproque de ses éléments et de celle du calorique, elle doit être la même, ou à-peu-près la même
dans les combinaisons de même espèce ; mais elle peut
encore se trouver la même dans des combinaisons très-
éloignées : c'est un résultat semblable qui peut dériver de
l'action réciproque de substances très-différentes.

Lorsqu'ensuite les molécules intégrantes exercent une
action réciproque très-faible, et qu'elles tendent à se grouper
dans la cristallisation, leur figure doit avoir une influence
très-grande, et les résultats de cette faible action doivent
lui être subordonnés et être assez constants : alors naissent

les phénomènes particuliers de la cristallisation et les rapports de structure qui ont été développés avec tant de supériorité par Hauy; mais si l'action réciproque est trop vive, si ses effets sont trop rapides ou s'ils sont contrariés par des obstacles, la figure des molécules ne peut intervenir, et cependant la substance composée jouit de toutes les propriétés qui dépendent de sa tendance à la combinaison, ou de sa force de cohésion.

Ces principes sont contradictoires avec ceux qui ont servi de base au systéme minéralogique de Hauy; cependant la profonde estime que m'inspirent ses lumières et ses savants travaux, m'engage à entrer dans une discussion qui puisse servir à fixer la communication que la chimie et la minéralogie doivent entretenir entre elles, et que Hauy lui-même n'a pas eu l'intention d'interrompre : je considérerai dans cette discussion les résultats de l'observation minéralogique beaucoup plus que ceux que l'on peut recueillir des phénomènes chimiques isolés.

En parlant de la méthode qu'il a adoptée pour la classification des minéraux : « Je me suis d'abord déterminé, dit Hauy, » à en diriger la marche autant que je le pourrai, d'après » les résultats de la chimie. Où trouver en effet des rap- » ports plus propres à lier étroitement entre elles diverses » substances minérales, que ceux qui sont fondés sur l'exis- » tence d'un principe identique? Où trouver des différences » plus tranchées entre les mêmes substances, que celles » qui dépendent des principes particuliers à chacune d'elles? » Or, classer les êtres d'un même règne, c'est établir » entre eux une comparaison suivie, d'après les rapports » qui les lient et les différences qui les séparent. Cette » comparaison sera donc la plus exacte, et en même temps » la plus naturelle possible, celle qui prêtera le moins à » l'arbitraire, si le moyen choisi pour l'établir est celui » qui nous dévoile la composition intime et le fond de

» chaque substance, qui nous apprend ce qu'elle est en
» elle-même, plutôt que celui qui ne nous en montre que
» les alentours, ou tout au plus les effets extérieurs.

» Remarquons, avant d'aller plus loin, qu'il y a dans
» le cas présent deux problêmes à résoudre. Le premier
» consiste à diviser et à sous-diviser l'ensemble des subs-
» tances que doit embrasser la méthode, de manière que
» chacune y soit à sa véritable place. C'est ce qu'on appelle
» *classer*. Le second a pour objet de fournir des moyens
» faciles et commodes pour caractériser tellement chaque
» substance, que l'on puisse la reconnaître par-tout où elle
» se présente, et retrouver dans la méthode la place qui
» lui a été assignée ».

Il résulte manifestement de ces considérations pleines
de justesse, que les propriétés chimiques qui caractérisent
les minéraux, doivent servir autant qu'il est possible à
les classer; et en effet, Hauy établit seulement sur les
caractères chimiques sa première division en quatre grandes
classes.

Toutes les sous-divisions devront, par la même raison,
être fondées, autant qu'il est possible, sur l'analyse chimique, lorsque celle-ci aura mis en état de prononcer sur
la composition, et lorsque des propriétés assez prononcées
n'exigeront pas une classification particulière.

Mais on apperçoit bientôt qu'il y a des substances qui
ne sont qu'un mélange mécanique, pendant qu'il y en
a d'autres qui sont dans un état de combinaison; or,
quoique les premières puissent être dans un état aussi
constant que les autres, il est clair qu'elles doivent être
distinguées, même lorsque l'analyse chimique indiquerait
des quantités semblables des mêmes éléments.

La composition d'une substance dont les parties intégrantes sont dues à une combinaison, peut être astreinte
à des proportions fixes, ou bien elle peut être sujette à

28..

une latitude dans les proportions, qui diminuerait plus ou moins la précision de la méthode. L'observation prouve bientôt que c'est la dernière de ces alternatives qui a lieu dans le plus grand nombre de cas; de sorte qu'en suivant le guide le plus sûr, on ne peut parvenir à une classification qui corresponde rigoureusement aux éléments des substances minérales, et l'on doit renoncer à une précision que la minéralogie ne comporte pas.

De plus, une même composition dans les minéraux peut donner naissance à des qualités physiques assez différentes, pour qu'il soit nécessaire de les distinguer; ainsi l'on ne devra pas confondre le cristal de roche avec le silex, quoiqu'ils aient une même composition. Il faudra donc souvent, dans les sous-divisions, d'autres caractères, même pour les substances simples, ou dont les parties intégrantes sont dans un état de combinaison, mais ils doivent être subordonnés aux chimiques; et dans tous les cas il convient de recueillir tous les indices faciles à reconnaître, tels que ceux que l'on doit au célèbre Werner, afin qu'ils puissent servir de signalement à la composition d'une substance, sans qu'on ait besoin d'avoir recours à l'analyse chimique.

Parmi ces caractères secondaires, se trouvent les formes de la cristallisation; mais quelle est la valeur qu'il faut leur attribuer? C'est ici que je diffère de l'opinion de Haüy, qui me paraît leur avoir donné une importance beaucoup trop grande, et qui, négligeant les principes qu'il a d'abord exposés, n'établit ses espèces et ses variétés que sur les rapports de structure.

Après avoir fait voir que l'analyse chimique n'établit pas toujours les différences qu'on doit admettre entre les minéraux, ce que je ne conteste pas, il s'exprime ainsi: « Il existe un caractère beaucoup plus solide et plus propre » par son invariabilité, c'est celui qui se tire de la forme » exacte de la molécule intégrante, parce que cette forme

» existe sans aucune altération sensible, indépendamment
» de toutes les causes qui peuvent faire varier les autres
» caractères.....

» Dira-t-on qu'il y a des formes de molécules inté-
» grantes qui sont communes à des substances de diffé-
» rente nature? J'observerai d'abord que cela n'a lieu que
» pour les solides qui ont un caractère particulier de ré-
» gularité; ensorte que dans tous les autres cas, la forme
» de la molécule intégrante suffit seule pour en déter-
» miner l'espèce. Je répondrai ensuite que la plupart des
» substances qui ont une molécule commune (et il en
» faut dire autant de celles qui, comme les métaux ductiles,
» n'ont jamais le tissu lamolleux), sont faciles à distin-
» guer par d'autres caractères; par exemple : le cube
» convient, comme molécule intégrante, à la magnésie
» boratée, à la soude muriatée, au plomb sulfuré, au
» fer sulfuré, etc.; toutes substances très-reconnaissables
» indépendamment de la division mécanique ».

Convient-il de donner une confiance si étendue à un
caractère qui n'indique aucune différence entre des substances si opposées que celles qu'on vient de nommer, et
auxquelles on peut en ajouter plusieurs autres ? On dit
qu'on peut facilement dans ce cas avoir récours à d'autres
caractères, et on les tire de la méthode chimique ; mais
la conclusion qui se présente d'abord, c'est que cette
méthode a plus d'étendue et plus de sûreté, quoique seule
elle fût insuffisante.

Dans les substances simples, et qui sont naturellement
dans l'état solide, on peut croire que la forme des
molécules a des rapports plus décisifs que celle des
substances composées ; mais comme une même forme peut
appartenir à différentes substances, il faut encore que
l'analyse ait constaté préliminairement la nature de la substance à laquelle elle appartient ; d'ailleurs, si cette forme

n'est pas distincte, faudra-t-il renoncer à nommer et à classer
la substance, et si d'autres propriétés font reconnaître
qu'elle appartient à une espèce déterminée, faudra-t-il
conclure qu'elle a telle composition qui explique ses
propriétés, ou bien se borner à prononcer que ses molécules ont telle forme; c'est-à-dire, que si elles eussent pu
se réunir par la cristallisation, elles auraient produit une
sorte de cristaux?

Pour établir que la molécule intégrante est le type de
l'espèce, et que celle-ci est constante dans sa composition, Hauy est obligé de regarder comme substance hété-
rogène toutes les différences que l'analyse trouve dans les
minéraux qui ont cependant une même forme : « Tout
» ce qui précède, dit-il, nous conduit à une considération
» intéressante relativement à la composition chimique des
» minéraux, c'est que les principes qui concourent à
» former leurs molécules intégrantes doivent, ce me semble,
» être constants quant à leurs qualités et à leurs quantités;
» en sorte que les substances qui font varier les produits
» de l'analyse sont étrangères aux molécules, et seule-
» ment interposées entre elles dans la masse du minéral ».
Et il ajoute en note : « Je pense même que dans le cas
» où l'on dit qu'il y a excès de l'un des principes, d'ail-
» leurs essentiels à la composition d'un minéral, la partie
» surabondante n'entre pour rien dans la formation de la
» molécule, et doit être rangée parmi les principes hété-
» rogènes purement accidentels ». *Tome I, p.* 161.

Selon cette doctrine, les combinaisons chimiques ne se
font que dans des proportions déterminées, et tout ce qui
se trouve dans une combinaison hors de ces proportions
n'est qu'un mélange de substances hétérogènes, et qui ne
contribuent point par leur affinité à l'état et aux propriétés
de la combinaison: en effet, cette supposition qui ne peut
résister à l'observation chimique est nécessaire pour établir

que la forme des molécules est le type de chaque espèce,
et que celle-ci est une combinaison constante.

Par une conséquence de ces principes, Hauy regarde
les parties colorantes de quelques minéraux, par exemple,
celles de l'oxide de chrôme qui colorent l'émeraude verte,
comme simplement disséminées, de manière qu'elles ne
nuisent pas à la transparence. *Tom. IV, p.* 415.

L'uniformité dans la composition malgré la différence
de pesanteur spécifique des parties élémentaires, la transparence qui prouve qu'elles n'exercent plus une action séparée
sur les rayons de la lumière, des propriétés communes,
mais différentes de celles des parties élémentaires séparées,
sont cependant une indication irrécusable de la combinaison.

Tous les caractères de la combinaison se trouvent indubitablement dans un verre qui peut être composé de proportions très-différentes, et l'on ne peut dire que cette combinaison a des proportions déterminées et une forme qui
appartient à ses parties intégrantes, et que tout le reste
est interposé sans entrer dans la formation du combiné.
Ce que je dis ici du verre, s'applique à tous les minéraux
transparents qui contiennent des oxides ou d'autres éléments
étrangers à ceux auxquels on attribue la forme de trois
molécules intégrantes.

Par une conséquence du principe précédent : « Je conçois,
» dit Hauy, p. 243, tom. III, que les granits, les gneiss,
» etc., les mélanges peuvent passer de l'un à l'autre ;
» mais il n'en est pas de même des espèces proprement
» dites ; si malheureusement il en était ainsi, nous
» n'aurions plus que des séries de nuances ; la minéra-
» logie deviendrait une sorte de dédale où l'on ne se
» reconnaîtrait plus, et tout serait plein de passages qui
» ne meneraient à rien ».

Daubuisson qui témoigne pour Hauy toute la vénération
qui lui est due, observe à l'occasion de ce passage : « que

» dans nos laboratoires, nous combinons à volonté l'or
» et l'argent ; et le mélange forme une masse entièrement
» homogène qui a ses caractères particuliers. La nature
» peut en faire et en fait réellement autant : nous trouvons
» de l'or pur, de l'or mêlé d'un peu d'argent, la quantité
» relative de ce dernier métal augmente successivement
» par degrés, nous finissons par avoir l'argent pur ». Il
cite d'autres exemples pris dans l'observation minéralogique (1).

Les sels même les plus constants dans leurs proportions
peuvent se surcomposer ou se combiner ensemble, sans
que leur forme cristalline et leur transparence soient altérées,
ils peuvent varier dans leurs proportions, sans que leur forme
subisse de changement, comme avec la même composition
la forme des parties intégrantes peut être différente.

Leblanc (2) a combiné de l'oxide de mercure avec le
muriate de soude, de sorte qu'il entrait un peu plus de
douze grains d'oxide par once de sel qui donnait par
la cristallisation, *des cubes* et *des trémies*, à la manière
du muriate de soude ordinaire.

On ne peut méconnaître ici l'action réciproque qui non-
seulement rend soluble un oxide qui ne l'est pas par lui-
même, mais qui le maintient dans une même combinaison
avec le muriate de soude, malgré la grande différence des
pesanteurs spécifiques. *Une dissolution à parties égales
de sulfate de fer et de sulfate de cuivre, donne des prismes
tétraèdres rhomboidaux d'un bleu verdâtre ; la forme de
ces cristaux est parfaitement bien déterminée, et il est
aisé de reconnaître à l'œil simple l'homogénéité de leurs
substances. On peut les faire dissoudre et cristalliser à
plusieurs reprises, sans que cette substance, ni la confi-*

(1) Journal de Phys. tom. LIV.
(2) Journal de Phys. tom XXXI, p. 95.

guration de ses cristaux, soit changée en aucune manière.... Un mélange de trois parties de sulfate de fer et d'une partie de sulfate de cuivre, donne des cristaux d'un vert d'émeraude et de même forme que les précédents ; seulement quelque différence dans la couleur distingue ces deux espèces de surcomposés.

Vauquelin a fait voir que le sulfate d'alumine contenait indifféremment sept parties sur cent de potasse ou d'ammoniaque, sans qu'on apperçoive aucune différence dans la cristallisation ; la proportion de l'acide lui-même peut changer, ainsi que je m'en suis assuré, et Leblanc a prouvé que le sulfate d'alumine pouvait se surcomposer d'une quantité considérable de sulfate de fer, et cependant fournir, par la cristallisation, des octaèdres réguliers.

Quoique les chimistes aient jusqu'à présent négligé de porter une attention particulière sur les formes des sels surcomposés, il serait facile d'accumuler les observations qui prouvent que les sels peuvent se surcomposer sans éprouver dans leurs formes un changement qui réponde à la surcomposition ; et cependant ces surcompositions qui conservent leur transparence, sont l'effet de l'action réciproque des éléments qui les composent.

Si cette vérité est incontestable pour les substances salines qui ont une solubilité considérable, et qui par conséquent éprouvent de la part de l'eau une action énergique, relativement à leur force de cohésion, l'affinité réciproque des substances qui ont peu de solubilité, doit être beaucoup plus efficace pour les réunir dans un état de combinaison.

Il n'est donc pas étonnant que l'on trouve, dans les minéraux, des variétés considérables dans les proportions des éléments qui les composent, quoiqu'ils présentent les indices d'une combinaison complète, telle que la transparence ; et ce serait se fonder sur un système arbitraire,

que de méconnaître dans ces combinaisons l'action réciproque des parties qui les constituent.

Ainsi l'on trouve dans les analyses du grenat données
par deux chimistes également remarquables par l'exactitude de leurs procédés, par Klaproth et par Vauquelin,
une différence qui s'éloigne beaucoup de celle qu'on peut
attribuer aux procédés mêmes; leurs déterminations varient
pour la silice de 54 à 36, pour l'alumine de 28 : 6,
pour l'oxide de fer de 41 : 10. De Lametherie rapporte
d'autres exemples pareils (1).

Il y a même des combinaisons dans lesquelles l'un des
principes imprimé la forme qui lui est propre, quoiqu'il
s'y trouve en proportion plus petite que les autres : ainsi
la soude muriatée gypsifère conserve l'aspect du muriate
de soude, et se divise, comme lui, parallèlement aux
faces d'un cube. Tom. II, p. 365; quoique selon l'analyse de Klaproth elle contienne, sur 100 parties 31,2 de
muriate de soude, 37,8 de sulfate de chaux, et 11 de
carbonate de chaux.

L'arsenic sulfuré rouge parait avoir la même forme primitive que le soufre, quoique celui-ci n'entre que pour
un dixième dans la combinaison; ce qui conduit Hauy à
une réflexion qu'il est difficile d'accorder avec les principes qu'il a suivis : « Il s'agirait donc de savoir si le
» principe auquel on doit avoir égard dans la classifi-
» cation, est celui qui abonde le plus dans une subs-
» tance, ou celui qui la marque de son empreinte ».
Tom. IV, p. 233. Il me semble qu'il aurait fallu se décider sur ce point capital, avant que d'établir un système
minéralogique sur l'opinion que la forme des molécules
intégrantes est le type des espèces minéralogiques.

La considération des formes cristallines n'a pas seule-

_____

(1) Journal de Phys. tom. LIV.

ment l'inconvénient de réunir des substances qui sont très-éloignées par leur composition ; mais elle en a un plus grave encore, celui d'obliger de séparer, en espèces différentes, des substances que l'analyse prouve être parfaitement identiques ; ainsi l'analyse, que Klaproth et Vauquelin ont faite de l'aragonite, faisait voir qu'elle était un carbonate calcaire ; Tenard reprit cette analyse en employant tous les moyens que la chimie peut fournir pour reconnaître les autres substances qui pourraient s'y trouver, et il a constaté que non-seulement l'aragonite était un carbonate de chaux, mais que le rapport entre l'acide et la base était le même dans ce carbonate, et dans celui qui est connu sous le nom de *spath* d'Islande.

« Si c'était là le dernier mot de la chimie, dit Hauy,
» il faudrait en conclure que la différence d'environ 11°$\frac{1}{2}$
» qui existe entre les angles primitifs des deux substances
» et qui en indique une considérable entre les formes
» des molécules intégrantes, est un effet sans cause, ce
» que la saine raison désavoue ; il est plutôt à présumer
» que de nouvelles recherches ramèneront ici cet accord
» qui a constamment régné jusqu'à présent entre les ré-
» sultats de l'analyse chimique, et ceux de la géométrie
» des cristaux ». Tom. III, p. 347.

Hauy s'arrête à soupçonner quelque matière étrangère dans ce minéral, qui est d'une composition si simple et si facile à constater, et qui a été traité par les plus habiles chimistes ; mais que pourrait-on en conclure, si ce n'est qu'une très-petite circonstance peut, dans quelques occasions, produire un changement dans la forme, comme on va le voir dans l'exemple suivant, pendant que des différences très-considérables dans la composition peuvent se rencontrer avec la même forme ?

Vauquelin a prouvé par des expériences, qui, ce qu'il suffit de remarquer, lui ont paru convaincantes, que l'anatase et l'oisanite étaient la même substance, et que l'un et l'autre de ces minéraux étaient dûs à l'oxide du titane : « Il resterait maintenant à examiner, dit-il, si les » formes de ces deux minéraux pourraient être rapportées » au même type primitif; mais d'après les observations du » citoyen Hauy, ces formes sont incompatibles (1) ».

La chaux sulfatée anhydre éprouve une division mécanique qui se fait avec une égale netteté dans tous les sens, et qui conduit à des molécules intégrantes, d'une forme cubique, ou à bien peu de chose près. Tom. IV, p. 349. Il résulte de là : « qu'en comparant cette substance avec la chaux sulfatée ordinaire, avant que leur » composition chimique fût connue, on aurait pu prononcer d'avance qu'elles devaient constituer deux espèces » différentes ».

L'analyse chimique qui reçoit ici l'aveu de Hauy, prouve qu'il n'y a de différence entre ces deux substances que par l'eau de cristallisation, dont la chaux sulfatée anhydre se trouve dépourvue ; et cependant l'eau de cristallisation n'exerce qu'une action très-faible relativement à l'action réciproque de l'acide sulfurique et de la chaux, de sorte qu'elle cède facilement à l'action du calorique, et abandonne les deux autres principes. On ne peut trouver dans cette eau, à moins qu'on ne veuille négliger entièrement la considération des propriétés chimiques, une différence qui autorise à mettre entre ces deux substances une distance plus grande qu'entre le carbonate de chaux et la chaux carbonatée ferrifère, et égale à celle qu'on établit entre la chaux carbonatée et la chaux sulfatée.

Une observation de Lowitz fait voir combien est grande l'influence de l'eau sur les accidents de la cristallisation, quoiqu'elle n'exerce qu'une action chimique très-faible,

(1) Journal des Mines., n°. 65.

et que par conséquent elle contribue très-peu aux propriétés caractéristiques d'une substance.

En exposant une solution de muriate de soude à un grand froid, Lowitz a obtenu des cristaux qui présentaient une forme héxagonale, qui avaient deux pouces de diamètre et une ligne d'épaisseur, qui se résolvaient en liquide à une température de quelques degrés au-dessous du zéro, et qui tombaient en poudre très-fine et très-blanche, à une température très-froide (1).

J'ai parlé (*Note I*), des différences de cristallisation que Davy a observées dans le nitrate d'ammoniaque, selon la température qu'il employait.

Hauy se croyant obligé de restreindre l'indication de l'espèce par la forme de la mólécule intégrante, quoiqu'il la regarde comme le type de l'espèce, parce qu'il y a de ces formes qui sont communes à des substances de différente nature, lorsqu'elles ont un caractère particulier de régularité, tom. I, p. 159. fait intervenir la chimie et se détermine à définir l'espèce en minéralogie, *une collection de corps dont les molécules intégrantes sont semblables et composées des mêmes éléments unis en même proportion*; mais on voit assez par les passages que j'ai cités, qu'il s'est fréquemment soustrait à ce principe, quoiqu'il ne fût point question de substances douées d'un caractère particulier de régularité, et en effet comment aurait-il pu s'y astreindre, puisque l'analyse chimique et la forme des molécules intégrantes donnent si souvent des indications opposées? Il fallait donc choisir entre l'analyse et la forme des molécules intégrantes.

Quoique l'analyse soit le seul moyen propre à faire reconnaître la composition des minéraux, comme Hauy lui-même l'a établi; je le répète, on ne parvient pas ce-

(1) Ann. de Chimie, tom. XXII, p. 27.

pendant par son moyen à les distinguer en espèces constantes et uniformes dans leur composition, parce que cette
composition peut varier, quoique les propriétés que l'on
doit regarder comme caractéristiques n'autorisent pas à les
séparer, et l'on ne peut se borner à elle seule pour leur
classification, parce qu'elle la resserrerait dans des limites
trop étroites, et qu'elle n'est point d'ailleurs assez avancée
pour suffire aux demandes de la minéralogie ; mais l'incertitude
que laisse l'analyse est beaucoup plus restreinte que celle
qu'entraîne avec elle la forme des molécules intégrantes, s'il
fallait nécessairement choisir entre l'une et l'autre exclusivement, indépendamment des contradictions que présentent les
deux résultats. D'où vient donc cette incertitude qui paraît
attachée aux méthodes minéralogiques ? tient-elle à l'imperfection de la science ou à la nature des objets dont elle s'occupe ?
sans doute la minéralogie ne peut pas devancer les progrès
de l'analyse ; mais il me paraît que l'espèce minéralogique,
telle qu'elle a été conçue par Hauy et par Dolomieu, ne
peut se réaliser que dans un si petit nombre de substances, qu'il est impossible d'établir sur un pareil fondement la distinction des minéraux ; et que c'est parce qu'on
s'en est fait une définition imaginaire qu'on est conduit à
des principes exagérés et que l'observation dément. De Lamé-
therie me paraît avoir fait des réflexions très-justes sur l'insuf-
fisance de la forme, pour reconnaître les espèces, sur les
propriétés qui doivent servir à les distinguer, et sur les
gradations qui conduisent des unes aux autres.

Son idée dominante a conduit Hauy à établir des variétés
dans les substances minérales, selon les accidents qu'il
a observés dans les formes secondaires de la cristallisation,
quelque puisse être leur caractère chimique ; ainsi il décrit
et nomme quarante-sept variétés de chaux carbonatée :
la primitive, *l'equiaxe*, *l'inverse*, *la métastatique*, *la
contrastante*, *la mixte*, *la basée*, *l'inimitable*, *la bir-*

Rhomboïdale, etc. Tom. II, p. 132. A côté de ces variétés
se trouve la chaux carbonatée ferrifère, qui se divise en
*primitive, équiaxe, inverse, contrastante, basée, dihé-
raëdre.* Cette chaux carbonatée ferrifère, ne contient
quelquefois qu'un tiers de son poids de carbonate calcaire,
le reste est oxide de fer avec plus ou moins d'oxide de
manganèse. Voilà donc un minéral que l'analyse prouve
contenir une quantité considérable et même dominante
d'une substance très-active par ses propriétés, d'un métal
qu'on a grand intérêt à reconnaître pour son utilité dans
les arts, et dont la nature ne se trouve pas plus fortement
désignée dans la méthode, que la plus petite variété de
cristallisation secondaire.

L'abus de la méthode se montre encore d'une manière
plus frappante dans des substances qui ayant une composition simple et constante, et qui pouvant être reconnues
par un essai chimique très-facile, et presque toujours indispensable, éprouvent cependant quelques variations dans
leur cristallisation. Je prendrai pour exemple le sulfate
de magnésie, ou magnésie sulfatée; quoique ce sel ait
une composition invariable, il se trouve cependant divisé
en *bis alterne, pyramidé, triunitaire, tri-hexaëdre,
équivalent, plagiëdre,* et combien ne pourrait-on pas multiplier cette division et ces dénominations, si l'on s'amusait
à varier la cristallisation de ce sel par tous les moyens
qui ont de l'influence sur elle!

Pendant que l'on décrit ces nuances de formes qui sont
très-intéressantes, lorsque l'on a pour but de vérifier les
lois de la cristallisation, mais qui sont inutiles pour la
connaissance de l'objet, on exclut du système minéralogique des minéraux amorphes qui sont plus constants dans
leur composition et dans leurs propriétés que certains cristaux réguliers. Daubuisson cite à cette occasion le Klingstein
de Werner, « qui a été trouvé dans l'Amérique, formant

» des masses de montagnes, des sommités semblables à
» celles que l'on voit en Bohême, en Silésie, en Ecosse,
» dans le Velai, etc. C'était par-tout la même pierre,
» par-tout placée de la même manière, par-tout affectant
» une forme semblable, et présentant les mêmes carac-
» tères; ainsi cela suffit, il doit avoir un nom particulier
» qui le distingue des autres pierres..... Les cristaux,
» a-t-on dit, sont les fleurs des minéraux; mais les vastes
» forêts doivent être comprises pour quelque chose ».

Je m'arrête aux observations précédentes, parce qu'elles
me paraissent suffire pour prouver que les caractères tirés
de la forme des substances ne sont point des indices assez
sûrs et assez constants pour diriger seuls dans la connaissance
de la nature des minéraux, et dans leur classification.

Le choix de ces caractères a obligé de faire un grand
nombre de divisions inutiles, et d'introduire des dénominations nouvelles qui n'ont aucun rapport avec les propriétés intimes, non-seulement pour les variétés, mais
même pour les espèces telles que la *mésotype*, *l'harmo-
tome*, *la grammatite*.

Ainsi la minéralogie, au contraire des autres sciences
qui dans leurs progrès perfectionnent et simplifient leurs
méthodes, se hérisserait de difficultés qui n'éclairent point
sur les propriétés des minéraux. Qu'a-t-on appris sur la
propriété des carbonates de chaux quand on a fait la pé-
nible étude des formes géométriques, de quarante-sept
variétés connues des cristaux de cette substance? et malgré
ce travail on devra se croire bien peu avancé, puisque
le nombre des cristaux possibles est beaucoup plus grand,
et que l'observation en fera connaître successivement de
nouveaux; en effet, ces recherches si laborieuses n'ont
encore conduit qu'à une indication intéressante pour la
minéralogie, celle de l'identité de composition dans
l'émeraude et le béril, qui a été constatée par Vau-

quelin, et qui se trouve liée à la découverte d'une terre nouvelle.

Cette méthode a encore l'inconvénient de ne pouvoir s'appliquer immédiatement qu'aux substances qui ont une cristallisation régulière, et pour les autres, si elles ne forment pas continuité avec les premières, il ne reste pour les déterminer que des caractères moins sûrs, selon Hauy, tom. I, p. 159, que celui qui se tire de la structure. Il faut avouer que la chimie serait resserrée dans des limites bien étroites, si elle ne devait se confier qu'aux rapports de structure pour se décider sur la nature des substances qu'elle examine, et cependant le but de la chimie et de la minéralogie est le même sous ce rapport.

NOTE XV.

ÉTABLIR des règles simples pour que les chimistes puissent suivre une direction uniforme dans le choix des dénominations par lesquelles ils doivent désigner les résultats de leurs recherches, indiquer par ces dénominations, les substances qui ont une analogie de composition, désigner les éléments sur lesquels l'esprit doit fixer son attention dans les différentes combinaisons que leur fait subir leur action mutuelle, énoncer avec clarté et sans périphrases traînantes, les produits d'opérations compliquées; tels sont les avantages que les auteurs qui ont proposé la nomenclature chimique ont eus en vue, et l'usage qui s'en est introduit paraît les avoir irrévocablement confirmés, soit dans l'enseignement, soit dans les ouvrages qui présentaient un si grand nombre d'objets nouveaux à graver dans la mémoire, et à soumettre à la discussion;

mais leur premier essai dut avoir des imperfections, et ils étaient loin de se le déguiser.

C'est sur-tout par la composition des mots qui désignent des combinaisons, et par les terminaisons qui indiquent leurs analogies, que l'on devait remplir l'objet que l'on s'était proposé, et c'est la partie de la nomenclature sur laquelle il est important que les chimistes adoptent des conventions uniformes.

Relativement aux dénominations des substances simples, ou d'une composition indéterminée, les mots insignifiants par eux-mêmes me paraissent non-seulement ne devoir pas être repoussés, mais ils me semblent les plus propres à remplir leur objet, pourvu qu'ils se prêtent aux combinaisons de la nomenclature.

Ce sont des noms propres qu'il faut apprendre à appliquer par la connaissance de l'objet : ils se lient à cette connaissance, qui est indispensable, et la rappellent : il ne s'est élevé aucune difficulté sur les mots chaux, fer, magnésie; ce n'est que lorsqu'un de ces mots, appliqué à une substance déterminée, est ensuite employé pour exprimer le mode d'une autre substance dont il donnerait une fausse idée, qu'il devient une dénomination vicieuse; ainsi le mot chaux, appliqué à l'oxide de fer, pouvait tromper sur les propriétés de la substance, et formait une discordance dans le langage.

Il a donc fallu changer quelques noms qui étaient fondés sur des propriétés erronées, et en choisir pour indiquer des substances peu connues jusque-là : on a cherché dans les propriétés de ces substances celles qui ont paru le plus propres à les désigner pour en tirer les nouvelles dénominations; mais ce sont les mots formés ainsi, qui, quoiqu'en petit nombre, ont produit le plus de discussions, et ont fait naître le plus d'opposition : ce sont eux qui ont été l'objet de ces fades plaisanteries, dont la nomenclature méthodique fut accueillie à sa naissance, dans le Journal de Physique : où l'on trouve l'étymologie mal établie; l'on veut substituer une autre propriété à celle qui a été choisie. Lorsque l'on consent à ne pas réformer le mot, on prétend soutenir sa signification dans les mots composés auxquels on doit l'appliquer, et toutes les vues se divisent : si l'on trouve que l'étymologie soit établie sur une propriété inexacte, même dans une langue étrangère, on la repousse; ainsi, parce que *tangstein* signifie en allemand une pierre pesante, on propose de substituer le nom de *Schéelin* à celui de Tunstein, qui est reçu depuis long-temps pour exprimer une substance particulière: Chenevix, qui vient de publier un ouvrage très-philosophique sur les principes de la nomenclature, et dont je m'empresse de profiter, cherche cependant, à mon avis, avec trop de soin, à conserver dans les combinaisons de la nomenclature la précision de l'étymologie, quoiqu'il préfère les dénominations qui n'en ont point.

Il me paraît que pour l'intérêt commun des chimistes, il convient de se conduire pour les dénominations qui sont tirées d'une propriété connue, comme pour celles qui ne le sont pas; que si l'on a recours à l'étymologie pour engager à adopter une dénomination nouvelle qu'une découverte rend indispensable, il faut l'oublier entièrement, dès qu'elle est adoptée, et ne plus en faire pour les combinaisons des mots, qu'un usage pour ainsi dire mécanique : le chimiste qui établit l'expression doit porter beaucoup plus son attention sur l'euphonie et sur les convenances de nomenclature que sur l'indication d'une propriété.

Ne voit-on pas en effet des expressions dont l'application étymologique est devenue fausse, continuer de remplir leur emploi avec le même avantage. L'eudiomètre ne

(1) Remarks upon chemical nomenclature, 1802.

donne-t-il pas une idée de l'instrument ou du procédé
par lequel on détermine la proportion de l'oxigène qui
se trouve dans l'air atmosphérique ou dans un autre gaz,
quoique l'on soit bien convaincu qu'il n'indique pas la
salubrité qui a servi à dénommer cet instrument? La désignation de brun, de blanc ou de noir, s'applique-t-elle
avec quelqu'obscurité aux descendants de ceux qu'une
qualité a fait désigner par ces noms?

Je pourrais peut-être justifier les auteurs qui ont proposé la nomenclature, de s'être écartés pour l'acide nitrique, de la règle qu'ils avaient suivie dans les dénominations de l'acide sulfurique et de l'acide phosphorique,
par la différence même des propriétés que l'acide nitrique
présente dans les différents états de combinaison; mais,
quoi qu'il en soit du moment où la nomenclature a été
proposée, je crois devoir retenir la dénomination de l'azote
indépendamment des motifs qui l'ont fait choisir, parce
que c'est la plus généralement adoptée, et parce qu'elle
se classe bien dans les combinaisons de la nomenclature.

Si l'on voulait substituer à l'azote le mot nitrogène,
proposé par Chaptal, parce qu'appliqué à l'acide nitrique
il aurait de l'analogie avec ceux par lesquels on a désigné
les substances que l'on a considérées comme productrices
de l'eau et des acides, quelqu'un ne pourrait-il pas représenter qu'il est plutôt le radical de l'ammoniaque que
de l'acide nitrique, ou trouver mauvais qu'on abandonnât
sans radical l'ammoniaque, alcali puissant, ou qu'elle fût
regardée comme composée de nitrogène ou d'hydrogène, de
deux substances génératrices qui annoncent des composés
qui en sont à une si grande distance?

Je ne fais entrer dans les combinaisons des mots que
des abréviations mécaniques; ainsi par hydro, je désigne
l'hydrogène; par oxi, l'oxigène : d'après cette explication,
Chenevix verra que par le mot hydrogène oxi-carburé,

je n'ai prétendu désigner qu'une substance composée d'hydrogène, d'oxigène et de carbone, et que je n'ai point voulu y porter l'indication de l'acidité : lorsque j'ai proposé de désigner par hydro-sulfure la combinaison de l'hydrogène sulfuré avec une base, j'ai perdu de vue le sens propre du mot hydro, et je n'y ai vu qu'un diminutif d'hydrogène : je me suis conduit de même dans la désignation des autres états de combinaison du soufre et de l'hydrogène : je conviens que ces dénominations ont l'inconvénient de n'être pas assez distinctes ; mais il est difficile de l'éviter, parce que les combinaisons ne sont elles-mêmes distinguées que par de faibles caractères; cependant ces désignations épargnent des périphrases qui ne seraient pas elles-mêmes exemptes d'obscurité, et elles indiquent des états de combinaison qu'il est essentiel de distinguer.

J'adopte d'ailleurs les observations de Chenevix sur la construction de quelques mots composés, dans laquelle on s'est éloigné des principes qu'on avait établis pour indiquer l'analogie des combinaisons : j'appelle avec lui hydrogène-carburé la combinaison de l'hydrogène et du carbone, qui est analogue à l'hydrogène sulfuré, et j'avais déjà fait une réforme pareille dans la dénomination de l'hydrogène phosphuré (1).

Il fait des observations qui me paraissent très-justes sur l'état d'une substance végétale qui devient acide, et qui ne peut être considérée comme le radical de cet acide, de même que le phosphore et le soufre dans les acides qu'ils forment. Ils devraient donc avoir tous une terminaison uniforme. Celle en *ique* étant la plus générale, devrait être adoptée pour tous, sur-tout depuis qu'il est prouvé que l'acide acétique ne doit pas être distingué de

(1) Ann. de Chim. tom XXV.

l'acide acéteux ; aussi je ne retiens dans ce traité que cette
dénomination ; cependant je ne fais pas difficulté de conserver celle de l'acide tartareux , parce qu'elle s'applique
plus convenablement en français à ses composés , et qu'elle
est reçue généralement.

En général , je mets moins d'importance à la stricte
observation des principes de la nomenclature qui ne sont
réellement que des conventions dans lesquelles on peut
faire entrer plusieurs considérations ; l'essentiel , à mon
avis , est de composer les mots de manière qu'ils ne laissent aucune équivoque sur les parties qui entrent dans la
composition d'une combinaison , et sur le rapport de ses
propriétés caractéristiques avec celles des autres substances.

Lorsqu'un genre de combinaison n'est point soumis à
des proportions qui en limitent les propriétés , la nomenclature a nécessairement le vague qui se trouve dans la
composition , ou dans la connaissance que l'on a pu en
acquérir ; ainsi dans les oxides , on ne peut désigner avec
quelque précision que les deux extrêmes : on pourrait
adopter , pour le plus faible degré d'oxidation , le mot
oxidule employé par Hauy ; mais on est obligé d'indiquer
les états intermédiaires par la couleur ou par quelqu'autre
accident.

C'est un danger commun à la nomenclature et à la
science dont elle est un instrument , que de poser des
barrières imaginaires dans la composition et dans la désignation des substances. Voyez Brugnatelli , qui sur des
distinctions souvent idéales , vient vous proposer le thermoxigène , qu'il distingue confusément de l'oxigène , les
oxides , les thermoxides , les oxiques , le phlogogène , etc.
Il prétend que ces innovations ont commencé à s'établir
sur les rives de la Tamise ; mais Chenevix , qui s'est
arrêté à en combattre quelques-unes , nous-apprend , même

au nom des chimistes ses compatriotes , que Brugnatelli
a été mal informé sur ses progrès; cette cacophonie dans
les mots et dans les idées ne devait pas être accueillie
par les savants chimistes, qui aujourd'hui honorent en si
grand nombre l'Angleterre.

Je dois justifier, par quelques exemples, le jugement
que je porte sur la nomenclature de Brugnatelli. On connaît
le procédé par lequel on réduit le phosphore en acide
phosphorique par l'action de l'acide nitrique, et l'explication simple que l'on en donne : Voici comment Brugnatelli présente cette opération qu'il a compliquée de l'addition de l'alcool.

« Brugnatelli, dit-on dans une note communiquée par
» lui (1), a trouvé un moyen facile et prompt de retirer
» l'oxiphosphorique très-pur, et concentré par la décom-
» position à froid du thermoxigène de l'oxiseptonique.
» Connaissant que l'oxiseptonique, lorsqu'il vient en
» contact avec l'alcool, se décompose en partie à l'ins-
» tant, et change la proportion du thermoxigène relati-
» vement aux autres parties composantes de cet oxique ;
» il a saisi ce moment pour présenter à l'oxiseptonique
» le phosphore. Ce combustible oxigénable décompose alors
» le thermoxigène de l'oxiseptonique, et se change en
» oxiphosphorique. Qu'on plonge, par exemple, un demi-
» gros de phosphore dans environ deux gros d'alcool,
» contenu dans un verre; qu'on verse ensuite une demi-
» once d'oxiseptoneux concentré, etc. ».

Brugnatelli donne le nom d'*ammoniure* aux combinaisons des oxides avec l'ammoniaque, et cette terminaison
en *ure* ne doit, selon les conventions reçues, comme le
remarque fort bien Chenevix, être appliquée qu'aux combinaisons des substances combustibles; or l'on ne connaît

(1) Journ. de Van Mons.

point de combinaison des métaux, mais des oxides qui ne sont plus combustibles, avec l'ammoniaque.

Ce n'est pas seulement dans cette fausse dénomination que consiste l'erreur de Brugnatelli dans la description qu'il a donnée des ammoniures de mercure et de zinc (1); mais il a supposé celui du mercure dans une circonstance où il n'existe pas, et il a décrit comme nouveau celui de zinc que Lassône a fait connaître depuis long-temps. Voici comment il prépare son prétendu ammoniure de mercure.

« Pour obtenir cet ammoniure, on fait dissoudre du
» mercure dans l'oxique sulfurique, et on évapore jusqu'à
» concrétion : il reste un mélange de sulfate neutre, de
» sulfate acidule et de mercure : on sépare le dernier à
» l'aide de l'eau froide; on allonge la solution saturée
» avec la moitié de son poids d'eau, et on précipite avec
» l'ammoniaque liquide ; il se forme un précipité blanc
» d'oxide de mercure très-abondant ». C'est ce précipité qu'il dissout par l'ammoniaque pour faire l'ammoniure d'ammoniaque ; mais Fourcroy a prouvé depuis long-temps (2) que le précipité blanc ou gris que l'on obtient n'est pas de l'oxide de mercure, mais une combinaison très-variable de cet oxide, avec une certaine proportion d'acide sulfurique et d'ammoniaque; et qu'en ajoutant de l'ammoniaque on n'obtient pas un ammoniure, mais une combinaison qui ne diffère de la précédente que par une plus grande proportion d'ammoniaque.

(1) Journ. de Chim. par Van Mons. Vendem. an 10.
(2) Mém. de l'Acad. 1790. Ann. de Chim. tom. X.

NOTE XVI.

Le comte de Rumford a publié plusieurs mémoires par lesquels il a prétendu prouver que les liquides et les fluides élastiques ne sont point conducteurs de chaleur, et qu'ils ne transmettent le calorique qu'au moyen du contact avec les corps solides qu'ils doivent au mouvement de leurs parties : comme cette propriété mettrait entre les états d'une substance, une différence beaucoup plus grande que l'on n'a besoin de la supposer pour l'explication des autres phénomènes ; comme d'ailleurs les expériences de ce célèbre philosophe ont fixé l'attention sur un objet qui avait été négligé et qu'il en a tiré des applications heureuses pour les arts et les usages de la vie, je crois devoir proposer quelques doutes sur les principes qu'il a déduits de ses observations. J'examinerai d'abord si les faits sur lesquels il s'appuie ne peuvent recevoir une explication naturelle des propriétés que j'ai analysées jusqu'ici, ou s'ils obligent à avoir recours à des propriétés particulières ; mais je m'arrêterai aux considérations qui peuvent servir à éclairer cette discussion sans entrer dans les détails qu'elle exigerait, si je prétendais l'approfondir.

Les expériences que l'auteur a faites sur la communication de la chaleur ont été exécutées avec un appareil dont il convient de rappeler la description : « Il employait » une jarre cylindrique de verre de 4,7 pouces de dia- » mètre, et de 13,8 pouces de haut ; il mettait au fond » de cette jarre une quantité connue d'eau (environ 2 » livres), qui était destinée à former au fond de ce vase » un gateau de glace. On mettait à cet effet la jarre avec » cette eau dans un mélange frigorifique de sel et de » glace, dont l'action ne tardait pas à convertir l'eau en » un disque solide, adhérent au fond et aux parois de la » jarre ; on enlevait ensuite ce vase pour le plonger jus-

» qu'au niveau du gâteau intérieur dans un mélange d'eau
» et de glace, qui lui donnait la température de la glace
» fondante ou de zéro du thermomètre commun. Alors
» après avoir couvert la surface du gâteau avec un disque
» de papier, on versait de l'eau chaude aussi doucement
» qu'on pouvoit, et à la quantité d'environ 74 onces;
» cette eau s'élevait d'environ 8 pouces au-dessus de la
» surface du gâteau.

» On enlevait ensuite très-doucement le papier, et après
» avoir laissé l'eau en contact avec la glace pendant un
» certain nombre de minutes, on la versait et on pesait
» immédiatement la jarre avec la glace qu'elle contenait
» encore; la différence d'avec le poids primitif établissait
» la quantité de glace qui avait été fondue pendant que
» l'eau chaude avait séjourné au-dessus (1) ».

Ayant observé que le mouvement imprimé en versant
l'eau chaude produisait d'abord un effet considérable et
étranger à la communication de la chaleur, l'auteur imagina successivement plusieurs moyens pour le diminuer :
« Il fit arriver l'eau chaude le long d'un tube de bois,
» fermé au bas et percé latéralement de plusieurs petits
» trous par lesquels l'eau jaillissait sur un disque de bois
» percé lui-même comme un crible, et surnageant à l'eau
» à mesure qu'elle s'élevait dans le vase. On enlevait ce
» disque dès que l'eau était versée, et on couvrait le vase
» d'un couvercle de bois au centre duquel un thermo-
» mètre était suspendu; enfin en mettant préalablement
» sur la glace une couche d'eau froide d'environ un demi
» pouce d'épaisseur, sur laquelle nageait le disque de
» bois, en façon de crible, qui lui-même recevait l'eau
» chaude; l'auteur parvint à diminuer encore beaucoup
» l'irrégularité des résultats ».

(1) Bibliot. Britan.

Outre ces précautions, l'auteur a séparé de ses résultats la quantité de glace qui se liquéfiait dans le premier moment, et qui surpassait celle qui se fondait dans les espaces de temps qui succédaient : dans ces différentes expériences, pendant que la partie du cylindre qui contenait la glace, était tenue à la température constante de la glace fondante, la partie supérieure a été laissée en contact avec l'air environnant, ou couverte d'une enveloppe peu conductrice, ou plongée aussi dans le mélange d'eau et de glace : l'eau versée sur la glace a reçu différentes températures. Je fais trois divisions des résultats de toutes les expériences ; 1°. l'eau qui n'avait qu'environ quatre degrés au-dessus de zéro, a fondu un peu plus de glace dans les mêmes espaces de temps que l'eau bouillante ; 2°. lorsque la partie supérieure du cylindre a été enveloppée d'une substance peu conductrice, l'eau chaude a fondu plus de glace que lorsqu'elle était en contact avec l'air ; 3°. lorsque la partie supérieure du cylindre a été plongée dans le mélange d'eau et de glace, il s'est liquéfié plus de glace que lorsqu'elle était laissée en contact avec une atmosphère de 61 degrés du thermomètre de Fahrenheit.

Pour rendre raison de ces observations, il faut appliquer aux phénomènes observés par Rumford, les propriétés que nous avons reconnues dans les substances liquides et dans les fluides élastiques, et desquelles nous avons conclu les changements qui s'opèrent dans leurs différents états de combinaison.

Nous avons vu, 1°. que les parties liquides entraient d'autant plus promptement en combinaison, qu'elles se trouvaient dans une plus grande distance de saturation, parce qu'alors la force qui sollicite la saturation est plus grande : de sorte que les effets qui dépendent de la communication de température doivent être très-faibles, lorsqu'il n'y a que de petites différences.

2°. La locomotion qui sert à rapprocher les molécules qui se trouvent à un plus grand intervalle de saturation, accélère l'effet de l'action réciproque par lequel son équilibre s'établit; de sorte qu'il faut séparer l'effet qui en dépend, de celui qui est dû à la communication immédiate.

3°. L'eau et quelques autres substances acquièrent une légèreté spécifique plus grande en approchant du terme de la congélation, d'où il résulte que la locomotion produite par les variations de température dans les autres circonstances, doit éprouver des modifications qu'il faut apprécier, lorsque l'eau et les liquides qui peuvent avoir cette propriété commune avec elle, approchent du terme de la congélation.

Pour faire une application de ces propriétés, il faut encore prendre en considération la direction que l'on donne à l'émanation de la chaleur ; car la combinaison des effets sera différente, si elle parvient par la partie inférieure d'un liquide, ou par la partie supérieure.

Pour qu'il puisse s'établir un mouvement facile entre les parties qui sont au fond d'un vase, et celles qui sont à la surface, il faut qu'il y ait peu de différence entre leur température ; alors les parties qui sont voisines de la glace, et qui prennent de l'expansion, s'élèvent au-dessus de celles qui ont une température précisément supérieure ; mais si la température introduit une grande différence entre les pesanteurs spécifiques, ce mouvement doit être beaucoup plus borné ; de sorte que la glace reste environnée d'une eau qui est à sa température, ou qui en est peu éloignée ; on voit donc que la partie de l'effet qui dépend du mouvement doit être beaucoup moindre, lorsqu'il y a une grande distance dans la température ; mais lorsque cette distance existe, le résultat qui appartient à la communication de la chaleur, indépendamment du mouvement, doit varier selon la manière dont la température est con-

servée dans le liquide : s'il a une enveloppe non conductrice, la chaleur étant conservée, il s'en communique
une quantité plus grande que si elle passe dans les corps
environnants ; mais si la température du liquide n'a pas
une différence assez considérable, comme dans l'expérience, où l'eau a été employée à 16 degrés ; il est plus
avantageux d'augmenter l'effet dû à la translation des parties, en réfroidissant tout le cylindre, que de conserver
celui qui est dû à la communication simple du calorique.
Il me semble que cette explication découle très-naturel-
lement des propriétés connues, et que les observations
de Rumford ne conduisent point à de nouvelles inductions.
Il faut remarquer qu'en séparant l'effet qui avait lieu
dans les premiers instants dans lesquels une différence
considérable de température pouvait occasionner une communication prompte, il n'a plus observé que celui qui
était produit lorsqu'il n'y avait plus que de très-petites
différences entre les couches successives du liquide, et la
glace elle-même : or, lorsqu'il n'y a qu'une petite différence de saturation, soit entre les combinaisons chimiques, soit entre les températures, l'équilibre ne s'établit que
très-lentement, et les effets deviennent difficiles à apprécier.
Les expériences que Rumford a faites en plongeant un
petit cylindre de fer échauffé au degré de l'ébullition de
l'eau, dans l'eau et le mercure, qui recouvraient un ma-
melon de glace sans y produire de liquéfaction, confirment
seulement que lorsque deux corps diffèrent peu par leur
température, l'équilibre s'établit difficilement, car il faut
observer que le fer qui a une faible chaleur spécifique,
et qui est bon conducteur, a dû, dans la partie du liquide
qu'il a traversée lentement, perdre promptement la plus
grande partie de sa chaleur, et cependant n'élever que
très-peu celle du liquide, même du mercure, vu la masse
de celui-ci.

Mais je trouve dans les expériences même de Rumford des preuves de la propriété qu'il refuse aux liquides.

1°. Dans toutes les expériences que j'ai indiquées, excepté dans celles faites avec le cylindre de fer échauffé, la liquéfaction de la glace a eu lieu à un degré assez considérable, et chaque partie liquéfiée suppose une quantité de chaleur qui aurait pu élever un poids égal d'eau du terme de la congélation à 75 degrés du thermomètre centigrade.

2°. Il a fait congeler de l'eau à la surface du mercure, refroidi par un mélange frigorifique : donc la température du mercure s'est communiquée à l'eau, et celle-ci a cédé du calorique au mercure pour remplacer celui qu'il perdait.

Si la communication de la chaleur n'était que l'effet du mouvement des parties d'un liquide, le mercure d'un thermomètre ne devrait presque plus changer de température, dès qu'il est parvenu au degré de la congélation de l'eau : en effet, dans plusieurs de ses expériences (*Essai 7*), Rumford suppose qu'à ce degré le mercure n'a plus communiqué de chaleur : or, un thermomètre prend très-promptement la température des corps voisins, et l'indique à plusieurs degrés au-dessous du terme de la congélation de l'eau, et jusqu'à sa propre congélation ; alors il se conduit comme les corps solides, et ses dilatations deviennent proportionnellement plus petites que les précédentes.

Rumford a prouvé que le pouvoir conducteur du mercure était à celui de l'eau, comme 1000 à 313.

Cet effet du mercure qui prend beaucoup plus promptement que l'eau la température du système où il se trouve placé, quoiqu'il ait une pesanteur spécifique beaucoup plus grande, qu'il soit beaucoup moins dilatable par les mêmes degrés de chaleur, et que par conséquent la chaleur doive causer beaucoup moins de locomotion dans ses parties que dans celles de l'eau ; cet effet, dis-je, confirme que les

changements de température, dépendent non-seulement de
la communication immédiate et des changements de pesanteur spécifique qui produisent le rapprochement des parties
d'une température inégale, mais aussi de la propriété plus
ou moins conductrice de chaque substance.

3°. Rumford ne fait aucune attention au calorique rayonnant, ni aucune exception pour lui; cependant la communication de la chaleur qui s'établit par son moyen, entre
les corps solides et les liquides à travers les gaz, ne peut
être douteuse, et l'on peut remarquer que lorsqu'il a
approché un boulet échauffé, de la glace et du suif, il s'est
fait une communication de chaleur qui a fondu la surface
de l'une et de l'autre, sans qu'on puisse attribuer cette
communication à une circulation telle qu'il l'a prétendue
nécessaire.

Les expériences ingénieuses de Rumford ont exercé la
sagacité de quelques physiciens qui ont déjà prouvé que les
principes auxquels elles le conduisaient n'étaient pas conformes aux véritables résultats de l'observation.

Nicholson a fait, avec le concours de Pictet, des expériences par lesquelles il s'est assuré qu'en échauffant
un liquide à sa surface, par la superposition d'un corps,
la chaleur pénétrait et fesait hausser le thermomètre
plongé au fond de ce liquide : pour éviter la communication par les parois du vase, on a choisi une substance très-peu conductrice, et l'on a constaté par le moyen
d'un thermomètre placé dans le même liquide près des
parois du vase, qu'il ne s'était point établi de courants
qui fussent différents par la température : enfin la marche
des bulles qui se dégageaient, et les autres apparences
du liquide ont convaincu qu'il ne s'était pas formé de
courants.

On a confirmé dans ces expériences que les liquides
différaient par leur faculté conductrice : La pénétration de

la chaleur du haut en bas a été cinq fois plus lente dans l'huile que dans le mercure (1).

Rumford a supposé que les plus légers changements de pesanteur spécifique étaient accompagnés d'une locomotion qui produisait un courant qu'il a cherché à rendre visible, en exposant à un changement de température une liqueur alcaline dans laquelle étaient suspendus des fragments très-subtils d'ambre qui se trouvaient avoir la même pesanteur spécifique que le liquide; mais Tomson a fait voir (2) combien étaient illusoires les mouvements que l'on observait dans ces molécules, et qui paraissent n'être dûs, dans les variations de température qui ne sont pas brusques, qu'à la différence de pesanteur spécifique qu'ils acquièrent eux-mêmes, et à l'adhérence de vésicules aériennes; de sorte que quelques-unes de ces molécules marchent en sens contraires, et viennent se heurter sans suivre des directions de courants : il a même fait voir que ces corpuscules flottants pouvaient recevoir différents mouvements, pendant que les couches du liquide conservaient une tranquillité parfaite : il a mis dans un vase de verre une eau colorée en bleu par le suc du choux rouge, puis il a instilé avec beaucoup de précaution, et par le moyen d'un tube à extrémité capillaire, de l'eau claire; il est parvenu par ce moyen à avoir les deux liquides séparés sans confusion; alors il a échauffé lentement le vase par la partie inférieure : il est clair que s'il se fût établi un courant, il aurait été marqué par le liquide coloré; mais la séparation des deux liquides s'est maintenue dans son intégrité; bien plus, des corpuscules placés dans le premier liquide, s'élevaient, s'abaissaient et traversaient la ligne de séparation sans produire le mélange des deux liquides; de sorte que

(1) Bibl. Britan. tom. XVIII.
(2) Journ. of Nicholson, febr. 1802.

leurs mouvements variés n'étaient point l'effet d'un courant
qui les entraînât; cependant la chaleur se communiquait
à tout le liquide. La propagation de la chaleur et l'a-
gitation des corpuscules qui ont à-peu-près la même
pesanteur spécifique., peuvent donc avoir lieu indépendamment du mouvement circulatoire, qui ne s'établit que
lorsqu'il y, a une différence de température d'une certaine
intensité entre les différentes couches d'un liquide.

Murrai a opposé à l'opinion de Rumford des expériences
encore plus directes et non moins concluantes (1); il a
placé la boule d'un thermomètre dans un cylindre de glace
qu'il a rempli alternativement d'huile et de mercure; puis
il a approché un corps échauffé de la surface du liquide;
le thermomètre est monté dans l'une et l'autre épreuve de
plusieurs degrés; cependant la chaleur ne pouvait parvenir par les parois de la glace dont la surface devait
l'absorber en se liquéfiant; il ne s'établissait pas de
courant, car les molécules du liquide, devenues plus
légères, ne pouvaient prendre une direction contraire, et
l'auteur avait évité d'employer l'eau qui se contracte
en passant du degré de la congélation à une température
un peu plus élevée : il faut donc que la chaleur se soit
communiquée à la boule du thermomètre, sans que le
courant, que l'on suppose nécessaire, se soit établi, et
celle qui a servi à le dilater, n'était que l'excès de celle
qui avait liquéfié une partie de la glace.

Les observations de Murrai confirment en même temps
que le mercure est un conducteur de chaleur plus
efficace que l'huile; car l'élévation du thermomètre s'est
manifestée par son intermède dans un temps beaucoup plus
court, et elle a liquéfié plus de glace.

Il me semble que les expériences de Nicholson, de
Thomson et de Murrai ne laissent aucun doute sur la

(1) Ann. de Chim,, floréal an 10.

communication de la chaleur entre les molécules des liquides ; les unes font voir que les mouvements des corpuscules solides qui s'agitent dans un liquide, peuvent
souvent en imposer sur les courants que l'on croit appercevoir ; mais il ne faudrait pas pour cela nier l'existence de
ces courants, lorsqu'il s'établit une différence assez prompte
entre les pesanteurs spécifiques et lorsque la chaleur se
communique par la partie inférieure d'un liquide ; les
autres prouvent que la communication de la chaleur peut
se faire à travers un liquide dans lequel on ne peut supposer un courant qui serve à la transporter immédiatement à
un corps solide, et elles confirment que les liquides jouissent
d'une faculté conductrice qui diffère par son intensité,
mais il ne faudrait pas en conclure que la locomotion
des parties des liquides ne concourt pas à établir un prompt
équilibre de température ; il y a même apparence que ce
dernier effet est ordinairement le plus grand.

Les considérations qui ont précédé, et dans lesquelles
j'ai fait une application de la faculté de communiquer la
chaleur commune à tous les corps, de la différence conductrice et de la distribution plus prompte de la chaleur
au moyen de la différence de pesanteur spécifique qu'elle
introduit entre les parties d'un fluide, me paraissent rendre
raison de tous les phénomènes que la sagacité de Rumford
a fait connaître.

Ces considérations me conduisent à une opinion bien
différente de la sienne : on sait avec quelle rapidité les
thermoscopes ou thermomètres à air, indiquent les variations de température : Pictet n'a pu observer une seconde
de différence entre l'élévation d'un thermomètre de cette
espèce, et l'émanation de calorique rayonnant d'un corps
placé à distance : on a observé que les aérostats éprouvaient
une soudaine dilatation par l'apparition du soleil (1) ; ces

(1) Descrip. de l'aréostat de l'Acad. de Dijon.

phénomènes me paraissent indiquer que les fluides élastiques, bien loin d'être de mauvais conducteurs, reçoivent au contraire très-promptement la température des autres corps ; car peut-on supposer que ce n'est qu'au contact de l'enveloppe de l'aérostat que toutes les parties du gaz viennent prendre la température qu'elles acquièrent, et comment conçoit-on que les parties inférieures qui sont contiguës à la portion de l'enveloppe qui ne reçoit pas l'émanation solaire, seraient portées vers celle qui lui est exposée ? et comme à chaque contact ces molécules ne recevraient qu'une partie de la température à laquelle elles parviennent, quel prodigieux tourbillonnement ne faudrait-il pas supposer dans le gaz !

Il me paraît donc que les fluides élastiques, loin d'être de mauvais conducteurs, possèdent cette propriété à un haut degré, quoiqu'ils diffèrent probablement entre eux à cet égard ; et si l'air qui est contenu produit des effets qui paraissent prouver le contraire, ils sont dûs à quelque circonstance qui modifie cette propriété.

Il me paraît probable que cette circonstance est l'état de compression dans lequel un gaz se trouve lorsqu'il ne peut prendre la dilatation qui convient à la température qu'il reçoit : nous avons vu que le calorique, en se combinant avec les gaz, n'élevait la température que parce que la dilatation trouvait un obstacle (107) : il doit résulter de là, que plus l'air se trouve éloigné de l'état de dilatation qu'il devrait avoir pour être en équilibre de température, plus il doit opposer de résistance à la combinaison du calorique, et plus par conséquent il doit perdre de sa faculté conductrice ; de sorte que l'air qui prendrait facilement la température des corps voisins, s'il pouvait recevoir les dimensions convenables sous une pression donnée, deviendrait de plus en plus mauvais conducteur, à mesure qu'il parviendrait à une température plus éloignée des dimensions qu'il devrait avoir.

3o..

L'air éprouve alors un effet que l'on peut comparer à celui d'un corps qui résiste par la force de cohésion à l'action d'un liquide, pendant que celui-ci peut en opérer la dissolution, dès que cette résistance vient à diminuer.

Cette explication pourrait s'appliquer à la propriété conservatrice de la chaleur que Rumford a prouvé appartenir à l'air qui adhère à des parties telles qu'à celles de l'édredon; cet air n'adhère que par une véritable affinité qui réduit probablement ses dimensions, ou qui s'oppose du moins à sa dilatation; et si l'eau peut l'en chasser, ce n'est que parce qu'elle vient se combiner avec ces substances, ou adhérer à leur surface par son affinité; de sorte que l'air doit éprouver alors par l'action de l'affinité des corps auxquels il est adhérent, le même effet que produit sur son effort élastique un espace où il est contenu, et dans lequel il reçoit une température plus élevée, sans pouvoir se dilater.

Ainsi les fluides élastiques, qui se dilatent beaucoup plus par un même changement de température que les liquides et que les solides, auraient la faculté correspondante d'entrer plus facilement en combinaison avec le calorique : ils résistent peu à leur compression, ils s'échauffent par la réduction de leur volume, et ils se réfroidissent lorsqu'on les dilate : ces effets n'annoncent-ils pas une grande disposition à se combiner avec le calorique ou à l'abandonner, et à en recevoir différents degrés de saturation? et cependant, selon l'opinion de Rumford, il y aurait une barrière insurmontable entre les températures les plus éloignées des différentes parties d'un gaz lorsque ces parties ne viendraient pas à rencontrer un corps solide.

Il serait possible que les substances liquides fussent elles-mêmes beaucoup plus propres à conduire la chaleur que lorsqu'elles sont dans l'état solide : les propriétés de l'affinité réciproque qui produit la cohésion, paraissent l'in-

diquer ; car par cela même que cette affinité s'oppose à la dilatation, elle doit apporter un obstacle à la combinaison du
calorique : cette résistance à son introduction est même
prouvée par la prompte accumulation qui s'en fait, dès
que la force de cohésion est détruite ; de sorte qu'elle
est opposée à la combinaison du calorique, comme à
celle des autres substances : en effet, l'eau paraît prendre
plus facilement la température commune, indépendamment
de la locomotion de ses parties, que la glace qui est très-mau-
vais conducteur, et c'est peut-être par cette différence que la
glace, ainsi que tous les solides qui passent à l'état liquide,
se liquéfie à sa surface plutôt que de prendre une température commune.

Je ne présente ces dernières explications que comme
des conjectures qui peuvent inviter à tenter des expériences
sur un objet qui n'est pas indifférent à la théorie chimique.

SECTION VI.

CHAPITRE PREMIER.

De la constitution de l'atmosphère.

234. L'ATMOSPHÈRE intervient dans un grand nombre de phénomènes chimiques par l'action dissolvante qu'elle exerce sur les liquides et sur les fluides élastiques, par l'obstacle qu'elle oppose à leurs dispositions naturelles, ou par la combinaison de l'un de ses éléments.

Il faut donc la considérer sous ces rapports pour reconnaître la part qu'elle a dans les phénomènes ; mais sa constitution fait varier son action.

La constitution de l'atmosphère est le résultat des conditions dans lesquelles elle se trouve, c'est à-dire de la compression qu'elle éprouve, de sa température et de son humidité. J'ai déjà examiné les effets comparatifs de la compression et de la température sur les gaz en général (109);

mais il faut en faire une application plus particulière, relativement à l'action de l'atmosphère et aux dispositions des liquides qu'elle tend à prendre en dissolution.

L'expérience a appris que le volume de l'air diminue en raison inverse du poids qui le comprime : tous les gaz permanents suivent la même loi, mais relativement à la vapeur élastique de l'eau qui y est tenue en dissolution, il faut faire une distinction, selon la proportion qui s'y trouve : si l'air en est saturé, la vapeur élastique ne peut éprouver une diminution dans l'espace qu'elle occupait, sans qu'une partie proportionnelle à la diminution ne reprenne l'état liquide (167); mais si l'on augmente l'espace, elle se dilate comme les autres gaz, et alors l'hygromètre marche au sec; lorsque l'air se trouve éloigné de l'état de saturation, il s'approche de la saturation à mesure qu'il est comprimé, et l'hygromètre marche à l'humidité; mais lorsqu'il est parvenu au terme de la saturation, il ne peut plus être contracté, sans qu'une partie de la vapeur aqueuse ne se sépare en eau; tout ce qui reste en dissolution conserve le même degré de tension : ainsi la compression réduit le volume des vapeurs élastiques comme celui des gaz permanents, jusqu'au terme de la saturation; alors elle réduit la quantité.

235. Nous avons vu (108) quelle loi suivait la

dilatation des gaz par la chaleur; mais l'élévation de température produit sur la vapeur élastique, ou plutôt sur le liquide qui tend à former cette vapeur des effets qui méritent une considération particulière.

1°. Elle dilate la vapeur élastique comme un gaz, et elle augmente sa tension; de sorte que cette vapeur fait équilibre avec une colonne de mercure, qui est à celle qui produisait la première tension, dans le même rapport que les tensions: la vapeur d'eau qui, à quinze degrés, pouvait élever le mercure de six lignes, l'élevera à-peu-près de neuf à une température de 80 degrés, ou devra être comprimée de cette colonne pour conserver son premier volume.

2°. Elle augmente la quantité qui doit occuper un espace déterminé, ou qui se dissout dans un volume d'air; de sorte que s'il n'y a pas assez d'eau pour satisfaire à cette condition, l'air qu'on échauffe s'éloigne par là du degré de saturation, et fait marcher l'hygromètre au sec.

Mais s'il se trouve de l'eau pour produire la saturation, la tension s'accroît dans une beaucoup plus grande proportion que dans la supposition précédente; de sorte qu'un effet beaucoup plus considérable s'ajoute au premier.

Les quantités d'eau qui se dissolvent dans un volume d'air, par des élévations de température, suivent donc un rapport beaucoup

plus considérable que les dilatations : à 15 degrés
du thermomètre le pied cube d'air saturé d'eau
en contient, selon l'observation de Saussure,
à-peu-près 11 gr. ; et à 6,78, il n'en peut
contenir que 5 gr.

On voit par là pourquoi l'air, qui est refroidi
par la dilatation, dépose de l'eau lorsqu'on le
dilate ; le froid produit par la dilatation a un
effet beaucoup plus grand sur la quantité d'eau
qui peut être tenue en dissolution que l'augmentation de l'espace qu'il occupe ; ce qui explique
comment il peut se faire que l'air comprimé
par le poids d'une colonne de 200 pieds d'eau,
dans une machine employée dans les mines de
Hongrie (1), dépose de la neige et de petits gla-
çons, lorsqu'on lui permet, par l'ouverture d'un
robinet, de reprendre l'état qu'il doit avoir à
une compression ordinaire.

236. Puisque l'effort de l'élasticité est le
même lorsque l'eau élève, par sa tension, une
colonne de mercure dans le vide, ou lorsqu'elle
a déjà pris l'état élastique (165), on peut conclure
de l'effet qu'elle produit dans une circonstance,
celui que l'on en obtiendrait dans l'autre, et
juger, par la tension d'un liquide, de la force
élastique de la vapeur à différentes températures.

(1) Trans. philos. vol. LII.

Betancourt a fait des expériences très-intéressantes sur cet objet (1) ; mais quoiqu'elles
aient un degré d'exactitude suffisant pour le
but qu'il s'était proposé, elles n'en ont pas assez,
sur-tout dans les degrés inférieurs, pour reconnaître la loi que suit cette dilatation ; ainsi il n'a
point obtenu d'effet pour les quatre premiers
degrés du thermomètre, et pour 10 degrés il
n'a que 0,15 p., pendant que l'observation de
Van Marum donne 0,40.

Volta a distingué dans ses recherches, comme
je l'ai fait d'après lui, l'effet qui est dû à l'accroissement de tension par l'élévation de température, lequel suit la loi commune à tous
les gaz, et celui que produit la formation d'une
nouvelle vapeur qui prend elle-même la tension
que donne la température ; de sorte qu'il s'est
rendu compte par là des deux causes qui produisent l'accroissement de l'action élastique d'un
liquide ou de la vapeur qu'il forme par la chaleur : il a vu que tous les liquides suivaient
dans ces effets la même loi, non - seulement
lorsqu'ils étaient parvenus au terme de l'ébullition, mais à des termes également distants
de l'ébullition : il a observé que l'effort élastique
doublait à-peu-près de 13 degrés en 13 degrés du

(1) Essai expérimental et analytique, etc. Prony, jour.
Polytechnique, cahier I.

thermomètre de Réaumur. Je ne présente sans doute ces résultats, que j'ai recueillis de sa conversation, que d'une manière incomplète, et il se proposait d'y porter une plus grande précision.

237. Dalton vient de publier un mémoire important sur le même objet : Je vais en présenter le précis, tel qu'il se trouve dans la Bibliothèque Britannique (1). J'y appliquerai les principes que j'ai tâché d'établir, et je discuterai l'hypothèse physique dont il fait usage pour expliquer ses résultats.

« L'auteur prend un tube de baromètre parfaitement sec, il le remplit de mercure préalablement bouilli, et il marque l'endroit du tube où le mercure reste suspendu, formant le baromètre de Torricelli. Il gradue ce tube en pouces et dixièmes, par des traits de lime; il l'humecte ensuite, après en avoir sorti le mercure, avec de l'eau ou tel liquide dont il veut éprouver la vapeur; il le remplit de nouveau de mercure en excluant bien l'air, et lorsque le tube a été redressé quelque temps, le liquide dont il a été humecté en dedans se ramasse peu-à-peu au haut de la colonne de mercure où il forme une petite couche.

» Pour donner à la vapeur qui se forme alors

(1) Bibl. Brit. tom. XX et XXI.

dans le vide de Torricelli, telle température qu'il desire lui procurer, l'auteur introduit à demeure et au travers d'un bouchon ce tube barométrique dans un tube de verre de deux pouces de diamètre et de 14 pouces de long. Le baromètre est maintenu dans l'axe de ce tube par deux bouchons qu'il traverse, et dont le supérieur a une seconde ouverture par laquelle on remplit le gros tube, d'eau plus ou moins chaude, jusques à la température de 155. (54$\frac{6}{9}$ R.)

» Pour les températures plus élevées, l'auteur emploie un baromètre à syphon dont il renferme la longue branche dans un tube de fer-blanc, qui peut supporter l'eau bouillante; et il juge de la descente du mercure dans la partie invisible du tube, par son ascension dans la branche inférieure. Cette méthode suppose que le tube est bien d'égal diamètre dans toute sa longueur.

» On peut encore déterminer, par la pompe pneumatique, munie d'une éprouvette à baromètre, la force de la vapeur aqueuse à diverses températures au-dessous de l'eau bouillante. On met sous le récipient une fiole à moitié pleine d'eau chaude, dans laquelle on plonge un thermomètre; on fait le vide lentement, et au moment où l'eau commence à bouillir par la diminution de la pression de l'air, on marque le degré du thermomètre et celui de l'éprouvette. La hauteur du mercure dans celle-ci est la mesure précise de la force de la vapeur : cette méthode est applicable à d'autres liquides.

» En employant ces divers procédés, et par des expériences répétées, dont il a comparé soigneusement les résultats, l'auteur a dressé une table des forces expansives de la vapeur aqueuse, de degré en degré du thermomètre de Fahrenheit entre la glace et l'eau bouillante ; et l'examen des résultats lui ayant fait découvrir une loi assez régulière dans leur marche, qui se rapproche beaucoup d'une progression géométrique, dont la raison décroîtrait lentement, il s'en est prévalu pour étendre sa table, d'une part jusques à la congélation du mercure, de l'autre jusques à 325° F. (130 $\frac{2}{9}$ R.) (Les rédacteurs donnent cette table).

» On sait qu'il existe des liquides plus évaporables que l'eau, tels que l'ammoniaque, l'éther, l'alcool, etc. Il y en a d'autres qui le sont moins, tels que le mercure, l'acide sulfurique, le muriate de chaux, la solution de potasse, etc.; et il paraît, dit l'auteur, que la force de la vapeur de chacun de ces liquides dans le vide est proportionnelle à son évaporabilité. M. de Betancourt établit que la force de la vapeur de l'eau et celle de l'esprit-de-vin sont en rapport constant ; savoir à-peu-près, comme trois à sept. Les premières expériences de l'auteur le rapprochèrent de ce résultat; mais il a dû s'en écarter ensuite; et d'après un travail fait sur six liquides différents, il est arrivé à cette conclusion générale, savoir : « qu'en par- » tant d'une certaine vapeur d'une force donnée, » la variation de cette force par les changements » de température, est la même dans tous les » liquides ». Ainsi prenant pour terme com- mun la force qui soutient 30 pouces anglais de mercure, c'est-à-dire, celle de *tout liquide en ébullition à l'air ouvert*, on trouve que la vapeur *aqueuse* perd la *moitié de sa force* par une diminution de 30° F. dans sa température; il en est de même de *tout autre liquide ;* sa vapeur perd *la moitié de sa force* par un réfroi- dissement de 30° au-dessous de son terme par- ticulier d'ébullition ; et cette même force *double* pour la *vapeur de tout liquide*, comme pour celle de l'eau, par un accroissement de 40° F. au-dessus de la température de l'ébullition du liquide dont il est question.

» L'auteur commence par l'éther sulfurique, la série d'expériences qui l'amena aux conclu- sions que nous venons d'énoncer; ce liquide entrait en ébullition à 102° F. (31 $\frac{1}{9}$ R.) Il en in- troduisit une petite quantité dans le vide d'un baromètre, et trouva que sa vapeur, à la tem- pérature de 62° F. (13 $\frac{1}{3}$ R.) soutenait 12,75 pouces de mercure. C'est la force de la vapeur aqueuse à 172°; or, ces deux températures sont respectivement distantes de 40° F. des termes de l'ébullition de l'éther et de l'eau, savoir 102 et 212. L'auteur vérifia ce même rapport dans d'autres parties de l'échelle au-dessous du terme de l'ébullition; il a vérifié aussi dans les températures au-dessus de ce même terme, au moyen d'un tube à syphon, dans la courte branche duquel il introduisit quelques gouttes d'éther, dont la vapeur soulevait une colonne de mercure plus ou moins considérable dans la longue branche, à raison de la température qu'il donnait à l'éther, en plongeant la branche courte dans l'eau chaude. Il trouva que la vapeur de l'éther à 147° avait une force équivalente à 64,75 pouces de mercure. C'est aussi la force de la vapeur de l'eau à 257°, terme éloigné de 45° de celui de l'ébullition de l'eau, tout comme le précédent est éloigné aussi de 45° du terme de l'ébullition de l'éther.

» Par une disposition ingénieuse de l'appareil, l'auteur a pu soumettre la vapeur de l'éther à la température de l'eau bouillante : sa force égalait alors 137,67 pouces de mercure. Cette température (212°) est de 110° au-dessus de l'éther bouillant. Or, l'eau à 322°, c'est-à-dire, à 110° au-dessus de son terme d'ébullition, soulève 137,28 pouces de mercure; donc la loi en question se maintient dans toutes les températures éprouvées.

» Dans les expériences sur la vapeur de l'esprit-
de-vin, l'auteur trouva que la force de cette
vapeur surpassait un peu celle de la vapeur
aqueuse à même distance du terme d'ébullition.
Il attribue la différence à la difficulté de maintenir l'alcool au même degré de rectification
pendant l'expérience. La différence, au demeurant, n'excède guère 2 p. ⅌, quantité qui est
dans les limites des erreurs inévitables dans ce
genre d'expériences. La même difficulté qu'il
avait éprouvée dans les expériences avec l'esprit-
de-vin, se présenta avec plus d'inconvénient
encore dans celles avec l'ammoniaque.

» Le muriate de chaux, qui entrait en ébullition à 230°, c'est-à-dire, à une température
plus élevée de 18° que celle à laquelle l'eau bout,
introduit dans le vide de Torricelli et chauffé
successivement à 55, 65, 70 et 95° F., produisit
dans la colonne mercurielle des dépressions qui
s'accordaient fort bien avec celles produites par
la vapeur aqueuse, à même distance du point
d'ébullition de l'eau pure ».

Les résultats que je viens de présenter, et
qui font connaître la marche régulière de tous
les liquides et de tous les fluides élastiques dans
la progression de l'élasticité qu'elles reçoivent
du calorique, font voir que l'action réciproque de leurs molécules ou ne produit aucun effet ou devient uniforme depuis le terme

auquel on voit cesser l'influence de la force de cohésion ; elle n'est plus modifiée que par l'action du calorique, qui en se combinant au même degré de saturation doit produire des effets qui sont semblables lorsqu'ils sont dégagés de ceux des causes qui agissent en sens contraire.

238. Dalton a examiné une autre suite de phénomènes ; il a déterminé les dilatations que l'air éprouve, lorsqu'il se trouve en contact avec un liquide, selon la tension élastique de ce liquide : « Il a employé, dans cette suite d'expériences, des manomètres composés de tubes droits et cylindriques, scellés hermétiquement à l'une de leurs extrémités, et de $\frac{1}{4}$ de pouce de diamètre intérieur. Ils étaient divisés en parties égales ; on introduisait au fond une goutte ou deux du liquide à soumettre a l'expérience, et après avoir bien desséché le tube en dedans, on y laissait entrer l'air commun, ou tel autre gaz, et on l'enfermait par une colonne de mercure, longue depuis $\frac{1}{10}$ de pouce jusqu'à 30 pouces, selon les circonstances. On plongeait ensuite l'extrémité fermée du manomètre dans de l'eau d'une température donnée, et on observait, par le mouvement du mercure, l'expansion du fluide élastique à raison de cette température.

» On avait préalablement déterminé la dilatabilité de l'air sec ; et ici l'auteur nous annonce

I.   31

en passant, que d'après des expériences dont il sera question dans un essai suivant, l'expansibilité de tous les fluides élastiques est la même, ou à-peu-près, dans les mêmes circonstances. Mille parties de l'un quelconque de ces fluides occupent un volume de 1370 à 1380 parties par 180° F. (80° R.) de chaleur, et cette dilatation se fait selon une marche à-peu-près uniforme.

« Voici la formule simple de la dilatation combinée, dans le cas du mélange de la vapeur au gaz, telle qu'elle résulte de toutes les expériences qu'il a faites entre les températures de la glace et de l'eau bouillante.

» Soit i l'espace occupé par un gaz sec dans une température donnée; p, la pression qu'il éprouve, exprimée en pouces de mercure; f, la force élastique de la vapeur du liquide, dans cette même température et dans le vide : au moment du mélange, une dilatation a lieu, et l'espace occupé par les deux fluides devient bientôt $= \dfrac{p}{p-f}$.

» Ainsi, dans le cas de la vapeur aqueuse mêlée à l'air, par exemple, on a $p = 30$ pouces; $f = 15$ pouces, à la température donnée, (180° F.) alors $\dfrac{p}{p-f} = \dfrac{30}{30-15} = 2$; c'est-à-dire que le volume a doublé.

» Si la température est 203° F., $f = 25$ est sextuplé.

» Si $p = $ 60 pouces, $f = $ 30 pouces, à la température de l'eau bouillante, alors l'espace $= \dfrac{60}{60 - 30} = 2$; c'est-à-dire, que l'eau sous la pression de 60 pouces de mercure, et à la température de l'eau bouillante, produit une vapeur qui double précisément le volume de l'air.

» Si on emploie de l'éther; soit sa température $= 70°$ F. ($17°$ R.) on aura $f = 15$; si l'on suppose $p = 30$, on aura dans ce cas le volume de l'air doublé ».

239. Dalton examine les différentes suppositions que l'on peut faire sur les rapports de deux gaz qui occupent ensemble un espace ; on présente ainsi celle qu'il adopte.

« Les particules de l'un des deux fluides peuvent n'exercer ni attraction, ni répulsion sur celles de l'autre; c'est-à-dire qu'elles seront soumises , dans cette supposition , aux loix des corps élastiques.

» Dans ce cas, si l'on mêle ces deux fluides, ils se distribueront de manière que leurs forces réunies égaleront la pression de l'atmosphère. Chacun des deux ne sera pour l'autre qu'un obstacle qui occupera l'espace laissé vide entre les molécules homogènes; la pression exercée sur une molécule donnée d'un fluide mixte ainsi composé , proviendra exclusivement de l'action répulsive des molécules homogènes.

31..

» L'auteur trouve que cette hypothèse résout toutes les difficultés, dans le cas des mélanges des gaz sans combinaison. Ainsi tous les composants de l'atmosphère, les gaz oxigène, azote, hydrogène, acide carbonique, la vapeur aqueuse, etc., s'arrangent ensemble, sous une pression et une température données ; et par une disposition paradoxale, mais vraie, chacun d'eux occupe tout l'espace destiné à l'ensemble de ces fluides. Ils sont si rares, au demeurant, que l'espace qui les renferme tous ne diffère pas beaucoup du vide.

» Indépendamment des gaz azote et oxigène, les deux composants principaux de l'air atmosphérique, l'auteur regarde la vapeur aqueuse et l'acide carbonique comme deux autres ingrédients constamment mélangés dans ce fluide. Il assigne à ces quatre substances les proportions suivantes.

» Le gaz azote soutiendrait à lui seul 21,2 pouces anglais de mercure dans le baromètre.

» Le gaz oxigène en soutiendrait environ 7,8 ; l'un et l'autre de ces gaz ne changent d'état par aucun réfroidissement connu.

» La vapeur aqueuse varie en quantité, à raison de la température ».

240. Ainsi deux fluides élastiques, de nature différente, n'exercent pas plus d'action réciproque que si l'un était le vide par rapport à l'autre ;

on regarde celui qui occupe le premier espace comme un obstacle que l'on ne fait connaître que par une comparaison inexacte dont je parlerai, mais qui n'agit point sur la force expansive du gaz, et qui n'exerce point d'action chimique, et on n'assigne à cet obstacle qu'une existence momentanée.

Deluc, auquel on doit tant de recherches laborieuses et importantes sur cet objet, n'avait d'abord attribué tous les phénomènes de l'évaporation qu'à l'action du feu; il admit ensuite une force qu'il compara à celle des tubes capillaires, laquelle introduisait les molécules d'un fluide élastique (1) entre celles d'un autre, jusqu'à ce qu'il y eût équilibre entre l'action et la réaction, ce qui est au fond une manière de désigner l'affinité; mais ni lui, ni les physiciens qui ont suivi son opinion, n'avaient imaginé qu'un gaz dût être considéré à l'égard d'un autre, comme privé d'action mécanique ou comme le vide. Il faut donc opposer de nouvelles observations à une opinion à laquelle des résultats bien saisis et très-intéressants doivent donner de l'importance.

Je remarquerai d'abord que dans l'hypothèse que j'ai choisie, c'est-à-dire, en admettant que la vapeur élastique prend, par l'action d'un gaz,

_____

(1) Trans. philos. 1793.

les propriétés d'un gaz permanent, les phénomènes qui viennent d'être exposés s'expliquent
d'une manière naturelle : je prends pour exemple
le cas où la tension élastique d'un liquide étant
15, et la pression 30, le liquide est contenu
dans un espace avec un volume d'air, en produisant les effets manométriques (166), et où
le gaz composé passerait ensuite à l'état qu'il
aurait dans l'atmosphère sous une pression de
30, et toujours en contact avec le liquide ; dans
le manomètre, l'air éprouve une pression de
45 degrés, son volume doit donc diminuer dans
le rapport de 45 à 30, mais il doit se dilater
dans le même rapport, lorsqu'il passe à une
pression de 30 : la vapeur élastique doit éprouver
une dilatation semblable, et acquérir une légèreté spécifique correspondante ; mais le volume
étant augmenté par la dilatation de l'air, il doit
se former une nouvelle vapeur correspondante
à l'augmentation de l'espace : ces trois causes
réunies doivent donner précisément pour résultat
un volume double de celui que l'air avait ; en
effet, si l'on introduit dans un espace de l'air
sec à 30 de tension, de manière qu'il puisse se
dilater, et si l'on y place un liquide qui a 15 de
tension, il suit, du principe établi sur l'observation, qu'une vapeur élastique qui se forme est en
même quantité dans un espace qui est vide ou qui
est rempli par l'air ; que la vapeur occupera la

moitié de l'espace où l'air était contenu ; il faudra donc qu'une moitié de celui-ci en sorte , mais elle exigera un nouvel espace , égal à celui de la première moitié, et qui se trouvera dans la même circonstance; il devra donc se former une quantité de vapeur égale à la première , et le volume sera doublé conformément à la formule de Dalton.

Cependant, comme on le verra bientôt , il n'est pas indifférent de préférer une hypothèse physique qui s'accorde avec les propriétés desquelles dérivent les phénomènes , à une autre qui ne peut qu'en représenter les résultats : je dois donc discuter la supposition sur laquelle Dalton établit ses explications.

1°. Il n'est point de l'essence des gaz d'être privés d'action réciproque ; le gaz nitreux et le gaz oxigène , le gaz ammoniaque et le gaz muriatique , le gaz muriatique oxigéné et le gaz hydrogène sulfuré ou phosphuré n'entrent-ils pas en combinaison , ou ne se décomposent-ils pas très-facilement par leur action réciproque?

2°. Le gaz hydrogène et le gaz oxigène forment de l'eau dans une circonstance donnée ; le gaz azote et le gaz oxigène peuvent aussi produire l'acide nitrique ; mais l'action réciproque qui décide les combinaisons ne peut être considérée comme une force qui prend naissance à l'époque précise où elle se manifeste , elle a dû exister long-temps avant que de produire son effet, et s'accroître peu-à-peu jusqu'à ce qu'elle soit devenue prépondérante.

3°. Le gaz azote se conduit avec le gaz oxigène dans les changements occasionnés par la température et par la pression, précisément comme un seul et même gaz ; faut-il avoir recours à une supposition qui oblige à admettre une si grande différence d'action que rien n'indique ?

4°. Lorsqu'un gaz est mêlé avec un autre qui a une grande différence de pesanteur spécifique, par exemple, lorsque le gaz hydrogène est superposé au gaz acide carbonique, ce n'est qu'après quelques jours que le mélange devient uniforme : si le premier n'offrait à l'acide carbonique qu'un espace vide, celui-ci devrait s'y élancer avec rapidité; mais, dira-t-on, le gaz hydrogène présente un obstacle qu'il faut surmonter ? si cet obstacle est une force mécanique, il faut que l'action élastique devienne plus puissante que lui; mais alors l'un et l'autre gaz doivent continuer d'agir réciproquement par leur élasticité.

5°. Si un gaz n'offre à une vapeur qui se forme, que des espaces qu'on doit regarder comme vides, et s'il ne lui oppose qu'une résistance que l'on compare à celle du gravier, qui laisse passer l'eau à travers ses interstices, il ne pourra que retarder la formation de la vapeur, comme on l'avance; mais le volume qu'il occupe ne doit point changer, et cependant celui de la vapeur s'ajoute en entier au sien ; on dit qu'alors il se dilate, parce qu'il supporte une moindre partie de la compression. Ce partage d'une même compression de l'atmosphère a-t-il quelqu'analogie avec une propriété physique déjà connue ? Peut-on concevoir une substance élastique qui ajoute son volume à celui d'une autre, et qui cependant n'agit point sur elle par sa force expansive ?

241. Ce qui a porté Dalton a rejeter l'affinité chimique entre les gaz, c'est que dans l'action de l'affinité *il y a pénétration réciproque, dégagement de calorique, changement dans les densités, et les phénomènes sont essentiellement différents de ceux du mélange simple.*

Ces effets de l'affinité ne peuvent être contestés, lorsqu'elle est assez énergique pour les produire, ou lorsqu'ils ne sont pas déguisés par des effets contraires ; mais il arrive souvent que son action est trop faible, pour causer un changement de dimension ou de température, ou même des causes plus puissantes ne laissent paraître qu'un effet contraire.

Le mercure qui adhère à la surface d'une masse métallique, y exerce bien une action, et cependant il ne produit pas de changement de dimensions : si la cohésion ne s'y opposait, il dissoudrait complétement le métal par la même force qui le fait adhérer à sa surface.

Un sel ne se dissout dans l'eau qu'au moyen

d'une action chimique, et bien loin qu'il y ait diminution de volume, il y a dilatation, et au lieu d'y avoir dégagement de calorique, il s'en fait une absorption (142).

Cette dissolution d'un sel a des rapports frappants avec celle d'un liquide par l'air : à une température donnée, il ne peut y avoir qu'une quantité déterminée du sel qui se dissolve ; si l'on diminue la quantité de l'eau, et par là son volume, une portion du sel correspondante à cette diminution se dépose, la force de cohésion opère alors ce que la disposition à la liquidité fait dans la dissolution d'un liquide par un gaz : la chaleur produit encore un effet analogue dans l'une et l'autre : la comparaison que Leroi a faite de ces dissolutions eût été exacte s'il eût pris en considération, comme l'a fait Saussure, la gazéité qu'acquiert le liquide en prenant l'état de vapeur.

242. Dalton conteste cette assertion de Lavoisier, que la pression atmosphérique seule maintient l'eau à l'état liquide, dans la température ordinaire : « Si, dit-il, l'on anéantissait tout-à-coup l'atmosphère aérienne, en ne laissant subsister que sa portion aqueuse, celle-ci ne s'augmenterait que peu, parce qu'elle existe déjà dans l'air, à-peu-près au maximum de ce que peut produire et entretenir la température : seulement la suppression de l'obstacle

accélérerait l'évaporation , sans en augmenter bien sensiblement la quantité absolue.

» Cette notion que la pression empêche l'évaporation des liquides , notion qui fait axiôme chez les physiciens modernes, a produit peut-être plus d'erreur et de perplexité dans la science qu'aucune autre opinion également mal fondée ».

L'observation de Dalton ne me paraît pas juste, et par une conséquence de son opinion, il me semble qu'il est conduit à une idée fausse sur la quantité de vapeur qui se formerait par la suppression de l'atmosphère , et celle qui peut se dissoudre dans l'atmosphère,

En examinant les effets de la compression de l'atmosphère, opposée à l'action du calorique, Lavoisier remarque que sans elle *les molécules s'éloigneraient indéfiniment, sans que rien limitât leur écartement, si ce n'est leur propre pesanteur qui les rassemblerait pour former une atmosphère* (1)

Il décrit ensuite les observations qu'il a faites avec Laplace , sur la vaporisation de l'éther et de l'alcool dans le vide et sur la force élastique de la vapeur qui croît selon la température , et qui réduit le liquide en fluide élastique, lorsque sa tension devient plus grande que la compression de l'atmosphère : je ne vois

_____

(1) Traité élém. de Chim. Ire. part. p. 8.

dans ces idées rien qui ne soit conforme aux phénomènes.

En effet, si l'on exécute une distillation en empêchant l'accès de l'air ; et en réfroidissant le récipient, on supprime par le réfroidissement la plus grande partie de la résistance de la vapeur élastique, qui par là continue à se reproduire et à se condenser : on vérifie le principe que sans la compression de l'atmosphère aérienne ou de celle qui se forme, les liquides passeraient à l'état élastique.

L'observation a fait voir que la quantité de vapeur élastique était la même dans un espace vide ou dans le même espace occupé par l'air saturé d'humidité, au même degré de température : il faut conclure de là que la quantité de vapeur élastique qui se forme dans l'atmosphère, est différente de celle qui serait produite si l'atmosphère était supprimée ; dans le premier cas, en supposant un degré de température uniforme, la quantité d'eau contenue dans un même espace à la partie supérieure de l'atmosphère, ou à la partie inférieure serait la même, indépendamment des différences de compression ; cet effet du moins aurait lieu, jusqu'à ce que l'action chimique de l'air fut devenue inférieure à l'effet du poids de la vapeur elle-même. La diminution de la compression n'agirait que sur la quantité de l'air qui serait diminuée par là pendant que celle de la vapeur élastique resterait la même ; ainsi, à 14 pouces de pression, un pied cube d'air n'aurait que la moitié de l'air qu'il a à une pression de 28 pouces ; mais la quantité d'eau serait la même à la même température, et au même degré de saturation, d'où il résulte que les variations du baromètre qui sont dues à celles de l'humidité de l'atmosphère, peuvent être beaucoup plus grandes que ne l'ont cru Saussure, §. 228, et Deluc (1).

Dans le second cas, il ne pourrait se former qu'une quantité de vapeur déterminée par sa pesanteur ; ainsi, à 10 degrés du thermomètre, la quantité de vapeur répandue dans tout l'espace atmosphérique ne pourrait surpasser celle qui équivaut à la pesanteur de 0,4 pouce de mercure.

Comme la quantité d'eau qui peut être tenue en dissolution par les gaz est la même pour tous, et comme elle est proportionnelle à leur volume et à leur température, l'état de dessication et d'humidité peut produire des variations considérables dans ceux qui ont peu de pesanteur spécifique : ainsi lorsque le gaz hydrogène à 10 degrés est saturé d'humidité, l'eau qu'il tient en dissolution en forme à-peu-près le dixième, et à 16 degrés elle en fait près du sixième.

(1) Ann. de Chim. tom. VIII.

243. C'est à la propriété, que les gaz possèdent, de dissoudre l'eau, qu'est due l'évaporation : un volume d'air sec prend, pour se saturer, la même quantité d'eau qui remplirait dans le vide l'espace occupé par l'air saturé ; il reçoit par là un accroissement de tension égal à celle de la vapeur ; la seule différence qu'il y ait, c'est que l'évaporation se ferait plus rapidement dans le vide ; mais elle s'arrêterait lorsque la vapeur formée aurait acquis la tension qu'elle ne peut passer à une température déterminée ; l'air au contraire, en se renouvelant, présente à l'eau de nouveaux espaces à remplir ; de sorte que l'effet total de l'évaporation est beaucoup plus grand, et il l'est d'autant plus que l'air se trouve plus éloigné du degré de saturation, et plus échauffé : pendant que les circonstances ne varient pas, on voit que les quantités de liquide qui s'évaporent, doivent être proportionnelles à la tension déterminée par la température. Dalton a non-seulement confirmé, par des expériences d'un grand intérêt, le rapport de la quantité d'un liquide qui subit l'évaporation à différents degrés de température avec la tension qu'il a à ces degrés ; mais il a fait voir encore que les liquides tels que l'eau, l'alcool et l'éther, ne différaient à cet égard entre eux que par la distance à laquelle ils se trouvaient du degré de eur ébullition particulière ; de sorte qu'à

une même distance de ce terme, la quantité de leur évaporation se trouve égale.

Lorsqu'une fois l'eau est parvenue à l'ébullition, sa vapeur, pendant qu'elle conserve sa température, ne se mêle avec l'air que comme un gaz; mais elle reprend l'état liquide, ou par une augmentation de compression, la température restant la même, ou par un refroidissement, la compression étant la même.

Dalton a éprouvé que la vaporisation produite par une chaleur maintenue au *minimum* nécessaire à l'ébullition, pouvait être augmentée par l'agitation de l'air; ce qui fait voir qu'alors, outre la vaporisation, l'air peut encore agir par son action dissolvante, et que par conséquent le résultat se compose de l'évaporation et de la vaporisation; mais il y a apparence que lorsque l'ébullition est forte, l'air ne peut plus agir par son contact, et qu'alors l'effet est entièrement dû à la vaporisation.

244. La distillation participe aux effets de la vaporisation ou de l'évaporation, selon le degré de température.

Si le liquide que l'on distille est en ébullition, c'est la vapeur qui se forme; lorsque la tension est devenue égale à la pression de l'atmosphère, elle chasse l'air qui se trouve dans le récipient, et en se condensant par le froid, elle fait place à la nouvelle vapeur.

Si la chaleur est inférieure à celle de l'ébullition, le liquide ne prend pas une tension qui
puisse contrebalancer la compression de l'atmosphère; à moins donc que la distillation ne
se fasse dans un appareil vide, il ne se formera de la vapeur que par l'intermède de l'air,
et pour qu'il y ait quelque distillation, il faudra
qu'il s'établisse un courant; l'air qui acquerra
une plus grande tension par l'accession de la
vapeur, se dilatera et poussera devant lui l'air
qui n'a pas reçu de vapeur; il s'établira un
courant qui ramènera l'air qui aura été obligé
d'abandonner une partie de sa vapeur par le
refroidissement, comme nous avons vu qu'il
s'en formait un dans la dissolution des sels (228).

Fontana a publié des expériences curieuses,
qui prouvent que l'expulsion de l'air ou la circulation de celui qui tient des vapeurs en dissolution est nécessaire pour que la distillation
puisse s'opérer (1), même au degré de l'ébullition qui alors n'a pas lieu.

Il a fait communiquer deux matras par un
tube scellé hermétiquement, il a placé de l'eau
dans l'un des deux, puis il lui a fait subir long-
temps la chaleur de l'ébullition, et il ne s'est point
fait de distillation : l'éther tenu pendant vingt-
quatre heures à une chaleur de 5o degrés de

(1) Journ. de Phys. 1779.

Réaumur, pendant que l'autre matras était environné de glace, n'a également point subi de distillation. La compression qui résulte du premier effet de la vapeur qui se dissout, s'oppose à ce qu'il s'en produise de nouvelle ; mais si l'espace était vide, la distillation aurait lieu par la plus faible température, ainsi que le remarque Saussure.

Fontana conclut de ses expériences, que l'évaporation n'est pas due à l'action seule du feu sur un liquide ; *car si la chose était ainsi, l'eau pénétrerait à travers l'air, quoique renfermée, comme le feraient tous les autres corps, qu'une impulsion quelconque pousserait contre ce dernier fluide.*

Dalton prétend « que la présence de l'atmos-
» phère est un obstacle, non à la formation,
» mais à la diffusion de la vapeur, diffusion
» qui aurait lieu instantanément comme dans
» le vide, si les molécules de l'air ne s'y oppo-
» saient par leur inertie. Cet obstacle est écarté
» en proportion de la force absolue de la va-
» peur : il ne provient pas de la pression ou
» du poids de l'atmosphère, ainsi qu'on l'a sup-
» posé jusqu'à présent ; car si cela était, aucune
» vapeur ne pourrait se former au-dessous du
» degré de l'ébullition ; mais c'est un obstacle de
» rencontre analogue à celui qu'éprouve un cou-
» rant d'eau qui descend au travers du gravier ».

L'éditeur, dont Dalton a adopté en cela l'opinion déjà ancienne, ajoute : « la comparaison
» serait plus juste encore, si l'on suppose de
» l'eau qui, remontant pour atteindre son ni-
» veau, traverse une couche de gravier ; la
» pression de ce gravier est en entier supportée
» par sa base ; et l'eau qui se distribue en
» montant dans les interstices qu'elle rencontre,
» n'en éprouve aucun effet ; seulement elle est
» gênée dans son ascension, selon qu'elle trouve
» moins ou plus de place pour se loger ».

Dans les expériences de Fontana, toute la
place est prise par le gravier ; il n'y a pas seulement obstacle à la diffusion, mais à la production de la vapeur.

Peut-on comparer l'obstacle que des molécules
dures et inflexibles opposent au passage d'un
liquide incompressible, à celui de molécules élastiques ? Cet obstacle mutuel ne doit-il pas s'opposer à l'effort expansif de l'un et de l'autre : par
là même un fluide élastique ne peut être semblable au vide à l'égard d'un autre, après la diffusion, et le partage entre eux d'une compression commune est une supposition gratuite.

Si un gaz se plaçait dans les interstices d'un
autre, comme dans le vide, il n'y aurait aucune
augmentation de volume, lorsque la vapeur
aqueuse ou éthérée s'unit à l'air ; mais il y en a une
qui est proportionnelle à la quantité de vapeur

qui s'ajoute ; l'air humide devrait être spécifiquement plus pesant que l'air ; mais il est spécifiquement plus léger, ainsi que l'avait déjà remarqué Newton. Une table par laquelle Dalton a prétendu représenter comment différentes molécules gazeuses pouvaient se loger dans un même espace, n'est donc qu'un tableau d'imagination.

245. Tous les liquides ont la propriété de se dissoudre dans l'air, tous ont une tension plus ou moins grande dans le vide ; mais les phénomènes changent lorsque deux liquides exercent une action mutuelle ; soit lorsqu'ils sont l'un et l'autre dans l'état liquide, soit lorsque l'un des deux est en vapeur élastique.

L'acide sulfurique concentré ne paraît point se dissoudre dans l'air humide ; mais il s'empare de l'humidité, et il la partage selon la force qu'il exerce sur la vapeur aqueuse, et selon la force dissolvante de l'air : ces deux forces peuvent se trouver en équilibre ; mais il est facilement rompu par une légère différence de température ; de sorte que l'acide qui prend de l'eau à une température, en cède à une autre : il paraît que ce n'est que lorsque l'air est très-sec et l'acide très-concentré, que celui-ci pourrait agir par sa tension, et se dissoudre dans l'air en raison de cette tension.

Un phénomène analogue a lieu, lorsque l'on soumet à la distillation deux liquides inéga-

lement évaporables, par exemple, l'eau et l'acide
sulfurique; quand la proportion de l'eau est
grande, elle passe d'abord seule à la distillation : mais il en distille une moindre quantité que si elle n'était pas retenue; sa tension est
diminuée de l'effet de l'action que l'acide sulfurique exerce sur elle : le degré de son ébullition est éloigné, comme nous avons vu dans
les expériences de Dalton, qu'il l'était par le
muriate de chaux. Enfin on parvient à un terme
où la tension que reçoit l'acide sulfurique lui-
même par la chaleur, l'emporte sur l'action par
laquelle il tend à retenir l'eau ; alors celle-ci
lui communique de sa volatilité, et produit un
effet contraire au précédent : l'acide sulfurique
passe donc, en plus grande quantité, à une
chaleur donnée, que s'il était dépourvu d'eau.

Cet effet de l'action mutuelle de deux liquides
se remarque également lorsque l'on soumet
deux liquides différemment évaporables dans le
vide de la colonne barométrique ; un mélange
d'éther et d'alcool déprime moins cette colonne
que l'éther seul.

Si donc l'on soumet à la distillation un mélange d'alcool et d'éther, il faut une température plus élevée pour produire le même effet
sur l'éther que s'il était seul ; dès qu'il passe
à la distillation, sa vapeur permet non-seulement à l'alcool de fournir sa part en raison de

sa propre tension ; mais elle avance le terme de son ébullition, et la quantité d'alcool qui passe avec lui, est plus grande que s'il n'obéissait qu'à la tension qu'il doit avoir à la même température, d'où il résulte que l'on ne peut obtenir, par la distillation, un éther qui soit absolument privé d'alcool, à moins qu'on n'ajoute une substance qui puisse, par son action, retenir l'alcool.

C'est ce que l'on fait, au moyen de l'eau qui n'a qu'une très-faible action sur l'éther, mais qui en a une plus énergique sur l'alcool ; de là vient que si l'on fait passer, dans le vide baro-métrique, de l'éther ordinaire, c'est-à-dire, tenant de l'alcool ou une liqueur plus soluble dans l'eau que l'éther, sa tension augmente lorsque l'on y introduit un peu d'eau, de même que si l'on ajoutait un alcali à l'acide sulfurique qui retient de l'eau ; c'est ainsi qu'une base fixe rétablit la propriété élastique de celle qui est volatile, lorsqu'elle partage avec elle l'action qu'elle exerçait sur un acide (150).

L'on avait présenté cette action de l'eau sur l'éther, comme un phénomène inconciliable avec les lois de la dilatation des vapeurs(1) ; mais ayant engagé Gay Lussac à examiner cet objet, il l'a facilement éclairci, et il a consigné les résultats de ses expériences dans une note que je joins ici. (*Note XVII.*)

(1) Ann. de Chim. tom. XLIII.

~~~~~~

CHAPITRE II.

Des parties élémentaires de l'air atmosphérique.

246. L'AIR concourt, par les combinaisons qu'il forme, à un si grand nombre de phénomènes chimiques, qu'il est important d'avoir une idée précise des parties qui le composent, des proportions dans lesquelles se trouvent ses éléments, soit dans l'état naturel, soit dans les différents produits des opérations chimiques et des méthodes par lesquelles on détermine ces proportions.

Le gaz oxigène et le gaz azote qui entrent dans la composition de l'air atmosphérique n'exercent que cette action mutuelle qui produit l'espèce de combinaison que j'ai distinguée particulièrement dans les fluides élastiques par le mot de dissolution ; et qui ne porte aucune atteinte aux dimensions propres à chaque espèce de gaz.

Cette action suffit pour surmonter la résistance qu'oppose la pesanteur spécifique ; de sorte qu'un fluide élastique, qui résulte de différents gaz qui se dissolvent mutuellement, a une pesanteur spécifique uniforme et déterminée

par la proportion de ces gaz et par la compression qu'ils éprouvent à une certaine température ; de là vient que, même sur la cîme
du Mont-Blanc, l'air atmosphérique contient
de l'acide carbonique (1), et peut-être en même
proportion qu'au niveau de la mer ; cependant
la différence de pesanteur spécifique peut limiter
les quantités qui peuvent se dissoudre ; par là
s'expliquerait la plus grande proportion d'azote
que l'on admet, d'après l'observation de Saussure, à la hauteur des cîmes élevées des montagnes ; mais on peut encore avoir, sur l'observation de ce célèbre physicien, quelque
doute fondé sur l'inexactitude des moyens eudiométriques, qui étaient adoptés alors avec confiance ; et le fils qui marche avec tant de succès
sur ses traces, m'a confirmé lui-même ce doute
par des observations postérieures qu'il a faites ;
d'ailleurs les différences indiquées étaient très-
petites, établies sur un petit nombre d'observations qui n'avaient pas même été constantes,
et l'on en trouvait de pareilles entre l'air de
Genève et celui des plaines du Piémont ; or,
nous verrons combien est douteuse cette dernière différence.

Dans la simple dissolution de l'eau et des autres
liquides par l'air, celui-ci agit sur la vapeur

_____

(1) Voyage dans les Alpes, tom. VIII, édit. in-8°.

comme sur un gaz, sans éprouver lui-même aucun changement dans ses proportions ; mais l'eau qui le dissout et qui agit par une masse beaucoup plus considérable, paraît opérer en partie cette décomposition ; car celle qui est exposée librement à l'atmosphère, s'imprègne d'un air plus pur ou dans lequel la proportion de l'oxigène est plus grande que dans l'air atmosphérique, et quand elle a dissous du gaz azote, elle en abandonne une partie pour prendre du gaz oxigène à sa place ; de là vient que le gaz oxigène, exposé long-temps sur une quantité considérable d'eau, s'altère, à moins que la lumière ne l'oblige à garder son état élastique, ou ne le lui rende.

247. Il y a des substances qui exercent une action beaucoup plus puissante sur le gaz oxigène, et qui surmontent et la force de son élasticité et l'action du gaz azote, pour former avec lui des combinaisons intimes.

On s'est servi de cette propriété que plusieurs substances ont de soustraire le gaz oxigène à l'air atmosphérique, en laissant l'azote dans l'état élastique, pour déterminer les proportions de gaz azote et de gaz oxigène qui forment l'atmosphère, ou qui entrent dans les produits des opérations chimiques : on a donné le nom d'eudiomètres aux moyens qui ont été employés, en comprenant sous cette dénomination et la substance qui se combine avec l'oxigène, et l'appareil dont on se sert pour mesurer l'effet qu'elle produit; mais les chimistes ne sont pas d'accord sur le choix de ces moyens, et sur les conséquences qu'on doit en tirer.

On peut distinguer les eudiomètres en deux espèces : dans les uns on fait agir un volume déterminé d'une substance gazeuse sur un volume aussi déterminé d'air atmosphérique : une partie de la substance gazeuse, en s'unissant avec l'oxigène de l'air atmosphérique, forme une combinaison soluble par l'eau, et dont le volume est soustrait par là : la diminution sera d'autant plus grande, que la quantité d'oxigène aura été plus considérable; on pourrait donc, par ce moyen, comparer les quantités d'oxigène qui se trouvent dans différents gaz, si elles étaient proportionnelles aux diminutions; mais il n'est pas propre à déterminer la quantité absolue d'oxigène qui existait, à moins qu'on ne connaisse exactement, dans quelle proportion il se combine avec la substance gazeuse qui perd son état élastique avec lui.

Dans la seconde espèce d'eudiomètre, l'oxigène se combine avec une substance oxigénable, solide ou liquide; alors le résidu est le gaz azote qui est pur, ou du moins qui ne reçoit par la combinaison qu'il peut éprouver qu'un changement que l'on peut évaluer; et l'on parvient immédiatement à la détermination de la quantité absolue des deux parties de l'air atmosphérique. Cet apperçu paraît indiquer la préférence que l'on doit donner à ces derniers moyens; cependant examinons avec plus de détails les avantages et les inconvénients qui peuvent appartenir aux uns et aux autres.

248. On doit à Priestley l'idée ingénieuse de mesurer la pureté de l'air par la diminution qu'y produit le gaz nitreux, et l'on a reconnu ensuite que cette diminution dépend de la proportion de gaz oxigène qu'il contenait. Fontana imagina un appareil pour rendre cette épreuve exacte, et le procédé a depuis été désigné le plus ordinairement sous le nom d'eudiomètre de Fontana.

Cet eudiomètre a d'abord le désavantage de donner des variations assez considérables dans ses résultats, selon l'agitation, la température, la proportion, les qualités de l'eau, et les dimensions de l'appareil, ainsi que l'ont remarqué Fontana, et sur-tout Inghenouze: Cavendish a cherché à prévenir ces causes d'incertitude, en fesant parvenir le gaz nitreux dans l'air bulle à bulle, et en établissant une parfaite égalité dans toutes les parties du procédé (1); mais on doit conclure de ses observations, que si

(1) Trans. philos. 1783.

l'on ne porte son attention sur toutes les circonstances, ainsi qu'il a fait, on ne peut plus tirer des épreuves aucun résultat comparatif : de là vient une grande incertitude et beaucoup de discordance dans les observations qui ont été faites par ce moyen.

Cavendish a sur-tout constaté avec exactitude quelques-unes des causes qui font varier les résultats : selon ses observations, lorsqu'on ne remue pas le vase dans lequel on fait le mélange de gaz nitreux et d'air, la diminution est plus lente et plus faible que lorsqu'on l'agite : la différence est comme 99 à 108. Celle qui provient du temps employé pour introduire par bulles un gaz dans l'autre, est encore plus grande : l'eau distillée produit une plus grande diminution que celle qui ne l'est pas, et l'eau qui a été en contact avec le gaz nitreux, une plus petite que celle qui ne l'a pas été : si l'eau contient de l'oxigène, elle cause une plus grande diminution que si elle a été quelque temps en contact avec le gaz azote : lorsque l'on fait passer l'air dans le gaz nitreux, la diminution est plus grande qu'avec la manœuvre contraire, dans le rapport de 108 à 90. Nous examinerons dans la suite la cause de ces différences.

Ce qui mérite d'être remarqué, c'est que la diminution n'a pas varié sensiblement dans les expériences de Cavendish, soit que le gaz nitreux fût impur ; soit qu'il fût sans mélange , pourvu qu'une quantité suffisante fût employée. Fontana avait déjà fait la même observation. On voit par là combien sont inutiles les mesures qu'a prescrites Humbold, pour déterminer la quantité de gaz azote qu'il supposait se trouver toujours dans le gaz nitreux , dans le but de déduire les proportions d'oxigène et de gaz nitreux qui se combinent et produisent la diminution ; la séparation du gaz azote se fait bien par le moyen du sulfate de fer qu'il a indiqué ; mais l'existence du gaz azote dans le gaz nitreux est accidentelle, et celle est étrangère à l'absorption (1). Les expériences exactes de Davy ont fait voir que le gaz nitreux, retiré par un procédé semblable à celui de Humbold, ne laisse presque pas de résidu lorsqu'on le fait absorber par le sulfate de fer , épreuve sur laquelle s'appuyait Humbold, pour prouver la co-existence de cet azote : son absorption est aussi à-peu-près totale par le gaz muriatique oxigène (2).

Parmi les observations de Cavendish, il y en a une dont il ne pouvait, à l'époque où il la fit, indiquer la véritable explication : il a trouvé que, pendant que le gaz nitreux, retiré par le moyen du mercure, du cuivre ou du laiton,

(1) Ann. de Chim, tom. XXVIII.

(2) *Ibid*, tom. XXXIX.

produisait des diminutions égales, celui qu'il formait, par le moyen du fer, donnait une diminution plus grande, quoique, lorsqu'il était employé en petite proportion, la diminution se trouvât moindre : il me paraît que ces effets dépendent d'une portion de gaz oxide d'azote qui se trouve unie au gaz nitreux qui est produit par le fer, mais qui s'absorbe dans l'eau sans agir sur le gaz oxigène, et celui qu'on obtient par les autres moyens indiqués, s'en trouve privé.*

Si les résultats qu'on peut obtenir, en évitant exactement toutes les causes d'erreur, peuvent être comparables entre eux, ils ne le sont plus avec ceux des épreuves qui n'ont pas été faites avec le même soin, et avec la même méthode. De plus, ils cessent de l'être pour des proportions très-différentes d'oxigène et d'azote ; car Humbold a observé lui-même que le gaz oxigène isolé produit proportionnellement une plus grande diminution, que lorsqu'il entre dans la composition de l'air atmosphérique.

Enfin cette méthode, par laquelle on peut parvenir à comparer différents airs, lorsque aucune attention n'a été négligée, ne fait pas connaître la proportion d'oxigène et d'azote qui se trouve dans l'air qu'on éprouve ; ou si l'on veut la conclure, on rencontre de nouvelles causes d'incertitude, et les données que l'on

STATIQUE CHIMIQUE.

adopterait ne pourraient être employées que pour la méthode dont on fait usage, puisque la diminution de volume varie, comme on vient de le voir, selon les circonstances du procédé.

249. L'épreuve que l'on fait par la combustion du gaz hydrogène, et qui est connue sous le nom de Volta, auquel on doit l'appareil par lequel on l'exécute, a beaucoup plus de précision que la précédente, et elle a l'avantage de faire connaître la proportion de gaz oxigène, qui est réduite en eau par la détermination exacte des proportions des éléments de l'eau, que l'on a obtenue dans les opérations faites sur de grandes quantités, et avec toute la précision qui peut être portée dans les expériences chimiques.

Il est difficile de concevoir pourquoi l'on s'est livré à tant de soins pour perfectionner l'usage du gaz nitreux dans lequel on reconnaissait beaucoup de causes d'erreur, et dont on ne pouvait conclure les proportions du gaz oxigène, pendant que l'on possédait une méthode qui avait le double avantage, d'avoir moins d'incertitude, et d'indiquer les proportions.

Cependant l'eudiomètre de Volta, qui a beaucoup de précision avec le gaz oxigène qui ne contient que peu de gaz azote, a l'inconvénient de ne pas produire la combustion de tout le gaz oxigène, lorsqu'il se trouve confondu avec une grande quantité de gaz azote, comme dans l'air atmosphérique : si même il ne se trouve qu'une petite proportion de gaz oxigène, l'inflammation n'a pas lieu : on peut parer à ce dernier inconvénient, en ajoutant une quantité connue de gaz oxigène qui détermine la combustion de celui qui préexistait, et en divisant le résultat ; cependant il y a toujours une portion de gaz oxigène qui échappe à la combustion, comme le fait voir le résidu qu'on obtient par le procédé de Monge pour la formation de l'eau ; car ce résidu contient du gaz oxigène et du gaz hydrogène qui ont résisté à la combustison, parce qu'ils se sont trouvés mêlés à une trop grande quantité de gaz azote et de gaz acide carbonique.

250. Un grand nombre de substances ont la propriété de se combiner avec l'oxigène, sans qu'il s'en dégage aucun gaz, et sans absorber le gaz azote, et peuvent par conséquent servir à reconnaître la quantité d'oxigène qui se trouve dans un gaz ; mais il faut choisir celles qui agissent avec une force assez grande pour que l'absorption ne soit pas d'une trop longue durée, et qu'elles puissent enlever à l'azote tout l'oxigène qu'il tend à retenir par une force croissante : ces moyens eudiométriques ont l'avantage d'indiquer directement la proportion d'oxigène qui se trouve dans un gaz quelqu'il soit,

pourvu qu'il y soit en simple dissolution : il faut discuter la préférence que quelques-uns méritent.

Les sulfures d'alcali dissous dans une petite quantité d'eau, me paraissent avoir cette propriété à un haut degré, et ils n'exigent qu'un appareil très-simple ; un tube gradué avec exactitude suffit. Le mélange de soufre et de limaille de fer agit avec plus de promptitude ; mais son action a deux causes d'incertitude : lorsque le gaz oxigène est absorbé, il peut, comme l'a fait voir Priestley, se dégager du gaz hydrogène sulfuré, ou peut-être les deux effets sont simultanés, et Macarty (1) attribue à cette cause la diminution un peu moins grande qu'il a obtenue en employant ce mélange, que lorsqu'il s'est servi d'un sulfure d'alcali : en second lieu, il se produit un peu d'ammoniaque, comme il résulte des observations de Kirwan et d'Austin. C'est probablement cette cause qui a pu augmenter la diminution dans les expériences de Schéele, qui a indiqué cet eudiomètre, et qui a conclu de ses expériences, que l'air atmosphérique contenait 0,27 de gaz oxigène.

Un sulfure d'alcali dissous dans une petite quantité d'eau, n'a point ces inconvénients ; dès que le gaz oxigène est absorbé, son action

(1) Journ. de Phys. tom. LII.

cesse, et le résidu n'éprouve plus de diminution, ce qui prouve qu'il n'a point d'action sur l'azote ; cependant Macarty prétend que le sulfure absorbe une portion d'azote, et que ce n'est que lorsqu'il en est saturé, que son action est bornée à la condensation du gaz oxigène ; il assure même avoir fait absorber, par un sulfure de chaux récent, la moitié de l'azote que contenait un petit volume d'air atmosphérique. Pour moi, je n'ai pas observé la plus petite différence dans la diminution produite par un sulfure récent, ou par le même sulfure qui avait été agité avec l'air atmosphérique ; mais je n'ai fait mes épreuves qu'avec les sulfures de potasse et de soude : on peut donc employer ces derniers sulfures, sans aucune crainte d'erreur.

Les sulfures d'alcali ont cependant l'inconvénient d'exiger un temps assez long pour que leur opération soit achevée ; temps qu'il faut prolonger pour être assuré qu'elle est terminée, parce qu'aucun autre indice que la diminution du volume du gaz n'annonce sa fin ; mais on peut l'abréger par l'agitation.

251. Le phosphore pour lequel Achard, Reboul et Séguin ont imaginé des appareils, produit instantanément son effet par sa vive combustion ; mais son action est tumultueuse, et peut facilement entraîner des accidents.

La combustion lente du phosphore a l'avantage d'être beaucoup plus expéditive que l'action des sulfures, et d'indiquer la fin de l'opération, parce que le nuage qui l'accompagne et qui est lumineux dans l'obscurité, disparaît; mais pendant que le phosphore absorbe l'oxigène, l'azote dissout du phosphore, ou plutôt l'oxigène se combine successivement avec le phosphore qui avait été dissous par l'azote, et celui-ci reste saturé de phosphore qui a pris l'état élastique, d'où résulte une augmentation dans le volume de l'azote; cette augmentation est indifférente lorsqu'on veut simplement comparer l'état de deux airs; mais elle exige une correction, si l'on veut déterminer la quantité du gaz oxigène par celle du résidu : l'expérience m'a appris qu'il fallait retrancher $\frac{1}{40}$ du volume du dernier.

Davy a proposé un autre moyen eudiométrique, qui est le sulfate ou le muriate de fer imprégné de gaz nitreux (1) : cette dissolution, sur-tout celle par le muriate de fer, opère l'absorption du gaz oxigène dans quelques minutes; mais il avertit qu'il faut saisir le moment de la plus grande diminution, parce que le gaz nitreux est décomposé en partie, et qu'à mesure que le sel de fer devient plus oxidé, il se dégage et du gaz nitreux et du gaz azote.

252. Il est important, pour l'évaluation com-

(1) Bibl. Britan. tom. XVII.

plète d'un grand nombre de phénomènes, de connaître, avec toute la précision à laquelle on peut parvenir, quelles sont les proportions d'oxigène et d'azote qui entrent dans la composition de l'atmosphère, et quelles variations elles peuvent subir : les chimistes, qui s'étaient d'abord flattés de pouvoir comparer les propriétés vitales de l'air atmosphérique, se sont beaucoup occupés de cette recherche, et quoiqu'on ait bientôt perdu l'espérance qu'on avait conçue, relativement à la salubrité de l'air, on a cru appercevoir une variation relative aux lieux, et à la disposition météorologique : on a annoncé des différences sensibles à quelques heures d'intervalle ou à quelques pas de distance.

Cependant Cavendish, en fixant avec soin toutes les circonstances de l'épreuve par le gaz nitreux, avait fait voir dès 1783 que les proportions des deux éléments de l'air étaient constantes, malgré la distance des lieux, et la différence de température : les observations que Macarty a faites en Espagne ont confirmé les résultats de Cavendish : je me trouvais au Caire dans une saison où le thermomètre de Réaumur passait ordinairement 30 degrés, et où une grande inondation pouvait affecter l'air ; je n'opposais aux préjugés que je partageais, que quelques observations que j'avais faites ; car j'avais perdu de vue les expériences de Cavendish, et j'ignorais celles de Macarty : mes observations me conduisirent aux mêmes résultats, et furent confirmées par celles que je fis à mon retour (1).

Les expériences de Davy, suivies aussi dans différentes circonstances, et l'épreuve d'un air envoyé à Beddoes de la côte de Guinée, ont encore confirmé que l'on ne trouve pas de différence sensible dans l'air atmosphérique, relativement aux proportions de ses éléments.

Il paraît donc que c'est uniquement aux incertitudes qui accompagnent l'action du gaz nitreux, dont on s'est principalement servi pour les épreuves eudiométriques, que sont dues les différences dans les proportions que l'on attribue au gaz oxigène, et que l'on a portées depuis 0,20 jusqu'à 0,30.

Macarty, qui s'est servi d'un sulfure, établit la proportion de l'oxigène depuis 21 à 23 : l'épreuve par l'eudiomètre de Volta ne donne à-peu-près que 20; mais Volta n'a point observé ces variations, que l'on trouvait par la méthode du gaz nitreux; j'attribue à la portion de gaz oxigène, qui échappe à la combustion, la petite différence que donne son eudiomètre avec l'action des sulfures.

Les expériences multipliées que j'ai faites avec toute l'exactitude que j'ai pu y apporter, me

_____

(1) Mém. sur l'Egypte.

paraissent prouver que la véritable proportion est de 0,22 de gaz oxigène, et une fraction : mes épreuves faites en Egypte m'ont donné à-peu-près un 200e de plus d'azote, et j'ai expliqué ce petit excès dans le résidu par l'eau que pouvait dissoudre l'air à la haute température à laquelle j'opérais : elle n'était peut-être due qu'à une petite inexactitude de graduation dans le tube.

Davy ne porte qu'à 0,21 la proportion de l'oxigène, mais il a observé lui-même que les sulfures d'alcali produisent une absorption un peu plus grande. J'attribue cette légère différence à la disposition qu'a le gaz nitreux à prendre la forme élastique ; car il observe que dans le vide, ce gaz se dégage des dissolutions de fer ; il doit donc s'en dissoudre dans le gaz azote, et par là le volume du résidu se trouve un peu augmenté : ce qui me paraît un désavantage pour cette espèce d'eudiomètre, lorsque l'on veut parvenir à une grande précision.

Si le procédé des sulfures et du phosphore me paraît avoir une exactitude un peu plus grande, pour la détermination des proportions, que l'eudiomètre de Volta, celui-ci a l'avantage de servir au procédé inverse par lequel on éprouve le gaz hydrogène par l'oxigène ; et souvent il convient, dans les recherches sur la composition des substances gazeuses dont on a beaucoup à s'occuper, de faire alterner les deux moyens.

L'air atmosphérique contient toujours une certaine quantité d'acide carbonique, et nous avons vu que Saussure en avait trouvé à la cîme du Mont-Blanc; on évalue cette quantité à 0,01, mais il paraît que cette évaluation est beaucoup trop forte.

Outre les parties constantes, l'air atmosphérique peut tenir en dissolution différentes substances qui y prennent la forme élastique, et dont quelques-unes sont le principe des odeurs; mais jusqu'à présent ces émanations ont échappé aux moyens chimiques qui peuvent en détruire quelques-unes, mais non les indiquer : Cavendish a déjà observé qu'on ne trouvait point de différence dans les airs qui avaient été en contact avec des fleurs odorantes, ou avec des substances en putréfaction. (*Note XVIII.*)

NOTES DE LA VIᵉ SECTION.

NOTE XVII.

LES citoyens Désormes et Clément ont avancé (1) que si l'on fait passer de l'eau dans un tube barométrique où il y a de l'éther, *la force élastique de ce dernier est prodigieusement augmentée.*

Si l'éther et l'eau n'avaient aucune action l'un sur l'autre, on conçoit que lorsque ces deux fluides seraient mis ensemble dans un tube barométrique, leurs vapeurs agiraient sur la colonne de mercure, indépendamment l'une de l'autre; c'est-à-dire, que la quantité dont la colonne de mercure baisserait, serait égale à la somme des deux colonnes que chaque vapeur pourrait soutenir séparément dans le vide; mais l'on ne conçoit pas en même temps comment deux fluides élastiques ayant une action assez marquée l'un sur l'autre, peuvent soutenir, lorsqu'ils sont mélangés, une colonne de mercure plus forte que la somme de celles qu'ils pourraient soutenir séparément dans le vide. Si cela était, on n'aurait plus aucune idée précise de l'attraction chimique, puisque ce serait une force qui tantôt rapprocherait les molécules des corps qui se combinent, et tantôt les éloignerait. Au reste, l'état de composition des substances qu'on emploie, peut facilement en imposer; par

(1) Ann. de Chim. Fruet. an 10, p. 303.

exemple, si l'on mêle de la potasse concentrée avec de l'ammoniaque, il n'y a pas de doute que la potasse n'augmente considérablement l'élasticité de l'ammoniaque, en agissant fortement sur l'eau, et en diminuant, par conséquent, son action sur le gaz ammoniacal. C'est exactement ce qui se passe dans l'expérience des citoyens Désormes et Clément. L'éther dont ils se sont servi contenait de l'alcool, qui diminuait son élasticité en raison de sa proportion, et l'eau qu'ils lui ont ajoutée l'a au contraire augmentée en raison de son action, beaucoup plus forte sur l'alcool que sur l'éther. Les expériences suivantes vont confirmer cette explication.

Le thermomètre centigrade indiquant 15°, et le baromètre 76 centimètres, on a pris deux tubes barométriques, et on a introduit dans l'un de l'éther sulfurique, préparé avec soin, et dans l'autre, du même éther, mais qui avait été lavé avec environ trois fois son volume d'eau. La vapeur du premier éther a soutenu une colonne de mercure de 31,$^{cent.}$3, et celle du second une colonne de 35,$^{cent.}$5; d'où il est déjà évident que l'eau a la propriété d'enlever à l'éther un principe qui diminuait son élasticité, et ce principe ne peut-être que de l'alcool. Après cela, on a introduit dans chaque tube un volume d'eau à-peu-près égal à celui de l'éther qui y était renfermé, et il est arrivé que l'élasticité de l'éther non lavé a été augmentée d'un centimètre, et celle de l'éther lavé de trois millimètres seulement; ce qui s'accorde parfaitement avec ce qu'on vient de dire sur la propriété qu'a l'eau d'enlever à l'éther de l'alcool, qui par son action diminuait son élasticité. On voit d'ailleurs que le ressort de l'eau ne s'est pas ajouté entièrement à celui de l'éther lavé, puisque l'abaissement de la colonne de mercure n'a été que de 3 millimètres, tandis qu'à la température de 15°, il aurait dû être de plus d'un centimètre; ce qui provient sans doute de l'action qu'il y a entre l'eau et l'éther. En ajoutant encore de l'eau dans les deux tubes, de manière cependant qu'il n'y en eût pas assez pour dissoudre tout l'éther, la colonne de mercure n'a pas varié sensiblement dans chaque tube; mais aussitôt que la proportion d'eau a été plus grande que celle nécessaire à la dissolution complète de l'éther, le mercure s'est élevé considérablement dans les deux tubes, puis, par une nouvelle addition d'éther, il est revenu à-peu-près à son premier niveau, en tenant compte du poids de l'eau ajoutée. Tous ces faits sont d'accord avec les phénomènes chimiques, et s'expliquent clairement.

Pour être plus intimement convaincu que c'est à la forte action de l'eau sur l'alcool qu'est due la grande augmentation d'élasticité de l'éther qui en contient, on a pris un autre tube, où on a d'abord introduit un peu d'éther lavé avec l'eau, et soutènant une colonne de 33,$^{cent.}$5, puis un peu d'alcool. Le premier effet instantané a été un abaissement de 2 millimètres dans la colonne; mais par une légère agitation le mercure s'est élevé rapidement; de sorte que la vapeur du mélange d'éther et d'alcool ne soutenait plus qu'une colonne de 25 centimètres; de l'eau introduite alors dans le tube, a fait baisser subitement le mercure de 5,$^{cent.}$7.

Il paraît donc bien démontré, par les expériences qu'on vient de rapporter, que la grande augmentation d'élasticité de l'éther qu'ont obtenue les citoyens Désormes et Clément, est due à l'impureté de l'éther qu'ils auront employé. Ces mêmes expériences prouvent que des rectifications faites avec soin ne dépouillent pas l'éther de tout l'alcool qu'il peut contenir, et que les lavages par l'eau, ou par d'autres corps qui agiraient fortement sur l'alcool, et peu sur l'éther, sont d'excellents moyens pour lui donner toute l'élasticité qui lui est propre. Il n'est pas à craindre que l'éther ainsi lavé retienne une quantité sensible d'eau ; car l'ayant distillé à une chaleur très-modérée, en ne retenant que les premières portions, son ressort n'était que de un millimètre plus fort que celui de l'éther simplement lavé.

NOTE XVIII.

LAPLACE, que j'avais consulté sur les changements que l'élasticité des gaz éprouve dans leur compression, me remit la note V, que je fis imprimer aussitôt : après un examen plus attentif, il me donna celle que je joins ici : il en résulte qu'il faut modifier ce que j'ai exposé (111, 150); que les quantités de calorique qui sont contenues dans un gaz ne suivent pas les rapports des volumes, indépendamment des effets de la compression, et que les gaz ne diffèrent pas des liquides et des solides, relativement au calorique qu'ils peuvent abandonner dans une circonstance, et à celui qui est retenu dans un plus grand état de condensation (121).

« La note V de la page 245 ayant été écrite à la hâte, » j'ai reconnu depuis son impression qu'elle doit être mo-» difiée, il n'est point exact de dire que la force répulsive » de deux molécules voisines d'un gaz est toujours la » même , à température égale , quelque soit sa con-» densation. Cette force est proportionnelle à la tempé-» rature , et réciproque à la distance mutuelle de ces mo-» lécules, où , ce qui revient au même, à la racine cu-» bique du volume du gaz dans ses divers états de con-» densation ou de raréfaction. Pour le démontrer, con-» sidérons un volume de gaz réduit par la compression » à sa huitième partie : il y aura dans ce nouvel état quatre

» fois plus de molécules, et par conséquent quatre fois
» plus de ressorts, appliqué à une surface donnée; ainsi
» puisque la pression est huit fois plus grande, il est né-
» cessaire que la tension de chacun de ses ressorts soit
» deux fois plus considérable; elle est donc réciproque,
» à la distance mutuelle des molécules voisines, qui dans
» cet état est deux fois moindre. Le raisonnement qui
» termine la note citée, lie cette propriété générale à celle
» d'une dilatation égale pour tous les gaz, par des accrois-
» sements égaux de température. Il paraît encore que dans
» le gaz condensé, il y a plus de chaleur à volume égal,
» puisque le ressort des molécules voisines est alors aug-
» menté; par conséquent si le volume est réduit par la
» compression à la moitié, il s'en dégage moins que la
» moitié de la chaleur qu'il contenait dans son premier
» état, ce qui est conforme à l'expérience et à la vitesse
» observée du son ».

~~~~~~

CONCLUSION

DE LA PREMIÈRE PARTIE.

253. On a admis comme cause des effets qui sont dûs à l'action mutuelle des corps, deux espèces d'affinité, et on a attribué des lois particulières à celle que l'on regarde spécialement comme chimique : je trouve dans les essais sur l'hygrométrie de Saussure un exposé exact des propriétés qui m'ont paru satisfaire à l'explication de tous les phénomènes qui sont dûs à cette action, ainsi que de la distinction que l'on a cru devoir établir entre eux.

« Les différents corps ont une aptitude diffé-
» rente à se charger des vapeurs qui sont con-
» tenues dans l'air, et ils s'en chargent en raison
» de leur affinité avec ces vapeurs, ou avec l'eau
» dont elles sont formées.

» Exposez dans le même air des quantités
» égales de sel de tartre, de chaux vive, de
» bois, de linge, etc. ; que tous ces corps soient,
» s'il est possible, parfaitement desséchés ; quel-
» ques-uns d'entre eux imbiberont de l'eau, et

» augmenteront de poids, mais en quantité iné-
» gale : le sel en prendra plus que la chaux,
» celle-ci plus que le bois, d'autres corps n'en
» prendront point du tout.

» Or, ces différences ne peuvent venir que des
» différents degrés d'affinités de ces corps avec
» l'eau ; car elles ne tiennent ni à la forme,
» ni au volume de ces corps, ni même à la na-
» ture de leur aggrégation, puisque des corps
» déjà liquides, tels que l'acide vitriolique, atti-
» rent l'eau contenue dans l'air avec la plus
» grande force. Ce qui prouve encore que cette
» absorption des vapeurs dépend d'une affinité,
» c'est que l'union des vapeurs condensées avec ces
» corps est vraiment celle qui résulte d'une affi-
» nité chimique ; cette eau est chez eux dans
» un état de combinaison, elle ne peut leur être
» enlevée par aucun moyen mécanique, elle est
» intimement liée avec leurs éléments ; les
» moyens chimiques peuvent seuls la séparer de
» ces corps en lui offrant des combinaisons aux-
» quelles elle tende par une affinité plus forte.
» Toutes choses d'ailleurs égales, l'affinité de
» ces corps avec l'eau est d'autant plus grande,
» qu'ils en contiennent moins, et qu'ils sont,
» pour ainsi dire, plus fortement altérés.
» L'alcali fixe, parfaitement desséché, attire
» l'humidité de l'air avec une force extrême ;
» placé dans le bassin d'une balance, on voit

» son poids augmenter sensiblement de minute
» en minute ; mais à mesure qu'il boit des va-
» peurs, sa soif, ou sa force attractive diminue,
» et enfin sa pesanteur n'augmente que par
» degrés insensibles.

» Il en est de même des autres dissolvants
» chimiques ; ils agissent d'abord avec la plus
» grande célérité et la plus grande force, et leur
» activité diminue à mesure qu'ils approchent
» du point de saturation ; mais ce qu'il y a de
» particulier dans l'affinité qui existe entre les
» vapeurs et les corps qui les absorbent, ou
» l'affinité hygrométrique, c'est que non-seu-
» lement leur activité, mais le degré même de
» leur affinité diminue à mesure qu'ils appro-
» chent de la saturation. Ainsi, lors même qu'un
» corps n'a que très-peu d'affinité avec l'eau,
» ce défaut d'affinité peut être compensé par
» un plus haut degré de sécheresse, et récipro-
» quement celui qui en a le plus, tombe au niveau
» de celui qui en a le moins, lorsqu'il approche
» beaucoup plus que lui de son point de saturation.

» Je renferme une ou deux onces de sel alcali
» fixe très-caustique et très-sec dans un ballon
» de quatre pieds cubes de contenance, rempli
» d'air médiocrement humide, mais sans aucune
» humidité surabondante ; ce sel absorbe le poids
» de 24 ou 25 grains d'eau qu'il tire de ces 4 pieds
» cubes d'air. Alors le sel, par l'imbibition de

» cette eau, se trouve avoir perdu un peu de
» sa force attractive, et en revanche celle de
» l'air s'est tellement augmentée par la déper-
» dition qu'il a faite de ces 24 grains d'eau,
» que bien qu'il en contienne encore, le sel
» ne peut plus la lui enlever, parce que l'air
» la retient avec une force égale à celle avec
» laquelle le sel la demande, et ce n'est pas que
» le sel soit saturé, ni près de là ; car dans un
» air humide et renouvelé, il en absorberait
» encore pour le moins deux cents fois autant ;
» mais c'est que cette quantité, toute petite
» qu'elle est, a diminué sa force absorbante. En
» effet, si l'on introduit dans ce même ballon
» deux nouvelles onces du même sel parfaite-
» ment desséché, elles enleveront encore à l'air,
» renfermé avec elles, quelques portions d'hu-
» midité, et ainsi successivement, jusqu'à ce que
» l'extrême desséchement, ait mis la force attrac-
» tive de l'air en équilibre avec celle de l'alcali
» fixe.

» Ce genre d'affinité diffère donc en cela des
» autres affinités chimiques, dont la nature ou
» le degré ne change pas en approchant de la
» saturation ; car si plusieurs menstrues, dont
» les affinités avec un certain corps sont iné-
» gales entre elles, se trouvent à portée d'agir
» tous à-la-fois sur ce même corps, le plus puis-
» sant commencera par attaquer ce corps, et

» quoiqu'il marche continuellement vers la sa-
» turation, la supériorité de ses forces sur celles
» des autres dissolvants, ne diminuera point
» pour cela; il ne laissera rien dissoudre aux
» autres menstrues qu'il ne soit lui-même com-
» plétement saturé, ou si dans les premiers mo-
» ments il s'était emparé de quelques portions
» du dissolvant, il les leur reprendrait jusqu'à
» sa complète saturation. Si par exemple on pro-
» jetait peu-à-peu de la craie dans un mélange
» d'acide vitriolique d'acide nitreux et de vinai-
» gre, il faudrait que l'acide vitriolique fut
» complétement saturé de craie avant que l'acide
» nitreux et le vinaigre pussent s'en approprier
» un atome; l'acide nitreux se saturerait ensuite,
» et enfin le vinaigre n'en prendrait qu'après
» la parfaite saturation des deux autres.

» Au contraire, si dans un espace donné il
» ne se trouve pas une quantité d'eau ou de
» vapeur suffisante pour saturer d'humidité tous
» les corps qui sont renfermés dans cet espace,
» aucun d'eux ne se saturera complétement,
» tous en auront un peu; cette eau se parta-
» gera entre eux, non pas, à la vérité, en parties
» égales, mais en parties proportionnelles au
» degré d'affinité que chacun de ces corps a avec
» elle. Ceux qui l'attirent le plus fortement en
» prendront assez pour que cette quantité ra-
» baisse leur force attractive au niveau de ceux

» dont l'attraction est la moindre, et il s'éta-
» blira ainsi entre eux une espèce d'équilibre.

» C'est par l'intermède de l'air que se fait cette
» répartition ; il en prend à ceux qui en ont
» trop, il en rend à ceux à qui il en manque,
» et il en conserve lui-même la part que lui
» assigne le degré de son affinité avec l'eau.

» Si dans le temps où cet équilibre est com-
» plétement établi, il s'introduisait tout-à-coup
» dans l'air même de nouvelles vapeurs, dont
» la quantité ne fût pas assez considérable, pour
» saturer et l'air et les corps renfermés avec lui,
» ces corps ne permettraient pas à l'air de les
» garder toutes pour lui seul ; il faudrait qu'il
» leur en cédât, pour ainsi dire, leur quote-
» part ; et alors les hygromètres, s'il y en avait
» dans cet espace, iraient à l'humide, quoique
» l'air ne fût point encore rassasié. Une nouvelle
» portion de vapeur se répartirait de la même
» manière, et ainsi successivement, jusqu'à la
» parfaite saturation de tous ces corps ; enfin,
» si après leur saturation on continuait de faire
» entrer des vapeurs dans cet espace, cette eau
» surabondante s'attacherait à leur surface, les
» mouillerait, et quoique retenue sur cette sur-
» face par une adhérence qui appartient peut-
» être encore aux affinités chimiques, elle pour-
» rait être essuyée ou séparée de ces corps par
» des moyens purement mécaniques.

I. 34

» Introduisez alors dans cet espace une nou-
» velle substance, plus avide d'eau que les corps
» qui y sont renfermés, cette substance com-
» mencera par s'emparer de cette eau surabon-
» dante qui mouille la surface de ces corps, sans
» être combinée avec leurs éléments : puis si cette
» eau ne suffit pas pour la saturer, elle en dé-
» robera aux corps qui sont renfermés avec elle,
» jusqu'à ce qu'elle ait diminué son altération
» et augmenté la leur au point qu'elles devien-
» nent égales, et qu'il leur reste à tous une
» égale tendance à s'unir avec l'eau.

» De même si la chaleur ou quelqu'autre cause
» augmentait la tendance de quelqu'un de ces
» corps à s'unir avec l'eau sans augmenter pro-
» portionnellement celles des autres, il s'empa-
» rerait aussi d'une portion de l'eau contenue
» dans les autres, suffisante pour réduire sa
» force attractive au niveau de la leur ».

254. Le passage que je viens de citer présente,
avec beaucoup d'exactitude, des faits qui sont très-
propres à faire connaître les lois que suit l'action
chimique, et l'on peut observer que Saussure
éprouve quelqu'embarras pour marquer une
différence entre l'affinité physique et l'affinité
chimique; il cède à une opinion établie, ou plutôt
à une apparence qui semble indiquer un autre
genre d'action; mais cette distinction fait tomber
ce savant observateur dans une contradiction; car

il a prononcé plus d'une fois que l'union de la vapeur avec l'air était due à l'affinité chimique, et dans ce passage même, il la compare aux dissolutions chimiques.

Pour mieux faire sentir la différence que les chimistes ont mise entre l'affinité qui produit les combinaisons, et celle que Saussure a décrite, et qui a été adoptée par les physiciens pour l'explication de plusieurs phénomènes, je ne puis mieux faire que de citer la définition de la première par Guyton qui a traité si savamment de toutes les propriétés qu'on lui a attribuées. « Cette attraction (chimique) est » élective, comme l'a dit Bergman, c'est-à-dire » que de deux substances présentées à une troi- » sième, elle en chasse une, et laisse l'autre ; que » deux substances étant primitivement unies, » une troisième exerce sur l'une d'elles, une » action qui déplace l'autre (1) ».

Cependant si je consulte l'opinion que se sont formée de l'action mutuelle des corps, ceux qui ont embrassé les phénomènes naturels dans leur plus grande étendue, je trouve qu'ils n'ont indiqué qu'une origine commune de tous ses effets.

Monge en discutant deux hypothèses propres à expliquer la formation de l'eau, trouve que l'une paraît exiger, *qu'en augmentant la dose*

_____
(1) Encyclop. Méthod. au mot *affinité*.

du dissolvant, on diminue l'adhérence qu'il avait pour ses bases ; ce qui est absolument contraire à ce qu'on observe dans toutes les opérations analogues de chimie (1). Il faut remarquer que par dissolution, il entend ici combinaison chimique ; de sorte qu'il a regardé la force qui la produit comme modifiée par la quantité, ainsi qu'on l'admet dans les phénomènes physiques.

Laplace après avoir décrit le moyen d'estimer l'action des différents acides sur la glace, selon la température, ajoute : *Si l'on considère de la même manière toutes les autres dissolutions, on pourra mesurer avec précision les forces d'affinité des corps les uns avec les autres ; mais cette théorie ne peut être développée en aussi peu de mots, et nous en ferons l'objet d'un mémoire particulier.* Il aurait donc fait entrer, dans l'évaluation des affinités, la quantité d'un acide, par exemple, son énergie et la résistance variable de la cohésion, comme il l'a fait relativement à l'action des acides sur la glace : on doit avoir bien des regrets de ce qu'il n'a pas rempli sa promesse.

Newton, qui jeta un coup-d'œil sur les phénomènes dont la chimie s'occupe, a tracé dans les explications qu'il en donne, les lois de l'at-

(1) Mém. de l'Acad. 1783, p. 88.

traction qui doit les produire, telles qu'il les
concevait en descendant des phénomènes généraux aux faits particuliers, et s'il s'est trompé
dans quelques applications, parce que les circonstances des phénomènes et les parties élémentaires des combinaisons qui les produisent
n'étaient point déterminées avec assez d'exactitude à l'époque où il les expliquait, on trouve
cependant que ces explications peuvent convenir
également aux faits mieux éclaircis.

« La déliquescence du sel de tartre, dit-il (1),
» n'est-elle pas produite par une attraction entre
» les particules salines et les vapeurs aqueuses
» de l'atmosphère? Pourquoi le sel commun,
» le salpêtre et le vitriol ne deviennent-ils pas
» de même déliquescents, si ce n'est faute d'une
» pareille attraction? Et pourquoi le sel de
» tartre n'attire-t-il qu'une certaine quantité
» d'eau, si ce n'est parce qu'aussitôt qu'il en est
» saturé, il n'a plus de force attractive? Quel
» autre principe que cette force, empêcherait
» l'eau (qui seule s'évapore à un degré de cha-
» leur assez faible) de ne se détacher du sel de
» tartre qu'au moyen d'une chaleur violente.

» N'est-ce pas de même la force attractive qui
» se déploie entre les molécules de l'acide vitrio-
» lique et les globules de l'eau, qui fait que cet

_____

(1) Opt. tom. II.

» acide attire l'humidité de l'air jusqu'à satu-
» ration, et qu'il ne la rend ensuite qu'avec
» beaucoup de peine, quand on le soumet à
» la distillation »?

Newton explique de même la production des
autres combinaisons chimiques, sans laisser appercevoir aucune distinction entre les lois que
suit l'attraction, dans ces différentes circonstances : il n'y voit qu'une propriété qui est
plus ou moins énergique, et qui s'affaiblit à
mesure que la saturation s'établit : la saturation
est le terme où elle cesse de produire des effets.

Il remarque qu'il faut d'autant plus d'acide
pour dissoudre un métal, que l'attraction est plus
forte ; de sorte que, selon son opinion, la quantité d'acide nécessaire pour produire la saturation, est proportionnelle à la force de l'affinité.

Il attribue à la condensation qui résulte de la
combinaison, la solidité et le degré de fixité qu'elle
acquiert : lorsque, par exemple, le muriate d'ammoniaque se forme de l'ammoniaque et de l'acide
muriatique, l'un et l'autre beaucoup plus vo-
latils, « les particules réunies de ces esprits
» deviennent moins volatiles, parce qu'elles sont
» plus grosses et plus dégagées d'eau ».

Il dérive les propriétés d'une combinaison,
de celles que doivent avoir les éléments qui la
composent dans les conditions où ils se trouvent ; ainsi, en expliquant la formation du mu-

riate d'antimoine par le muriate oxigéné de mercure, il ajoute : quand la chaleur est plus » forte, l'esprit de sel emporte le métal sous la » forme d'un sel fusible, nommé beurre d'anti- » moine, quoique l'esprit de sel soit presque aussi » volatil que l'eau, et que l'antimoine soit presque » aussi fixe que le plomb ». C'est ce principe lumineux que les propriétés d'une combinaison dépendent de celles qu'avaient les éléments, à part les modifications qui résultent de l'action réciproque, qui lui a fait pressentir que l'eau devait contenir une substance inflammable.

255. Les observations que j'ai recueillies dans cette première partie, me paraissent établir, comme un fait général, que l'affinité propre à chaque substance, agit en raison de la quantité qui se trouve dans la sphère d'activité, confor- mément aux opinions que je viens de rapporter : il en résulte que la quantité peut suppléer à la force de l'affinité, ce qui exclut les affinités élec- tives qui réunissent deux substances, quelle que soit l'opposition des affinités que l'on regarde comme plus faibles et indépendamment des quantités.

Une conséquence immédiate de ce principe, c'est que la mesure de l'affinité propre à chaque substance est la saturation qu'elle peut produire dans celles qui peuvent se combiner avec elle, comme Newton l'a pensé : de là j'ai cherché la mesure de l'affinité des différents acides avec les alkalis dans leur capacité de saturation.

Il fallait expliquer les faits qui avaient porté à admettre une affinité qui déterminait le choix des substances qui se combinent, et les proportions des combinaisons qu'elles forment. J'ai cherché cette explication dans l'action du calorique, et dans l'affinité réciproque des molécules d'une même substance ou des parties intégrantes d'une combinaison, en fesant concourir ces causes avec l'affinité, dans la formation des combinaisons et dans l'explication des phénomènes chimiques; j'ai dû en conséquence porter une grande attention sur les effets de l'expansion et de la condensation, sur la constitution des substances, et sur celle qu'elles acquièrent dans les différentes circonstances.

Les effets du calorique sont différents, non-seulement selon les dispositions des corps sur lesquels il agit, mais selon l'état où il se trouve lui-même; il a donc fallu examiner la différence de son action lorsqu'il se communique immédiatement, ou lorsqu'il forme le calorique rayonnant, et les rapports qu'elle a avec celle de la lumière et de l'électricité. Les propriétés que les corps acquièrent par la combinaison du calorique, sont quelquefois favorables à l'action de l'affinité, et quelquefois elles leur sont contraires; je les ai considérées comme des forces qui sont soumises à des lois régulières, et dont il faut évaluer les effets selon les circonstances.

J'ai tâché de séparer les effets de l'action immédiate de l'affinité qui sature plus ou moins les tendances à la combinaison lesquelles forment les propriétés distinctives des substances, de ceux de la condensation qui en est une conséquence; l'une tend à réunir toutes les substances qui exercent une action chimique, l'autre devient souvent un obstacle à cet effet par la résistance qu'elle oppose, ou par les séparations qu'elle occasionne, et par là elle distribue, pour ainsi dire, la saturation à laquelle elle ne contribue pas elle-même.

La condensation que produit l'action réciproque des substances m'a servi à expliquer les limites dans lesquelles les proportions des éléments se trouvent circonscrites dans quelques combinaisons; comme le plus grand effet de l'action réciproque a lieu dans certaines proportions, ces combinaisons doivent se séparer avec une composition déterminée, ou bien elles acquièrent une existence particulière, en opposant une résistance qui est égale à l'effort qui a produit la condensation, et qui doit être surmontée par un accroissement de force, pour que la progression de l'action chimique puisse continuer, à moins que les dispositions naturelles des éléments d'une combinaison ne fassent varier ce résultat.

La force de cohésion qui constitue l'état solide est un effet de l'affinité réciproque des molécules ou des parties intégrantes ; laquelle devient plus puissante que l'action expansive du calorique : cette prédominance peut être due à la condensation produite par la combinaison : elle devient une résistance plus grande à l'action des autres affinités, non-seulement parce qu'elle résulte d'une forte action réciproque , mais encore parce qu'elle fait que les autres substances ne peuvent se trouver qu'en petite quantité dans la sphère d'activité, et qu'alors une plus grande proportion cesse de produire un effet.

Ainsi, l'affinité réciproque de deux substances tend souvent à produire une saturation de propriétés : un effet de cette action est une condensation qui chasse ou comprime le calorique ; de cette condensation suit une augmentation de l'affinité réciproque des molécules d'une substance ou des parties intégrantes d'une combinaison : cette affinité réciproque fait passer par là une substance gazeuse à l'état liquide ou à l'état solide.

L'affinité qui produit la combinaison , agit en raison de la quantité ; mais elle se sature : l'affinité réciproque des molécules , faible d'abord , presque nulle dans une substance gazeuse , et indépendante des quantités, s'accroît par la combinaison en raison de la condensation à laquelle elle peut ensuite contribuer elle-même de plus en plus : elle se compose de celles des éléments de la combinaison, ainsi que la pesanteur spécifique : l'une et l'autre affinité produisent des effets qui se compliquent avec ceux du calorique, et qu'il faut tâcher de distinguer dans les phénomènes physiques , comme dans ceux que l'on regarde comme chimiques.

Enfin j'ai tâché de démêler la part que pouvaient avoir dans l'action chimique les substances dont on néglige le plus ordinairement l'effet , en les regardant simplement comme des dissolvants , et la propagation plus ou moins lente de l'action chimique , qui est analogue à la faculté conductrice de la chaleur.

J'ai été conduit par ces différentes considérations à conclure que l'affinité chimique ne suivait point de lois particulières, mais que tous les phénomènes qui dépendaient de l'action mutuelle des corps , étaient l'effet des mêmes propriétés dont la chimie cherchait à embrasser tous les résultats, qu'il ne fallait à cet égard établir aucune distinction entre la physique et cette science, et que l'affinité de différentes substances qui produit leurs combinaisons, n'est pas élective ; mais qu'elle est va-

riable selon les quantités qui agissent , et selon
les conditions qui concourrent à ses effets.

Il suit de là que les qualités chimiques des
différentes substances dépendent , 1°. de leurs
tendances à la combinaison qui se saturent mutuellement , et qui restent plus ou moins dominantes dans les combinés; 2°. de leurs rapports
avec le calorique qui produit leur disposition
plus ou moins grande à l'expansion , et qui
modifie leur faculté de combinaison , en fesant
varier la quantité qui peut se trouver dans la
sphère d'activité , et en opposant l'élasticité à
la condensation , qui est un effet de la combinaison ; 3°. de l'action réciproque de leurs molécules , qui s'ajoute à l'effet de l'affinité qui a
produit une combinaison , mais qui s'oppose à
leur action réciproque avec les autres substances;
4°. de leurs rapports avec les autres substances
qui en se combinant avec elles , ne produisent
pas une saturation réciproque de propriétés ;
mais en font un partage et une distribution variables, et principalement de celles qui dépendent
de la constitution. D'où il suit , qu'en considérant
l'état de saturation des éléments d'une combinaison , et la condensation qu'ils ont éprouvée, on
peut reconnaître dans un combiné l'origine des
propriétés qui le distinguent.

256. Je me suis écarté de la marche ordinaire
des chimistes : ils ont déduit les lois de l'affinité

des phénomènes dans lesquels l'action chimique se montre puissante ; j'ai cherché au contraire à la suivre depuis qu'elle commence à produire un effet sensible jusqu'à sa plus grande énergie, en remarquant les causes qui pouvaient la modifier, et il m'a paru que c'était principalement dans ces premiers effets, que l'on pouvait surtout en distinguer le caractère, parce que son action même fait naître dans les substances des affections qui deviennent des forces nouvelles qui déguisent sa marche ; ainsi lorsque l'on observe une combinaison qui est accompagnée d'une forte contraction, on est tenté de prendre les proportions fixes qui sont déterminées par cette circonstance, comme un attribut de l'affinité, pendant que si l'on suivait l'affinité, ou lorsque les proportions sont très-inégales, ou lorsqu'elle ne produit qu'une faible contraction, on verrait que l'action est proportionnelle aux quantités qui l'exercent.

En rappelant à un nouvel examen toutes les puissances qui concourrent aux résultats de l'action chimique, et sur lesquelles doit être établie la théorie générale de la chimie, je ne me flatte pas d'avoir assigné à chacune ses véritables limites, et encore moins d'avoir indiqué toutes les causes qui peuvent contribuer aux faits dont je me suis appuyé : j'ai manifesté dans l'introduction quelle opinion je m'étais formée d'une théorie générale. C'est une discussion que j'ai cherché à établir sur des principes auxquels l'on m'a paru donner trop d'extension.

On doit, dans toute discussion dans laquelle on tâche de reconnaître les causes des phénomènes, ne pas perdre de vue qu'il arrive souvent qu'un ou plusieurs phénomènes analogues peuvent également s'expliquer par deux hypothèses, et qu'alors on peut soutenir deux opinions, quelquefois contradictoires, jusqu'à ce que l'on soit parvenu à une modification des effets, qui exclut enfin l'une des deux hypothèses; c'est là une circonstance qui peut maintenir par l'expérience même quelques opinions opposées, et il est difficile que l'intérêt naturel que l'on attache à ses conceptions, n'engage à multiplier ces espèces de faits qui peuvent recevoir l'une des deux interprétations; cependant l'esprit philosophique qui donne tant d'éclat à la chimie en particulier, ne tarde pas à dissiper les incertitudes qui peuvent partager les opinions; il est difficile de trouver dans les annales de l'esprit humain une époque qui l'honore plus que cette unanimité qui s'est si promptement établie sur une théorie qui était dominante, celle du phlogistique.

Lorsque l'on est parvenu à distinguer les causes générales des phénomènes chimiques, il est cependant facile de se tromper dans plu-

sieurs applications, soit parce que les circonstances qui ont de l'influence sur ces faits, ne
sont pas assez connues, soit parce que plusieurs
causes peuvent y concourir, et que l'on attribue
aux unes ce qui dépend des autres.

C'est ce concours de plusieurs causes pour produire un même effet, qui produit sur-tout des
anomalies apparentes, qui conduit quelquefois à
des explications douteuses, ou qui les rend même
impossibles : alors, sans infirmer par ces faits obscurs les conséquences déduites de faits plus posi-
tifs, on doit suspendre l'explication, ou s'arrêter
à des vues conjecturales.

Je ne me déguise pas que pour exécuter le
projet auquel j'ai été conduit par l'établissement
momentané des écoles normales, et par le desir
que j'ai eu de revoir le travail précipité auquel
il m'avait engagé, pour qu'il pût me guider dans
l'enseignement de l'école polytechnique, j'aurais
dû avoir une connaissance plus étendue des travaux qui se sont beaucoup multipliés depuis quelque temps : distrait pendant plusieurs années par
des occupations étrangè : à la science, je n'ai
pu suppléer qu'imparfaitement, depuis qu'il
m'est permis de reprendre mes études, aux
recherches qui m'eussent été nécessaires.

FIN DE LA PREMIÈRE PARTIE.

Défauts constatés sur le document original

Contraste insuffisant ou différent, mauvaise qualité d'impression

Under-contrast or different, bad printing quality

www.ingramcontent.com/pod-product-compliance
Lightning Source LLC
Chambersburg PA
CBHW031356210326
41599CB00019B/2788